LOCUS

LOCUS

LOCUS

LOCUS

touch

對於變化，我們需要的不是觀察。而是接觸。

touch 70

貝佐斯經濟學

徹底翻新我們的工作及生活方式，全世界都要適應

Bezonomics

How Amazon Is Changing Our Lives and What the World's Best Companies Are Learning from It

作者：布萊恩・杜曼 Brian Dumaine

譯者：趙盛慈

責任編輯：吳瑞淑

封面設計：張瑜卿

校對：呂佳真

排版：林婕瀅

出版者：大塊文化出版股份有限公司

台北市105022南京東路四段25號11樓

www.locuspublishing.com

電子信箱：locus@locuspublishing.com

讀者服務專線：0800-006689

TEL：(02) 87123898　　FAX：(02) 87123897

郵撥帳號：18955675　　戶名：大塊文化出版股份有限公司

法律顧問：董安丹律師、顧慕堯律師

總經銷：大和書報圖書股份有限公司

地址：新北市新莊區五工五路2號

TEL：(02) 89902588 (代表號)　　FAX：(02) 22901658

初版一刷：2020年7月

定價：新台幣480元

Printed in Taiwan

貝佐斯經濟學

Bezonomics

How Amazon Is Changing Our Lives and What the World's Best Companies Are Learning from It

Brian Dumaine

布萊恩・杜曼森—著　趙盛慈—譯

獻給卡洛琳

目錄

317 第15章 反托拉斯風潮興起
亞馬遜的AI飛輪會變得無所不在和所向披靡，讓亞馬遜和其他類似的大型科技公司，有必要受到管控或分拆開來。理由是，不管景況為何，都讓人覺得太可怕。想要一磚一瓦分拆亞馬遜的反托拉斯專家，人數還不多，但的確有增長之勢。

331 第16章 從雙翼機到猛禽戰鬥機
與傳統公司相比，亞馬遜就像F-22猛禽隱形戰鬥機，在與第一次世界大戰的雙翼機進行空戰。貝佐斯經濟學是二十一世紀的商業模式，正在深刻改變我們的工作和生活型態。

335 致謝

339 注釋

導讀

今年最該優先讀的第一本科管書

王宏仁

一本書，就能掌握亞馬遜 Know-How 背後的成功學，還有抵抗關鍵！

亞馬遜的巨大成功，早就是各國產業界、學術圈都想要徹底研究的效法對象，許多亞馬遜的團隊工作祕訣，在坊間流傳，例如六頁簡報原則、兩個披薩的工作團隊，開會先讀二十分鐘資料再討論，S-Team 資深幹部管理團隊模式，你一定略知一二。

亞馬遜如何從無到有創造出全新商業模式，用科技顛覆傳統營運，闖入不同產業大獲成功的故事也常為人津津熱道，像是把內部龐大閒置的機房，變成了公有雲商業模式，最後成為了全球雲端產業龍頭；用 KIVA 無人搬運車大軍，率先顛覆了超大型物流中心，光是二〇一七年就出貨了三十三億件商品；或是首推智慧喇叭 Echo 和語音助理 Alexa，掀起了居家生活中的新型態語音消費革命，更不用說，AmazonGo 無人商店成了全球零售業的創新典範。

這些故事，你一定都聽過、看過，用過，甚至成了亞馬遜上癮族，日常生活都離不開它，因為亞馬遜網站上，上面什麼都賣，什麼都有，光在二〇一八年就有數百萬家第三方賣家透過亞馬遜賣東西，網站上刊登的商品數量超過了六億件。想要數位轉型的企業主，開始闖蕩的科技新創，莫不想找出亞馬遜的成功祕訣，創新方程式，來仿效一番。

如果說，這些亞馬遜知名的團隊工作祕訣是點，各種科技創新、顛覆商業模式的成功故事是線，那麼，《貝佐斯經濟學》就是幫你把所有的點、線，組織成了亞馬遜不同面向、領域的 Know-How 知識，把數千個亞馬遜成功故事和方程式，盤點梳理成了一本書，讓讀的人，可以全面地了解亞馬遜創辦人貝佐斯如何從一位避險基金公司的數學分析師，開始在線上賣書，最後成了全球書店龍頭、網路電商龍頭，甚至是催生出一整個雲端產業。

二〇一四年十一月底，我飛了一萬公里，前往美國拉斯維加斯，第一次參加全球最大規模的雲端產業產品發表會，就是亞馬遜旗下ＡＷＳ的年會Re:Invent，當年也是ＡＷＳ開始在臺成立辦公室，將雲端服務帶進臺灣的第一年。

亞馬遜二〇〇六年，將自家機房的閒置主機，賭上了線上出租模式，推出ＡＷＳ第一個商用雲端服務Ｓ３雲端儲存服務的小生意，沒想到，不久後，成了ＰＣ時代的軟體龍頭微軟、網路個人消費市場龍頭Google，爭相學習的商業模式，而所催生的ＡＷＳ子公司，也成了雲端產業龍頭，至今仍是市占第一。

那年，是我第一次見到時任ＡＷＳ資深副總裁安迪．傑西（Andy Jassy，現在已成為ＡＷＳ執行長），在臺上滔滔不絕地介紹著ＡＷＳ如何一年推出數百項新功能或新服務，你沒看錯，不是十項、五十項，而是數百項，「每一項新功能都是來自顧客的聲音，都是顧客的需求。」他在臺上強調。而且之後連續數年，我年年飛越一萬公里，參加同樣的大會，傑西繼續提高每年新功能的發布數量，八百、九百、甚至破千項。即使虧損了好幾年，ＡＷＳ仍然大舉投資研發，推更多新功能，傑西更看重的是數年，甚至是十年後的影響。大膽投資創新研發，聆聽顧客意見以客為尊，優先看重長期效益，聽起來很熟悉，對吧，這就是亞馬遜老闆貝佐斯成功方程式中最重要的三大原則。

ＡＷＳ不是唯一一個套用貝佐斯成功配方的亞馬遜子公司，但是，貝佐斯如何讓

AWS的發展模式能夠延續、擴大，甚至不斷落實到各子公司、各產業上繼續成功，這個困擾我多年的問題，直到讀了這本書，才終於解惑。

原來，哈佛企管畢業的傑西是貝佐斯第一個全職的影子顧問，在二〇〇三年到二〇〇四年，緊跟在貝佐斯身旁擔任技術顧問，參加各種會議，了解貝佐斯的想法，以及學習貝佐斯如何找出問題癥結，解決問題的方法，後來，這位熟知貝佐斯成功思維和作風的影子顧問，成了雲端產業龍頭的CEO。

傑西不是唯一一個影子顧問，而只是貝佐斯身邊管理團隊S-Team的其中一位而已，甚至可以說S-Team中的每一個資深幹部，都具備了傑西所擁有的貝佐斯Know-How知識，所以，才能源源不絕地複製，甚至運用到其他產業，將亞馬遜的商業模式，擴展到其他產業，醫療健保、娛樂、金融等。

S-Team團隊和影子顧問角色，只是亞馬遜成功學的其中一項關鍵，貝佐斯自己也將這套成功學，用飛輪來形容。二〇〇一年九一一事件發生，亞馬遜進入削減成本和大裁員，擔心年底就會現金短缺，貝佐斯和他的董事會找來全球大賣五百萬冊的領導暢銷書《A到A+》作者詹姆．柯林斯，搭飛機到西雅圖亞馬遜總部演講，當時學到飛輪這個概念。

貝佐斯欣然接受，開始描繪亞馬遜自己專屬的飛輪戰略，《貝佐斯經濟學》作者布萊恩．杜曼在書中提到，這就是亞馬遜成功學的關鍵。他也引述了柯林斯自己對貝佐斯的觀察，「這位亞馬遜執行長就是天生的飛輪思想家」，只是沒有用飛輪這個比喻說出來而已。從那時候開始，善用新科技，來打造各種可以帶動飛輪的動力，就成了貝佐斯的策略，目標是全力為顧客降低成本和提供服務。

只有簡單這一句話，仍不是亞馬遜成功學，而更要看貝佐斯如何在不同的面向、策略上實踐科技飛輪的做法，例如像亞馬遜尊榮會員制（Prime）。

《貝佐斯經濟學》不只是介紹亞馬遜如何靠尊榮會員制來推動飛輪的做法，還揭露了背後的戰略思維，例如尊榮制吃到飽策略背後的戰略思維是，想辦法讓顧客上癮，進而「改變消費者的購物模式，讓顧客沒有它活不下去」，這是布萊恩．杜曼親自從一位高階主管中打探到的祕訣。這只是他採訪過一百五十位亞馬遜內外部相關人員後，所挖掘出來的一項而已。尊榮制如何發揮企業縱效到極致，你得親自打開這本書才能一探究竟。

但是，這還不是《貝佐斯經濟學》書中最精彩的部分，亞馬遜飛輪最新的關鍵推力是，大家都知道的ＡＩ，布萊恩．杜曼甚至直接形容，亞馬遜飛輪現在就是ＡＩ飛輪。

我們熟知，亞馬遜所發表的各種ＡＩ技術、服務和產品，因為在日常生活中，到處可見其痕跡和影響，就連在臺灣都是。

ＡＩ飛輪戰略，如何落實到無人商店、自動化倉庫、自駕快遞貨車，打造出虛實混合新零售的發展模式，我無法用短短數百字來簡述，因為，書中條理分析，不談艱澀技術，而是從技術戰略思維，一項項仔細剖析、說明，每一段都精彩，都可以是挖掘數位轉型好點子的創意來源。這無疑也是企業高階主管讀書會，今年最值得慢讀、共同激盪想法的讀物。

不過，不是每一家企業都有能力全面仿效亞馬遜的策略和做法，甚至，隨著亞馬遜逐漸入侵不同的產業，曾一度有美國高階主管們例行開會時，最擔心也常討論的一個話題就是，亞馬遜會不會踏進我的領域，進軍我的產業。

所以，不只談成功學，《貝佐斯經濟學》還有專章，以實際抵抗亞馬遜跨業競爭有成的企業實例，介紹如何對抗、抵抗亞馬遜的成功學，直指亞馬遜不擅長的弱點：品牌辨識度、體驗式零售、高度個人化顧客體驗等。若你不想跟隨，或難以仿效亞馬遜ＡＩ飛輪策略，甚至還要面臨採用同樣策略的競爭對手時，這本書揭露的抵抗對策，也同樣有參考性。

有意或正努力推動企業轉型的老闆們，如果，今年你只有時間讀一本書，毫無疑問，《貝佐斯經濟學》是你最該優先讀完的第一本科技管理書。

（本文作者為iThome周刊副總編輯）

前言

亞馬遜成立之初，貝佐斯在西雅圖市中心舊總部對街的小戲院，舉行每年兩次、所有人都要參加的員工大會。後來，由於亞馬遜的規模擴大，二〇一七年春天，貝佐斯將員工大會移師到西雅圖的鑰匙球場（KeyArena），這個能容納一萬七千四百五十九人的場地，舉辦過一九六二年的世界博覽會。員工大會當天，會場擠滿了人，與會者向貝佐斯提出來的最後一個問題是：「第二天會如何？」」在場的人都笑了，因為從他們來這裡工作開始，亞馬遜人就被設定要用「第一天」的角度來思考事情。在貝佐斯的語彙裡，「第一天」表示亞馬遜會一直採取新創公司的模式經營——每一天，都要有創業的張力與熱情。就連西雅圖市中心貝佐斯辦公的那棟高聳的大樓，都取名為「第一天」（Day

二)。

身穿白領襯衫和灰色牛仔褲的亞馬遜創辦人，爆出一陣招牌笑聲，然後說：「我知道答案。第二天就是──(他停頓許久)──停滯。」他又是一陣停頓，才繼續說：「接下來是失去重要性(停頓)，然後是痛苦難耐的衰退(停頓)，接著是死亡。」貝佐斯微笑，觀眾哄堂大笑，熱烈鼓掌歡送他走下講臺。這位領袖清楚表明了，所有員工再清楚不過的事：亞馬遜或許是科技界的巨頭，但它是一間特立獨行的公司，員工必須上緊發條、動力十足，絕對不能自滿於現狀。

儘管貝佐斯已經擁有傲人成就──亞馬遜的市值在二〇一八年達到一兆美元(當時全世界沒有公司超越亞馬遜)──但他真的依然將亞馬遜當成小公司來經營，彷彿每天都面臨生存危機。二〇一八年十一月的另外一場員工大會上，有個員工提到，像西爾斯百貨那樣的大公司也破產了，貝佐斯的回覆，引發場內人士一陣不安。他說：「亞馬遜不會因為太大而不會倒閉。事實上，我預測有一天亞馬遜會關門大吉，亞馬遜會破產。你們去看看大企業就會知道，這些公司的生命週期通常是三十多年，不會長命百歲。」他這麼說的時候，亞馬遜已經二十四歲了。

貝佐斯為何要向自己的大軍預告亞馬遜會滅亡？也許他是不想讓沾沾自喜和所向披

靡的論調，壞了亞馬遜一直以來的好運。也許他擔心某些勁敵，例如沃爾瑪或阿里巴巴，會摸透亞馬遜的魔法，把亞馬遜殺個措手不及。兩種說法都有些道理，但貝佐斯心裡最害怕的，其實是亞馬遜會得到所謂的「大公司病」——員工把焦點放在彼此而非顧客身上，遊走於官僚體系變得比解決問題還重要。

貝佐斯在員工大會上誠懇地請求員工，不要耽溺於亞馬遜的成就，反而要更努力發明使客戶滿意的新產品和服務，盡可能讓算總帳的那一天晚一點到來。根據貝佐斯的戰略，讓顧客滿意的最佳方式，就是幫他們減少開銷、過更便利的生活。貝佐斯說了：「我無法想像，十年後有顧客找上我，對我說『傑夫，我愛亞馬遜，只不過我希望價格可以再高一點』或是『我愛亞馬遜，只不過我希望你們出貨可以慢一點』，不可能。」

這樣的貝佐斯就像一本教科書。他是大力鼓舞員工的領袖，同時也是不以傳統方式思考的人——想像一下通用汽車或ＩＢＭ的執行長，他們有辦法向部屬開口談論破產的事，卻又不會在團體中引發恐慌，或導致公司股票被拋售嗎？亞馬遜在許多方面獨樹一格，原因就在貝佐斯打造的文化。在這裡每一件事都打上問號，沒有什麼是理所當然——連公司本身的存續也不例外——而且每一個人都必須將心思放在顧客身上，因為顧客是一切的源頭。二〇一三年，布萊德・史東（Brad Stone）出版《貝佐斯傳》（*The Ev-*

erything Store)，貝佐斯在書中所言，最能描述亞馬遜由何而來：「若你想要一探究竟，了解我們何以與眾不同，原因在這：我們真的以顧客為中心，我們真的目標遠大，我們真的喜歡發明。大部分的公司都不是這樣。它們把焦點放在競爭對手而非顧客身上。它們想要經營能夠在兩三年內帶來好處的業務，若兩三年內無法實現便轉換跑道。而且它們寧願亦步亦趨，也不願身先士卒，因為那樣比較安全。所以，如果你想要真正了解亞馬遜，這就是我們獨特的原因，沒有幾間公司同時具備這三項元素。」

聽起來也許很像經營管理的陳腔濫調，但是貝佐斯確實是萬中選一的領導者——這位領袖之所以與其他商業巨擘不同，在於他會想辦法以其高智商、好強作風和無窮精力，在亞馬遜打造真正在乎顧客的文化。若高層主管不把心思放在顧客身上，而是比較在意商場上的競爭，他會斥責這樣的主管。當他在電子信箱看到顧客的投訴信，他只會在信裡多加一個「？」，然後把信轉寄給當責的主管。收到訊息的可憐蟲知道這是警訊，就像巴甫洛夫發現的制約反應，他會放下手邊的所有工作，解決該名顧客遇到的問題——馬上解決。我為這本書訪問了許多亞馬遜的員工，有的在職，有的離職了，而總會有某些時刻讓他們提到「一切始於顧客」(Everything flows from the customer)，彷彿被公司裡的一流電腦科學家設定好，一定要這麼說。

然而在我為了這本書深入探究之時，我開始覺得沒那麼簡單，不只是一句「一切始於顧客」的真言而已。是的，這個觀念有助於解釋亞馬遜的成就。但它和事情全貌相去甚遠。我想要解答的問題是：亞馬遜要的究竟是什麼？我花了兩年研究和訪問超過一百位相關人士，其中包括許多亞馬遜的高階主管。在那之後，我得出一個結論，就是亞馬遜想要成為有史以來最聰明的公司。

一直以來，許多公司在做很聰明的事，但貝佐斯打造的公司，大幅仰賴大數據和人工智慧（Artificial Intelligence，簡稱ＡＩ）。儘管眾人大肆吹捧ＡＩ，不過本質上，這位創業家打造出來的，才是史上首見、最精密的ＡＩ商業模式。它會自己愈變愈聰明、規模愈來愈大，逐漸由演算法來決定公司的運作。演算法，正在變成公司本身。

在貝佐斯的設計下，亞馬遜像飛輪（亞馬遜人篤信的用語）一樣高速旋轉。「飛輪」典範深植亞馬遜文化，它不是一種公式，比較像是一臺高科技的成長永動機。想像一下，有一支懸在半空中的輪軸，上面掛著三公噸重的石輪。要讓石輪轉動很困難，其訣竅在於，日復一日施予足夠的動力，好讓飛輪愈轉愈快，直到有一天，飛輪能靠自己的力量轉動為止。亞馬遜特別禮遇尊榮會員，為他們提供一日或二日免運寄送優惠、免費的亞馬遜電視節目、全食超市（Whole Foods）折扣價格，藉此吸引更多顧客瀏覽網站。

增加造訪亞馬遜網站的顧客人數，能吸引到更多第三方賣家，因為賣家想把觸角伸向亞馬遜的龐大潛在顧客群。（今天，第三方獨立賣家的商品在亞馬遜占比超過五成。其他商品由亞馬遜直接賣給消費者。）吸引更多賣家這一點，為亞馬遜創造更多收益、擴大規模經濟，讓它能夠降低網站上的商品售價，進一步提供更多好處。如此一來，慕名而來亞馬遜網站的顧客就更多了，賣家也會更多，飛輪的轉動速度不斷快上加快。

也有其他成功企業建立過飛輪。二〇〇一年，詹姆·柯林斯（Jim Collins）在其大作《從A到A+：企業從優秀到卓越的奧祕》（*Good to Great: Why Some Companies Make the Leap ... and Others Don't*）創造了飛輪一詞。當時他以克羅格公司（Kroger）及紐克鋼鐵（Nucor Steel）為例解釋概念。這兩間公司的高層主管花許多年推動自己的飛輪，耐心地建立成功的商業模式。柯林斯指出，紐克鋼鐵在一九六五年面臨破產，當時的執行長艾佛遜（Ken Iverson）發現，紐克鋼鐵很擅長用一種稱為小型煉鋼廠（mini-mills）的新技術，來生產價格低廉的鋼材。紐克鋼鐵從一間煉鋼廠開始吸引更多客戶，藉此提高收益，然後打造另外一間成本效益更高的小型煉鋼廠，再藉此吸引更多顧客，不斷延續下去。艾佛遜和他的團隊在那二十年致力於加速推動這個小型煉鋼廠飛輪，到了一九八〇年代中期，紐克鋼鐵成為美國最賺錢的鋼鐵公司。二〇一九年，紐克鋼鐵依然是美國最大的鋼鐵業者。

但是亞馬遜的飛輪很不一樣。它演化成更難以匹敵的機器。貝佐斯將飛輪概念提升到嶄新的境界，這個舉措引發商業模式革命，讓亞馬遜擁有對手幾乎無法超越的競爭優勢。他開拓出下一個世代的企業，二十一世紀，全世界都將採用這樣的生意模式。現在貝佐斯透過善用ＡＩ技術、機器學習和大數據，讓他的飛輪轉動得更快。電腦科技已經開始懂得學習，一天比一天聰明，亞馬遜真的很會運用電腦科技。沒有企業如亞馬遜這般成功。許多執行長只是口頭上支持ＡＩ，請來幾名資料科學家，為商業模式增添ＡＩ元素。但亞馬遜的一切作為，關鍵驅力都是科技。有鑑於此，為了開發和升級仰賴ＡＩ語音軟體的魔法精靈 Alexa，二〇一九年，亞馬遜動用了大約一萬名的員工，其中，投入最多的就是資料科學家、工程師和程式設計師。

亞馬遜從第一天起就是一間剛好在賣書的科技公司。貝佐斯從早期就以大數據和ＡＩ做為亞馬遜的核心。亞馬遜的原始網站在一九九五年七月上線，承諾使用者能夠用便利的方式，買到多達一百萬本不同的書，像圖書館一樣可以搜尋「作者、主題、書名、關鍵字等」。當顧客將捲軸拉到原始網站的最下方，會找到亞馬遜最早使用的電腦智慧科技——這種科技在往後的數十年顛覆了零售產業。那一段文字語帶誇耀地寫著：

「我們的自動化代理搜尋系統 Eyes 全年無休。」讀者最喜歡的作者出書，或是書籍推出平裝本，Eyes 會寄電子郵件通知讀者。

從那時起，亞馬遜就將科技上的高超本領，用來改善網站提供給顧客的建議，同時確保正確的商品庫存擺在適當的倉庫裡，以便快速出貨。亞馬遜蒐集龐大的顧客資料來打造演算法，想辦法為顧客提供最棒的服務、低廉的價格和多到驚人的商品選項。近來，由於機器可以從每一次的活動中變得更聰明，亞馬遜的系統已經演化成，以往由高階主管做的零售決策，現在已經有很多交給機器來決定了。每一次這些機器做出決定——例如在玫瑰盃（Rose Bowl）美式足球賽舉行當週，將一萬臺小冰箱送至帕薩迪納倉庫；或在冬天來臨之際，將一千副連指毛線手套送至安娜堡倉庫——都會啟動後續檢查機制，以便了解該項決定是否正確無誤。其目標在於，確保下一次亞馬遜能做出正確決策。飛輪繼續愈轉愈快。

貝佐斯用不停轉動的飛輪，讓亞馬遜成為全世界最強大和令人畏懼的公司。研究機構 CB 洞見（CB Insights）在二〇一八年追蹤投資人電話會議的內容，發現美國高階主管提到亞馬遜的頻率比其他公司高，甚至高過川普總統的名字——幾乎就跟他們提到繳稅的頻率是一樣的。

雖說貝佐斯向他的大軍示警企業難逃滅亡的命運，但是似乎沒有什麼能阻擋這位非傳統創辦人繼續前進。二〇一九年初，他以一千六百億美元的身家奪下全球最富有人士的頭銜，而且在與前妻麥肯琪（MacKenzie）達成離婚協議，付出四分之一亞馬遜共同持股後（市值三百八十億美元），第一名的位置依然不受動搖。二〇一九那一年，他創辦的公司掌控近四成的美國線上零售生意，在歐洲也是規模數一數二的電商平臺。亞馬遜將尊榮會員制度推廣到十七國，全球註冊會員人數超過一億五千萬。貝佐斯將亞馬遜雲端運算服務（Amazon Web Services，簡稱ＡＷＳ）打造成全世界最大的雲端電腦運算公司，亞馬遜 Prime 影音（Amazon Prime Video）成為緊咬 Netflix 的串流媒體巨擘。除此之外，他還催生搭載 Alexa 的智慧音箱 Echo，推出頭幾年就售出近五千萬臺。這間獲利豐厚的公司，在二〇一〇年代，以每年百分之二十五的平均速率成長——就規模如此龐大的企業而言，表現實在驚人（二〇一八年，亞馬遜的年收益達兩千三百三十億美元）。接下來，貝佐斯放眼實體零售、廣告、消費性金融、運輸、保健，要在這些產業成為舉足輕重的業者——推動的力量，全都來自他的ＡＩ飛輪。

我稱這個全新的企業模型為「貝佐斯經濟學」（Bezonomics）。它動搖了我們對商業的想像思維，接下來數十年將廣為流行，深切影響社會。商業界很快就會區分成耽於現狀的公司，以及效法貝佐斯經濟學的公司，後者將提升自己的ＡＩ技術，像亞馬遜一樣，詳細掌握大量的顧客喜好與行為資訊。知名科技龍頭字母公司（Alphabet）、阿里巴巴、蘋果、Facebook、京東商城、騰訊都屬這類公司。高盛集團等傳統公司也不例外。高盛的消費金融業務馬庫斯（Marcus）銀行負責人哈里特・泰爾沃（Harit Talwar），在二〇一九年的一場會議上談到銀行業務亞馬遜化（Amazonization）：「我們的目的是打亂金融服務的銷售管道與消費行為，差不多就是亞馬遜從以前到現在對零售業的做法。」當然，亞馬遜本身也已經在打亂銀行業了。

泰爾沃的話是老生常談了，Uber 執行長柯斯洛夏希（Dara Khosrowshahi）也說過類似的話。他說，希望他的共乘平臺能夠成為交通運輸界的亞馬遜——運用大數據，在各方面征服交通運輸，食物外送、機車共享服務、支付系統，無所不包。「汽車之於我們，一如書籍之於亞馬遜。就像亞馬遜能在書籍的基礎上，建立超卓的基礎系統，並跨足其他領域，你會看見 Uber 辦到相同的事。」二〇一九年邁入尾聲時，Uber 的股票市值來到五百二十億美元。由此可知，柯斯洛夏希效法貝佐斯經濟學是有用的——至少目前為止是如此。

全球收益最豐的公司沃爾瑪，正在投入大量資源運用ＡＩ和大數據，努力加入這個行列。沃爾瑪想要證明，老派零售商可以轉型為二十一世紀的科技平臺，他們耗資數十億美元投入這場戰爭。面臨亞馬遜帶來的威脅，其他公司則是想辦法保護自己的利基，為客戶提供精心策劃的體驗，以及亞馬遜機器所無法匹敵的人味。百思買（Best Buy）、威廉思索諾瑪（Williams-Sonoma）、英國時尚網路零售商ＡＳＯＳ、瑞士奢侈品零售商歷峰集團（Richemont，即卡地亞的母公司），以及德國電商龍頭歐圖集團（Otto）旗下的箱桶之家（Crate & Barrel），都屬於這個類別。「飾提取」網路服飾公司（Stitch Fix）、瓦爾比派克（Warby Parker）、露露思（Lulus）這些積極進取的小公司也是。至於未受亞馬遜影響的公司，也許是很幸運，ＡＩ巨頭亞馬遜未涉足它們所屬的經濟部門（重工業、法律、房地產）；也許，它們只是懵懂無知蹉跎光陰，終有一天，會被亞馬遜狠狠輾壓。

貝佐斯經濟學對我們的工作及生活方式，也產生深遠的影響。亞馬遜是機器人技術運用大師。雖然，它從開業到二〇一九年，創造了超過六十五萬個工作機會，但是它也即將引爆一場自動化的浪潮——當旁人開始仿效，這股浪潮將會擾亂勞動市場，使各國政府都有必要嚴正看待全民基本所得（universal basic income，簡稱ＵＢＩ，也譯全民基本收入）的概念。在此同時，會有愈來愈多公司開發自己的貝佐斯經濟學商業模式，人們的生活會因此更數位化，開啟一個新的世界——我們不會去逛商場或住家附近的小商店，不會在那些地方與朋友和鄰居互動，我們會獨自坐在閃爍的電腦螢幕前，按下購買鍵進行消費。

在寫書的過程中，許多喜歡思考的朋友和同事問過我亞馬遜好不好。這是合理卻也複雜的問題，而複雜問題大都沒有簡單答案。我希望，這本書的讀者能夠逐漸了解當中錯綜複雜的關係，知道亞馬遜同時帶動與破壞商業與社會，能夠充分準備，在貝佐斯經濟學的時代裡生存。如有必要，也能游刃有餘地迎戰這類大型科技平臺。

你對亞馬遜抱持怎樣的看法，有一大部分取決於你的立場。對亞馬遜的全球尊榮會員來說，亞馬遜很難跟邪惡公司扯上邊。上面有各式各樣、琳瑯滿目的商品——亞馬遜不會告訴你有多少，但有消息來源指出有將近六億件商品。亞馬遜以低廉的價格販售商品，可以在兩天或更短的時間內，免費寄出數百萬件貨品，而且幾乎不太會出錯，服務品質也很好。對電影和音樂愛好者來說，亞馬遜的串流平臺上有兩百萬首免費歌曲，亞馬遜製作了獲獎肯定的電影，例如《海邊的曼徹斯特》（*Manchester by the Sea*），還有電視影集《透明家庭》（*Transparent*）和《高堡奇人》（*The Man in the High Castle*）。亞馬遜在美國始終位列最受信賴和喜愛的品牌。從全球來看，二〇一九年的一項調查顯示，亞馬遜在財星全球五百大企業當中，是品牌聲譽最為卓著的公司。

政治人物指摘亞馬遜輾壓家庭式小商店，這樣的指控不無道理。無法提供獨家商品、優質服務、低廉價格或快速出貨的小型零售業者，被亞馬遜擊垮了，且往後亦將如此。在此同時，亞馬遜也是孕育新創公司的好地方。二〇一九年，亞馬遜市集（Amazon Marketplace）有來自一百三十國的數百萬個獨立事業體（光是美國數目就有一百萬）。從這些事業體販售出去的商品，在亞馬遜市集占比達到百分之五十八。亞馬遜表示，二〇一八年，在亞馬遜網站販售商品的全球小型企業，創造了一百六十萬個工作機會。亞馬遜也在別的方面幫助小型業者。亞馬遜的雲端運算服務ＡＷＳ以合理的價格，為創業家提供大企業才有的電腦系統實力。亞馬遜的Alexa AI語音軟體，為應用程式開發商及智慧家電製造商，創造了廣大的商機。

但這些是有代價的。亞馬遜坐擁龐大的全球倉儲網絡，在那裡工作的成千上萬名員工，做著辛苦、貶損人格、無工會保障的工作。更糟糕的是，那些勞工還要擔心，自己有一天會被動作更快、成本更低的機器人取代。而那一天的來臨，會比多數人想像的更快。

亞馬遜的公司文化要求步調快速、積極進取，對白領或藍領勞工都採取不能容忍錯誤的態度。在環保方面，亞馬遜有龐大的出貨量和消耗大量能源的伺服器農場，對降低全球溫室氣體排放量沒有好處。它對網路零售的主宰力量，引來政治人物要求亞馬遜分拆公司。除了這些，根據《華爾街日報》的估算，二〇一七年和二〇一八年亞馬遜透過合法避稅手段，付給美國聯邦政府的所得稅微乎其微——想到光是二〇一八年，亞馬遜的年度帳面收益就有一百億美元，真教人難以接受。造成這種狀況的理由很多，其中一個是，亞馬遜可以在編列收益時，用過去的損失列抵。如此一來，稅務部門便對其莫可奈何。川普也是採用類似手法，偶爾會用賠錢事業節稅，讓他幾乎不必課稅。

這些當然都是嚴重的問題，但原因也出在資本主義的本質。做為經營有成的大型新科技平臺，亞馬遜的一舉一動都受到嚴格的檢視，某些行為的確沒有錯怪它。最具代表性的例子，就是亞馬遜要在紐約市設立第二總部時，沒有妥善處理社區團體的意見，導致計畫撤銷。亞馬遜電商的龐大出貨量會製造溫室氣體，它的伺服器農場也對大自然不利。但是基本上，解決之道不在公開批評單獨一間公司，而是要認清這間公司及其同類正在（以及將會）製造哪些問題，然後採取適當行動改革稅法、針對碳排放量制訂合宜的規範，而且政府要採取行動，支持及訓練被自動化機器取代的勞工。

與此同時，最好的方式是仔細檢視亞馬遜，了解亞馬遜將如何形塑我們的未來。重點在於，不論我們是否喜歡，貝佐斯經濟學都將在全球經濟吃下更多份額。我只希望，透過從書中閱讀亞馬遜的事蹟，想要改革資本體系的人，能夠更了解二十一世紀的商業發展走向，明白貝佐斯經濟學如何帶我們來到關鍵樞紐，以及未來它將如何顛覆社會。業界領袖可以透過本書，深入探索貝佐斯如何打造他的ＡＩ飛輪、這個飛輪何以如此成功，以及公司能如何與這頭巨獸競爭。至於我們其他的人，希望這趟了解貝佐斯的旅程，能帶領大家認識，每一次門口收到畫有微笑圖案的咖啡色箱子，生活究竟發生了哪些變化。

第一步是認識亞馬遜的規模有多龐大、實力有多堅強——亞馬遜滲透我們的生活、與全球經濟交織，其程度比多數人想像的還要更高。

1 貝佐斯經濟學

早晨醒來，艾拉要 Alexa 幫她煮咖啡、報天氣，還有從全食超市訂雜貨，晚上再送到公寓住處。現年二十六歲的艾拉，不知道沒有亞馬遜會是怎樣的世界。大學時，她在亞馬遜網站上買齊了二手教科書，之後又在那裡賣出去。她從十八歲起就有亞馬遜尊榮會員的資格，但回家看到門階上放著用亞馬遜膠帶封裝的紙箱，還是會有腦內啡大量增加的感覺。

吃過早餐，艾拉搭乘地鐵前往辦公室。她要找工作用的藍芽鍵盤，果然，亞馬遜有各式最佳商品。她用滑鼠點兩下，知道明天東西就會出現在辦公桌，若真有需要，甚至可以當天到貨。她用 AWS 備份重要的公司檔案，研究亞馬遜借貸（Amazon Lending）的小型企業貸款方案。接著她召集團隊成員，討論她的新創公司即將邁入的下個重大里程碑：在亞馬遜網站上推出新商品。當天晚上，她在回家途中，去了一趟亞馬遜無人商店（Amazon Go），在沒有收銀員的商店買了小點心。離開時，感應器和攝影機自動從她的亞馬遜帳戶扣除商品費用。她回到家，要求 Alexa 念晚餐食譜給她聽。吃完晚餐休息時，要求 Alexa 用電視播放亞馬遜 Prime 影音的當紅影集《了不起的麥瑟爾夫人》（*The Marvelous Mrs. Maisel*）。稍晚，一面用 Kindle 閱讀器讀電子書，一面準備入睡。

艾拉是虛構人物，但她生活的世界卻非常真實。我們都知道，在亞馬遜生態系裡，有許許多多像艾拉這樣的人——美國的亞馬遜尊榮會員每年支付一百一十九美元，好讓自己享有特權，可以完全陷入亞馬遜編織的網羅。亞馬遜的商品可從十七個國家，在兩天內，免費寄送到會員手上。但並非所有亞馬遜買家都是尊榮會員。據估計在世界各地，還有兩億名非尊榮會員網路買家；不論他們是否意識到，都已經在貝佐斯的作業系統註冊為終身會員。貝佐斯才剛開始滲透全球市場。亞馬遜正在將觸角伸向歐洲、印度、非洲、南美洲、日本。只有在中國，土生土長的數位巨頭阿里巴巴和騰訊實力堅強，讓亞馬遜吃了敗仗。

在街頭民眾眼裡，亞馬遜是用咖啡色小箱子遞送各式物品的公司。隨便一個下午，走在洛杉磯、倫敦、孟買的街道上，你會看見亞馬遜的微笑紙箱成堆疊在建物大廳，或是放在門口臺階。一位曾在亞馬遜任要職十年的高階主管告訴我，亞馬遜真正在做的是打造新作業系統，其範圍將比蘋果電腦的iOS和Google的安卓更廣泛全面。他說：「我們在亞馬遜的一切作為，都是要成為與〔人們的〕生活緊密交織的網絡。我們在亞馬遜網站這麼做，現在又有搭載Alexa的Echo音箱，能告訴人們天氣狀況、幫我們播放音樂、控制家裡的燈光和冷氣。還有沒錯，幫我們在亞馬遜網站買東西。我們將會進展到高度統合的程度。亞馬遜正在變成你生活裡的作業系統。」

我們很難估測亞馬遜究竟多麼受歡迎、多麼讓人上癮、多麼包羅萬象。二〇一七年聖誕假期，在網路上購物的美國人有四分之三表示，會在亞馬遜購買大部分的東西。排第二名的是沃爾瑪網站，有百分之八表示主要會在那裡購物。美國郊區的郵局卡車要加開班次，才能送完一批又一批的亞馬遜包裹。在某些地區，郵差從凌晨四點開始送件，才趕得及把包裹送完。在紐約火燒島，當地渡輪每天早上花太多時間卸亞馬遜快遞的貨物，導致渡輪乘客必須提早搭乘其他班次，以免錯過前往紐約市的通勤火車。

在這個人們逐漸對組織失去信心的時代，亞馬遜卻贏得眾人對其深懷敬意。二〇一八年，喬治城大學貝克中心（Baker Center）要美國人選出最信賴的組織。儘管左翼政治人物經常以亞馬遜為目標，指摘亞馬遜倉庫工作環境惡劣，責罵他們運用能力從當地政府獲取高額租稅減免，而且在二〇一七年、二〇一八年，幾乎沒有繳交所得稅給聯邦政府，但是在民主黨人士心目中，信任度排名最高的機構竟然是亞馬遜，真令人訝異。參與民調的共和黨人士，則是將亞馬遜列在第三名；前面兩名不意外，就是軍隊和地方警察機關。不論民主或共和黨人士，參與問卷調查的人，對亞馬遜的尊敬程度，都超過美國聯邦調查局（FBI）、大學、國會、媒體、法院和宗教組織。這或許能解釋，為何只有五成一的美國家庭上教會，卻有五成二的家庭擁有亞馬遜尊榮會員資格。

亞馬遜的威望在千禧世代和Z世代身上更顯著。麥斯伯格思公關公司（Max Borges Agency）進行民調，共有一千一百零八人受訪。這些人年齡介於十八到三十四歲，過去一年，都在亞馬遜網站買過高科技產品。竟有高達百分之四十四的人表示，寧願一年不發生性關係，也不願意一整年都不碰亞馬遜；百分之七十七的人則是寧願一年不喝酒，也要使用亞馬遜。我們或許可從這樣的數據，看出千禧世代與Z世代的生活方式，以及性愛對他們的重要性。而這些數據，也顯示出亞馬遜的魅力。

在消費者心目中建立起一流聲望，替亞馬遜賺進白花花的鈔票。廣告業巨頭WPP集團（Wire & Plastic Products Group, WPP Group）旗下資料研究公司凱度（Kantar），在二〇一九年中公布全球最有價值品牌排行榜，亞馬遜首次在這份調查獨占鰲頭。凱度公司估計，亞馬遜品牌價值三千一百五十億美元——與前一年相比，增加了一千零八十億美元，幅度驚人。亞馬遜打敗蘋果和Google登上王座。阿里巴巴和騰訊都被遠遠甩在後面。

亞馬遜太令人上癮，美國人的所得之中，有很大一部分花在這。亞馬遜吸走家庭支出的百分之二．一（以年收入六萬三千美元的美國家庭來說，約等於一千三百二十美元）。消費者願意從皮包掏錢給亞馬遜，主要是因為亞馬遜能幫他們節省時間和心力，而且不必花錢開車或搭大眾交通工具，跑去商店買日常用品（例如尿布或電池）。提供一個好例子：已經退休的書籍編輯夏綠蒂．梅爾森（Charlotte Mayerson）住在曼哈頓上西區，她要幫老舊的有線電話更換新電池，於是便匆匆搭上公車，來到最近的百思買找替換品。熱心助人的店員告訴她：「百思買沒有賣那種電池，但我很樂意幫你解決問題。」他走向電腦螢幕，在亞馬遜上，幫這位女士訂購了她所需要的替換電池。

就連某些對亞馬遜嗤之以鼻的購物者，也無法過沒有亞馬遜的生活。《紐約時報》特約編輯諾娜．薇麗思．阿洛諾維茲（Nona Willis Aronowitz）表示，基本上她很討厭亞馬遜，因為她讀過亞馬遜惡劣對待倉庫員工的報導。但曾經從事勞工運動工作的八十五歲父親，中風後身體大不如前，阿洛諾維茲開始仰賴亞馬遜，確保無法步出家門的爸爸能取得一切所需——從物理治療球到便宜的罐裝蛋白粉，都能在亞馬遜上買到。阿洛諾維茲認為，使用亞馬遜的服務是「與惡魔交易」，但她這樣描寫父親的狀況：「他無法自己購物，他的看護不可能整天跑專業藥局和醫療用品店。所以亞馬遜尊榮會員制變成了他的生命線。」

沒有人有實際的統計數據，但許多奇聞軼事顯示，某些購物者對亞馬遜產生癮頭。緬因州索科先前有一名四十歲男子，因為退回太多智慧型手機而被亞馬遜停權——亞馬遜的演算法會暗中決定誰是好顧客、誰不是。這名男子花了好幾個月的時間想要恢復信用。在他極力懇求亞馬遜顧客服務部門的員工後，帳號終於解鎖了。他告訴《華爾街日報》：「我不知所措、迷失方向，直到被切斷，你才知道日常生活和這間公司牽連多深。」

科學家早已了解到，社群媒體平臺——例如：Facebook、推特、Instagram（簡稱IG）——會讓人上癮。每次手機通知響起，告訴你最近收到幾個讚、有人熱烈回應你的貼文，大腦就會釋放多巴胺，一種同樣會引起愉悅感的神經傳送素。使用者習慣了這種小確幸，不自覺一直查看網站，想知道有沒有人對最新貼文留言。Facebook元老級總裁西恩．帕克（Sean Parker，已於二〇〇五年卸任）曾經解釋，為了牢牢抓住使用者，

Facebook 利用了「人類的心理弱點，只要有人對貼文或照片按讚、留言，我們就……給你一點多巴胺的刺激」。

不管大人或小孩，都很容易對網路上癮，只不過成癮現象在兒童身上尤其明顯。小孩子在應該發展社交和閱讀能力的時期，反而黏在螢幕前面。有些矽谷的大人物甚至不讓小孩碰手機，或是至少會嚴格控管，減少孩子接觸這類裝置的機會。曾在《連線》雜誌（*Wired*）擔任編輯，目前是機器人與無人機公司執行長的克里斯・安德森（Chris Anderson）——一個不可能和反機器人畫上等號的人——在接受《紐約時報》採訪時，如此闡述使用螢幕裝置對兒童的影響：「用糖果和快克古柯鹼來形容上癮的程度，螢幕裝置接近快克古柯鹼。打造科技產品人和撰寫科技革命文章的觀察家都太天真了。我們以為自己能掌控科技，但它超出我們的掌控範圍。兒童的大腦正在發育，而科技直接影響腦內的愉悅中心。」

Facebook、推特、ＩＧ，這些社群媒體網站，可能會造成社會和心理問題。而亞馬遜要為助長同樣嚴重的現象負責——購物癮。亞馬遜的魅力實在太強，導致有些人陷入無法自拔的回饋循環，發生可怕的財務危機。一鍵購買按鈕等同於收到 Facebook 或ＩＧ的肯定通知。但與朋友按「讚」不同的是，一鍵購物的使用者知道他們會收到獎勵

——包裹在一兩天內送達家門，裡面裝著心心念念的商品——就像一整年都能收到聖誕禮物或生日禮物。所以他們收到雙倍的多巴胺刺激：一次發生在按下購物鍵，另一次發生在快遞按門鈴。

亞馬遜的衝動購物回饋循環讓某些人損失大筆金錢。紐約市心理學家艾波・班森（April Benson）專門研究購物成癮。她在研究過程發現，有一些嚴重的網路購物成癮案例。其中，長島有位名叫康絲坦思的中年婦女，最近因為負債十五萬美元申請破產。康絲坦思告訴班森：「我不知道對快克古柯鹼上癮是什麼情形，但購物就是我的快克古柯鹼……我用每週工作七天來支撐這樣的嗜好……該放手了。」

購物狂不是現在才有，但網路讓它變得更容易發生，因為網路購物真是方便。麥斯伯格思公關公司針對千禧世代與 Z 世代購物者做的調查顯示，百分之四十七的人在如廁時上網購物，百分之五十七在工作時間上網購物，百分之二十三在塞車途中網購，百分之十九則是在喝醉後網購（你可能以為，酒醉購物的人不只這個比例）。某位東北部的地方高中教師表示，她有一次喝醉酒坐在床上，到亞馬遜網站買東西，隔天早上不記得自己訂了什麼。

只要按下一個按鍵，或透過 Alexa 進行語音操控，這種讓人上癮的便利購物方式，表示購物者最後可能會買下超過他們需求的垃圾。有一天我發現自己正在亞馬遜上訂購不鏽鋼咖啡罐，上面有二氧化碳排氣閥，有助咖啡粉保鮮。誰知道二氧化碳會影響咖啡風味，我幹嘛在意？但我還是買了。我們愈清楚自己能買什麼，就會買得愈多。網路購物也是拖延工作的好方法。不想再規劃試算表了嗎？不想再寫工作事項便條了？不知怎麼地，你的大腦讓你想起，這個週末你要到海邊玩，你好需要一雙新的夾腳拖，接著你的手指就伸向亞馬遜網站了。

購物者會對亞馬遜上癮，其中一個原因是上面幾乎什麼都找得到。事實上，在二〇一八年，亞馬遜及網站上數百萬第三方零售賣家，在全世界刊登了大約六億件商品，比全球最大實體零售業者沃爾瑪，東西多上不只七倍；沃爾瑪的超級商店（Super Stores）提供十二萬種商品，線上購物網站約七千萬種商品。

深入亞馬遜網站的馬里亞納海溝，會掀起人們的好奇心。購物者能買到十六種顏色變換的動態感應便座夜燈（九．六三美元）、男款黑色矽膠婚戒（四枚十二．九九美元，適合有預算考量和心態明顯悲觀的新郎）、誠實阿米希（Honest Amish）免沖洗鬍鬚保養霜（十一．四三美元）、公母一對的活體馬達加斯加蟑螂（十三．五〇美元，但已經買不到了），還有我最喜歡的：印有尼可拉斯．凱吉（Nicolas Cage）裸胸照片的枕頭套

（五．八九美元）。最後這項商品有兩百三十九則評論，獲得四顆星的評價。其中有個名叫卡菈的人，這樣留言描述她購買的商品：「知道凱吉和我一起躺在床上，讓我覺得自己被保護得很好。」

亞馬遜網站上不是只有這類小玩意兒。購物者可用三萬五千兩百七十九美元，訂購三．五公噸重的動力車床，比福特 Expedition 車款重，還不必支付運費——但要有人在家簽收商品。其他免運商品還有：三百零六公斤的通用汽車引擎（無須組裝）、一百三十六公斤的槓鈴、兩百五十公斤的槍櫃。一名顧客提出忠告：免運費不代表他們會幫你把超重的保險櫃扛上樓。

由於亞馬遜能從數量龐大的資料得知哪些品項賣得好，所以亞馬遜有販售自家商品的強大優勢，他們就是利用了這一點。當亞馬遜發現，某個品項很受歡迎，例如藍色喀什米爾毛衣或智慧型微波爐，他們會找製造廠商，用自己的品牌推出產品。亞馬遜倍思電池（AmazonBasics）就是經典例子。亞馬遜直接迎戰永備電池和金頂電池，價格往往比這些大品牌便宜許多。二〇一六年，亞馬遜擁有約二十個自家品牌，包括亞馬遜倍思電池、時尚女裝品牌拉克與羅（Lark & Ro）、童裝品牌思葛與羅（Scout + Ro）。二〇一八年，亞馬遜的自有品牌增加到超過一百四十個，包括中世紀風家具品牌里維特（Rivet）和食品飲料品牌快樂肚腩（Happy Belly）。自有品牌可能會為亞馬遜開創大好商機。太陽信託羅賓森亨福瑞投資銀行（SunTrust Robinson Humphrey）的分析師指出，二〇一八年亞馬遜自有品牌銷售額達七十五億美元。預估將在二〇二二年來到兩百五十億美元之譜。

雖然研究調查顯示，大部分的購物者都對亞馬遜很有好感，但有許多口耳相傳的證據指出，亞馬遜的搜尋結果有太多贊助商品和亞馬遜「精選」商品——我訪問的千禧世代使用者更是如此表示。這些人說，雜亂的搜尋結果澆熄購物的欲望。再來，他們也覺得，商品選項多到令人眼花撩亂。在無垠無涯的網購天地，實在很難理出一個頭緒。購物者輸入「跑步鞋」，會出現超過七萬筆搜尋結果。要挑哪一雙呢？我不知道。加上有些是假評論，有些是拿免錢商品替人寫評論的業配文，很難分辨出什麼東西比較好。

諷刺的是，研究指出，選項較少的購物者能做出比較正確的決定，也比較有可能掏錢買東西。哥倫比亞大學商學教授及《誰在操縱你的選擇》（*The Art of Choosing*）作者希娜．艾恩嘉（Sheena Iyengar），在一九九五年進行稱為「果醬選擇測驗」的實驗。她在加州的市集擺了一張桌子，放威爾金斯父子果醬（Wilkin & Sons）試吃品，每隔幾個小時更換一批果醬。有一批提供二十四種口味，另一批則只提供六種口味。她發現，口味選項較少的試吃者，約三分之一最後買下果醬，而二十四種口味選項的試吃者，只有百分之三買果醬。太多選擇，會降低吸引力。

亞馬遜的顧客喜歡網站上什麼都買得到（包括尼可拉斯．凱吉的枕頭套），除此之外，正確快速地將貨品送到門口，也是讓顧客願意繼續回頭購物的原因。這陣子我把太多亞馬遜箱子堆到我的垃圾箱旁邊，結果垃圾清運公司要我為超量垃圾支付一百二十美元的清運費。幸好紙箱上的多數材質都能回收，在美國和其他地方重新製成包裝箱和其他紙類產品。然而，製造和運送這些微笑箱子時排放的溫室氣體，成為不容小覷的問題。

從亞馬遜創立開始，貝佐斯就一直在想辦法減少出貨時間。二〇〇五年尊榮會員制度推出時，某些品項可在兩天內免費送至顧客手中。從那之後，亞馬遜就一直擴大尊榮會員制的免運寄送品項。二〇一九年初，亞馬遜宣布計劃將兩日免運出貨升級為一日免運出貨。希望出貨時間更短的人，可以選擇亞馬遜尊榮速達服務（Prime Now）。超過三百萬種商品，只要訂購金額超過三十五美元，就能在訂購當日免運寄送到府。除了美國，推出當日到府服務的地方，還有澳洲、英國、德國和日本等國家。（最受歡迎的亞馬遜尊榮速達商品是香蕉，誰想得到呢？）二〇一八年，亞馬遜一天內可以出貨二十億件商品，出貨時間愈來愈短。任天堂歐美版迷你紅白機出貨到華盛頓柯克蘭，高山牌（High Sierra）Loop系列後背包出貨到北卡羅萊納夏洛特——都只要九分鐘。

從倉庫到顧客手上，亞馬遜並不滿足於，完全依賴當地郵局或優比速（UPS）之類的快遞公司，來為他們完成最後一哩路。二〇一八年，亞馬遜表示，他們將會買下兩萬輛賓士廂型車來推動一項計畫，讓創業家在亞馬遜的幫助下，創立自己的在地快遞公司。亞馬遜還有一項稱為「亞馬遜物流部隊」（Amazon Flex）的計畫，讓Uber和來福車（Lyft）的司機為他們送貨。亞馬遜也在嘗試推出無人機送貨服務，二〇一六年在英國率先測試，由無人機載著亞馬遜電視盒（Amazon Fire TV）和一袋爆米花，送到位於劍橋附近的顧客手中。從該名顧客按下購買鍵到無人機送貨到府，只要短短十三分鐘。

儘管優比速和美國郵局都是很大的機構，卻沒有大到能處理如洪水般的出貨量。亞馬遜正在集結由貨櫃船、巨無霸貨機和半聯結車組成的大軍，意圖打造全世界最健全的貨運公司。亞馬遜推出龍舟計畫（Dragon Boat），出租自家貨櫃船隊，讓其他公司從中國工廠進口貨物。正在以亞馬遜航空（Amazon Air）為品牌名稱打造空運服務，預計在二〇二一年部署七十架噴射貨機。二〇一八年底，亞馬遜宣布在沃斯堡聯盟機場（Fort Worth Alliance Airport）設立空運樞紐。這可不是虛張聲勢。亞馬遜不斷充實自己的運輸業務，摩根士丹利（Morgan Stanley）隨之調降聯邦快遞和優比速的目標股價，因為亞馬遜可能會侵蝕這兩間龍頭公司的成長幅度。

亞馬遜想要快速出貨有個關鍵，就是將倉庫蓋在顧客所在地附近，包括英國赫特福德郡、巴西聖保羅、日本大阪、印度新德里和中國天津。二〇一九年亞馬遜在全球擁有一百七十五間倉庫並持續擴張，甚至買下廢棄商場，改建成物流中心。二〇一九年初，亞馬遜在克里夫蘭地區買下兩間靠近市中心的商場，裡面已經有水電設備和停車場，而且鄰近公車站，買不起汽車的倉庫員工可以搭公車上下班。

我們很難精確掌握亞馬遜配銷網絡的規模有多大。二〇一七年，亞馬遜從錯綜複雜的倉儲系統，出貨大約三十三億件商品，相當於將包裹寄送給近一半的世界人口。二〇一八年的出貨量應該有四十四億件，來到每日一千兩百萬件包裹的出貨量。

今天的購物者不只想要快速出貨，還希望可以選擇在網路或實體店面買東西。亞馬遜在二〇一七年以一百三十七億美元收購全食超市，成為全新混合式零售業龍頭，絕對會將傳統的實體店面零售業攪得天翻地覆。全食超市的五百多間商店讓亞馬遜的顧客可以選擇在網路上訂購雜貨送到家裡，或是在下班回家的途中放進後車廂載回家。

收購全食超市一年後，媒體報導指出，亞馬遜要打造全國連鎖低價雜貨店，與沃爾瑪和克羅格正面交鋒。有位專家表示，亞馬遜在把廢棄的西爾斯百貨營業場址改建成新的食品雜貨店。除此之外，亞馬遜也努力經營在地小店。二〇一九年，亞馬遜經營四十二間自己的實體店面，包括亞馬遜無人商店、亞馬遜四星商店（Amazon 4-star）和亞馬遜書店（Amazon Books）。目前為止亞馬遜無人商店只有十五間，購物者不必經過結帳程序，就能在店內購買三明治、沙拉和飲料。天花板上的監視器會掃描商品，直接從購物者的亞馬遜帳戶扣款。從貨架重量可以辨別購物者是否把物品放回去。事實證明無人商店大受好評，亞馬遜表示會繼續推出無人商店。華爾街分析師預言，亞馬遜無人商店會在這五年創下數十億美元的商機。

貝佐斯打造了全世界範圍最廣、實力最強大的網路零售事業體系，現在還威脅到實體商店，但這還只是一部分的故事。足以威脅其他產業的新興模式誕生了。亞馬遜發明能讓顧客滿意的東西，將ＡＩ飛輪再推進一步，這麼做最後總能創造出新的產品服務，成為亞馬遜自己的事業。貝佐斯就是這樣跨足一個又一個新的產業，從雲端運算到媒體，再到消費性電子產品。全球有許多業者擔心（他們擔心得有理），亞馬遜的ＡＩ飛輪會輾壓他們的產業。

亞馬遜成立二十多年，投資數十億美元打造最直覺化、最足以信賴的網站，讓消費者想到線上購物就想到亞馬遜。然後，亞馬遜用提升網路事業的程式撰寫能力和電腦運算專長，打造出雲端服務系統 AWS。有了雲端運算技術，商家和個人用戶可以透過大型伺服器農場，在網路上儲存、管理和處理資料，不必使用在地伺服器或個人電腦。這是成長最快速的科技領域。二〇〇六年，亞馬遜成為在市場上推出雲端服務的先鋒。二〇一八年，AWS 依然是世界最大的雲端公司，收益高達三百五十億美元，成為亞馬遜最賺錢的事業部門。

二〇〇〇年代中期，貝佐斯得出結論，認為將影音串流服務免費提供給尊榮會員，會是吸引和留住顧客的好方法。他推出亞馬遜 Prime 影音。從那時起，Prime 影音就製作了許許多多的原創電視節目，包括湯姆．克蘭西（Tom Clancy）的驚悚影集《傑克萊恩》（*Jack Ryan*）、茱莉亞．羅勃茲主演的《歸途》（*Homecoming*），以及囊括最佳喜劇類影集等多項艾美獎的《了不起的麥瑟爾夫人》。二〇一九年，亞馬遜花了近七十億美元製作原創節目與音樂，在好萊塢扮演不容忽視的要角。這筆錢還比不上 Netflix 砸下的重金。那一年，Netflix 大約花了一百五十億美元製作原創內容（超越任何好萊塢製片商投資的錢）。但這筆投資表示亞馬遜勢在必得。亞馬遜在超過兩百個國家提供影音串流服務。Netflix 雖然擁有一億零四百萬名會員，訂閱人數比亞馬遜多，但是業界觀察家表示，亞馬遜有固定在看自家影音頻道的兩千七百萬尊榮會員，兩家業者之間的差距正在縮小。這要歸功於亞馬遜與其他業者結盟，比如在二〇一八年，和美式足球聯盟（NFL）達成協議，轉播《週四足球夜》（*Thursday Night Football*）的十場比賽。

也許亞馬遜的尊榮會員會喜歡聽免費音樂。二〇〇七年，貝佐斯為尊榮會員推出免費的亞馬遜音樂（Amazon Music）串流服務。十年後，亞馬遜催生亞馬遜音樂無限聽（Amazon Music Unlimited）——可付費聆聽五千萬首歌曲與精選歌單——成為Spotify、潘朵拉音樂盒（Pandora）、蘋果音樂（Apple Music）的直接競爭對手。亞馬遜音樂副總裁史蒂夫．布姆（Steve Boom）告訴網路媒體《邊緣》（*The Verge*）：「我認為，我們是全球數一數二的串流服務公司，會比其他公司成長更快。」

貝佐斯認為，如果他的公司能讓顧客更輕鬆地訂購產品、聽亞馬遜音樂、看亞馬遜影片，不是很棒嗎？因此，亞馬遜在二〇一四年，推出了搭載AI語音助理Alexa的Echo音箱。Echo音箱在個人電腦和通訊領域激起的強大漣漪，並不亞於賈伯斯揭曉iPhone帶來的變化。Echo音箱運用人工智慧聆聽人類的問題，在網路資料庫裡掃描成千上萬個詞彙，提供深入或淺顯的解答。Alexa的名字來自古埃及時代的亞歷山大圖書館（Alexandria），它能依照要求播放音樂、報告天氣況狀和運動賽事比分，還能遠距操控家中的恆溫器。二〇一九年亞馬遜總共在全球賣出近五千萬臺 Echo 音箱。有些公司賣了上千萬件 Alexa 周邊產品。亞馬遜早就推出了 Kindle 閱讀器、電視盒等消費性電子裝置，但它現在要開始生產透過 Alexa 操控的監控攝影機、微波爐和電燈。亞馬遜已經成為一間舉足輕重的消費性電子產品製造公司。

而那只是貝佐斯經濟學開始打亂產業的第一步。亞馬遜帶來的威脅並未止步於零售、雲端運算、媒體和消費性電子產品。亞馬遜正在跨足金融、保健和廣告業。等貝佐斯把他的 AI 飛輪用到這些產業，許多競爭對手都很有可能化為烏有，失去大半的市占率還只是最好的情況。就從保健的例子來看看吧。

二〇一八年，亞馬遜與巴菲特的波克夏海瑟威以及摩根大通合作成立非營利組織，致力於為這三間公司一百二十萬名員工重塑保健服務。這項新計畫的負責人是鼎鼎大名的波士頓外科醫生與《紐約客》專欄作家阿圖．葛文德（Atul Gawande）。亞馬遜的目標是把這裡當實驗室，找出顛覆保健業的新方法。保健業需要降低價格和提高顧客服務品質，正是亞馬遜最擅長的事。二〇一八年，亞馬遜收購網路藥局 PillPack*。亞馬遜也可以在全食超市設置藥局，除了提供價格低廉的藥品，還能運用分析預測能力和顧客資料，來追蹤並影響患者的行為。

不久的將來，亞馬遜的 Echo 音箱和 Alexa 能幫助亞馬遜跨足遠距醫療服務。亞馬遜可以打造廣大的平臺，在上面提供各種新式聲控服務，例如，可以幫助患者預約醫師到府服務。亞馬遜的智慧型影音裝置 Echo Show 有十吋螢幕，能將虛擬到府看診服務化作現實。亞馬遜的強大 AI 能力可幫助醫生更精準地診斷病情。Alexa 已經可以提供急救和保健資訊了。再多幾項任務，幫忙自動補充處方藥品、提醒患者按時用藥，並非不可能的事。CVS 連鎖藥局（CVS Health）、哈門那集團（Humana）、聯合健康集團（UnitedHealth）與其他醫療產品供應商，都該繃緊神經了。

當貝佐斯將 AI 飛輪運用於新的領域，做生意的方法會劇烈改變。大數據、AI 技術、極度聚焦顧客，都將只是入場門票。任何與亞馬遜競爭的一方都該明白，以往的商業模式將無法因應這些變化。必須敞開心胸接納貝佐斯經濟學的基本法則，否則就要找出不受貝佐斯經濟學影響的安全港。

想要完全掌握貝佐斯經濟學的可能影響，就必須了解這套法則的幕後推手。貝佐斯在一九九四年離開了他在華爾街避險基金大有賺頭的工作，開了一間網路書店。二十多

＊譯注：PillPack 的字義為藥品包裝。

年過去，他建立的公司成為史上最有價值的公司，他自己則是成為全世界最富有的人。然而，追求財富的欲望，並非驅使他來到此一境界的原因。

2 全世界最富有的人

貝佐斯是個矛盾的人。

他創造了超過五十萬個新的工作機會，但他的公司也不斷提升機器人和ＡＩ技術，並將這些知識散播給全世界的業者，因而威脅到數百萬人的生計。

他經營亞馬遜錙銖必較——甚至使用老舊的門板來當辦公桌面。但他累積了勝過地球上所有人的財富，而且揮金如土。他的財產包括要價六千六百萬美元的私人噴射機灣流G650ER，以及坐落在洛杉磯、舊金山、西雅圖、華盛頓特區和紐約市的房地產。除此之外，還有面積四十萬英畝的土地，這些土地大都位於德州西部。最近一次，是在二〇一九年中，一口氣在麥迪遜廣場公園附近的時尚高級住宅區，買下曼哈頓第五大道兩百一十二號共四層樓的三間公寓（包括頂樓豪華公寓）。這幾間公寓打通後有四百八十六坪的生活空間，含十二間房間、十六間衛浴、一間宴會廳、一間圖書館、一部私人電梯，以及一百六十一坪面公園和市景的露臺。售價：八千萬美元。

他在網路上將自己塑造成居家型男人，喜歡早上在家閒晃、看報紙、和四個孩子一起吃早餐，偶爾隨手做個藍莓巧克力碎片煎餅。有時候甚至還會負責洗碗。但在二〇一九年，他和結縭二十五年的麥肯琪離婚，追求身材火辣、曾經擔任福斯新聞主播的直升機飛行員。這位前主播的前夫是在好萊塢極具影響力的人力仲介經紀人。《紐約郵報》的頭版標題寫著：「亞馬遜貽笑大方」（Amazon Slime）＊。

他承諾捐贈二十億美元促進幼兒教育及改善遊民問題。但許多公眾人物視他為殘酷資本家，他為紐約市的第二總部爭取到減稅優惠，讓當地的學校和公共服務無法收取應得的經費。（儘管亞馬遜能帶來的稅金，將比減稅額高出數百億美元，還能為社區帶來工作機會。）

這些矛盾顯示貝佐斯就是一個平凡的人，他有偉大的一面，也會做蠢事。但在另一方面，這些矛盾也指出，他就像大自然的驚人力量，手中掌握無與倫比的資源，以曲速乘著整個大時代而來，矛盾是必然結果。當一個人打造出全世界最有價值的公司，比地球上所有人都還要有錢，他們的生活絕對不會只往一線發展。貝佐斯本人服膺於塔雷伯在二〇〇七年的著作《黑天鵝效應》提出的「敘事謬誤」（narrative fallacy），要求高階主管都要讀過這本書。塔雷伯認為，人類基於生理特性，傾向將複雜狀況過度簡化。根據這個思路，貝佐斯可能並不會受人生中的矛盾所困擾。

貝佐斯的人生敘事謬誤在於，他是個野心勃勃、聰明睿智的高階主管，他最在乎的是能否讓顧客滿意。他會把工程師逼到快瘋掉，要他們想出能受大眾歡迎的新發明，例如 Kindle 閱讀器、亞馬遜電視盒、搭載 Alexa 的智慧音箱，好讓他的尊榮會員感到高興。他會花很多時間、砸很多錢，讓亞馬遜繼續成長和跨足新的產業，例如媒體、廣告、雲端運算和保健產業。這些也許真的能呈現貝佐斯的特質，但正如所有的敘事謬誤，這樣無法看出事情全貌。跳脫敘述框架，會有複雜而不同的視野。

貝佐斯身上帶有三種人格特質，使他不同於其他平凡的創業家。第一，他相信足智多謀是一個人的最大優勢；第二，不論真相會將他帶往何處，他都情願面對真相；第

＊譯注：Slime 原意為令人不快的黏狀物，在口語中可用來指不光彩的人事物，或對伴侶不忠的人。《紐約郵報》用與 Smile（微笑）類似的字當標題，放在亞馬遜的微笑標誌裡，暗諷貝佐斯對婚姻不忠。

三，他善於擘劃未來，他的思考單位不是只有一兩年，而是幾十年和幾百年。這幾點特質能夠解釋他的人生矛盾，說明了貝佐斯何以是……貝佐斯。

貝佐斯並非一直都叫「傑夫・貝佐斯」（Jeff Bezos）。這位亞馬遜創辦人，一九六四年一月十二日，出生於新墨西哥州阿布奎基，當時的他名叫「傑佛瑞・普雷斯頓・喬根森」（Jeffrey Preston Jorgensen）。媽媽賈桂琳（Jacklyn）婚前姓傑斯（Gise，母音念法與骰子「dice」相同），在十七歲念高中時生下他。當時爸爸泰德（Ted）剛從高中畢業，以表演單輪車特技維生，和當地的表演團體四處巡迴，參加郡內活動、體育賽事表演和馬戲演出。這對高中情侶在傑夫出生前結婚了。

泰德和賈桂琳經歷過許多年輕夫婦新婚時會遭遇的困難。泰德的單輪車表演工作收入微薄，必須在當地的百貨公司兼差打工。拮据的金錢為他們的婚姻關係帶來壓力。賈桂琳的爸爸勞倫斯・普雷斯頓・傑斯（Lawrence Preston Gise，傑夫的中間名便是由此而來）試著幫助這對辛苦的夫婦。他替女婿支付在新墨西哥大學讀書的錢，但泰德退學了。他想要動用關係，替泰德在新墨西哥警局找份差事，但喬根森不領情。貝佐斯三歲的時候，爸爸離家出走，再也沒有回來。

貝佐斯從此不曾見過生父。直到二〇一二年，新聞工作者布萊德・史東才找到喬根森，並在《貝佐斯傳》寫出他的事情。史東發現喬根森在鳳凰城北部經營一間小腳踏車店，店名叫路跑者腳踏車中心（Road Runner Bike Center）。他不知道自己的兒子創立亞馬遜，成為世界首富。史東首次對他提及兒子傑夫，他的反應是：「他還活著嗎？」

史東找出喬根森之後，這位前單輪車特技員找過貝佐斯，他說只是想見個面，強調對兒子的萬貫家財沒興趣。他只想看看他，承認彼此的父子關係。但喬根森的努力白費了。他在試著聯絡貝佐斯後告訴《每日郵報》（*Daily Mail*）：「我想他不會來找我。他沒有給我半點消息，也沒有透露出想聯絡我的意思。我本來是希望，媒體在講這件事，也許能促成我們見面，但我不能怪他，我想我不是個好爸爸。」沒有證據顯示貝佐斯見過生父。喬根森在二〇一五年三月十六日與世長辭，享壽七十歲。他的訃聞只提到「遺有一子傑夫」，完全沒有出現貝佐斯這個姓氏。

賈桂琳和喬根森離婚後開始和其他人交往，最後認識了名叫米蓋爾．貝佐斯（Miguel Bezos）的古巴難民。米蓋爾的家人在古巴經營貯木場，父母擔心兒子反卡斯楚政權會惹禍上身，便在一九六二年把他送到邁阿密。他和賈桂琳在新墨西哥認識，很快便陷入熱戀，在一九六八年四月結婚，移居休士頓。米蓋爾後來改成符合美國命名習慣的麥可（Mike），在埃克森公司（Exxon）當石油工程師。傑夫四歲時，麥可正式收養他，將貝佐斯的姓氏給了這個蹣跚學步的孩子。傑夫從小到大都把麥可・貝佐斯當做親生爸爸，認為他是一位溫暖和支持他的父親。

那麼，生父是經濟拮据的單輪車表演員，生母是未成年媽媽，這樣的孩子，是怎麼成為世界首富的呢？貝佐斯喜歡告訴大家，他是靠著幸運，才能一路成為商業世界最具影響力的人物。而他說得沒錯。他在對的時間點加入對的產業，在網際網路正要起飛的時候創辦書店，撐過了網路泡沫化的時期，搭上了串流媒體的熱潮，掌握住實體店面網路化的重大契機。他甚至曾與死神擦肩而過。這件事我們之後會談到。但是，那些都不是故事全貌。

貝佐斯似乎從外公勞倫斯・普雷斯頓・傑斯（綽號「老爹」）那邊，遺傳到對科技的熱愛和經營大型組織的本領，以及足智多謀的性格。貝佐斯說，勞倫斯「對我來說超級重要」。貝佐斯從四歲到十六歲，每年都到外公在德州南部經營的農場「慵懶的Ｇ」（Lazy G）度過夏天。老爹把傑夫和同母異父的手足克莉絲汀娜（Christina）、馬克（Mark）帶在身邊，好讓賈桂琳和麥可暫時從父母的角色喘口氣。與傑斯老爹共度的夏日時光，塑造了貝佐斯的性格。在他印象中，外公很有耐心，而且願意讓傑夫和妹妹弟弟幫忙農場的工作。貝佐斯後來回想四歲時第一次去農場的那個夏天：「他讓我以為自己在幫他做農場工作，那當然不是真的，但我相信他了。」

貝佐斯總是將外公描述成慈祥的老好人，喜歡在慵懶的G慢條斯理地做事，而外公真的就是這樣的人。只是他沒有講傑斯退休前做什麼工作，從那份工作——至少有一部分——可以看出，為何貝佐斯會那麼有才幹活力，能夠經營約六十五萬名員工的組織，這是家族傳承。

聽到貝佐斯說他只是幸運而已，要記住，傑斯老爹可不是靦腆羞澀的德州農夫。他對貝佐斯及其生意影響至深。貝佐斯的外祖父是一位備受尊敬的政府高官。一九六四年美國國會任命他主持原子能委員會的阿布奎基辦事處，包括掌管桑迪亞國家實驗室、洛斯阿拉莫斯國家實驗室和勞倫斯利佛摩國家實驗室，都是推動原子能與氫彈的地方。他管理約兩萬六千名員工，負責監控當代最精密和列為高度機密的技術。傑斯也在後來稱為「國防高等研究計劃署」（Defense Advanced Research Projects Agency，簡稱DARPA）的機構任職高階主管。這是五角大廈為了因應蘇聯一九五七年發射史普尼克一號衛星，而在一九五八年設立的研發機構。DARPA有一項任務，就是要打造通訊系統，好在遭受核武攻擊，傳統通訊管道被毀之後，還能繼續通訊。那套技術後來促成我們今天所認識的網際網路。傑斯深諳政府部門的運作方式，而且那個年代最先進機密的科技，他都熟知內情。

貝佐斯說，在農場度過夏天那段期間，外公會講美蘇冷戰時期飛彈防禦系統的故事，在小貝佐斯心中留下深刻的印象。今天，矽谷的幾位科技巨頭之中，貝佐斯是最大力支持政府的執行長。亞馬遜的雲端運算技術為他在五角大廈和中情局爭取到價值數十億美元的合約。這門生意對亞馬遜實在太重要了。重要到，二〇一八年，貝佐斯把新的第二總部設在維吉尼亞州北部，華盛頓特區附近。這也說明了，他為何要付兩千三百萬美元，在華盛頓特區華貴的卡洛拉馬地區，買下一間舊紡織博物館，並將其改建為特區最大的住宅（約七百五十九坪）——他的鄰居有歐巴馬一家人、伊凡卡和庫許納（Jared Kushner）。雜誌《華盛頓人》（*Washingtonian*）取得藍圖，這間以一千兩百萬美元翻修的屋子，有二十五間衛浴、十一間臥室、五間客廳、三間廚房，以及一間超大宴會廳。

亞馬遜和政府的關係密切惹來非議。亞馬遜臉部辨識軟體 Rekognition 在同類軟體中精密度首屈一指。亞馬遜把這套技術賣給聯邦和地方執法部門，用來追蹤嫌疑犯和恐怖分子。二〇一八年底，四百五十名亞馬遜員工擔心這套技術有可能侵害個人自由，於是一起寫了一封信給貝佐斯，抗議公司決定把臉部辨識技術軟體賣給警方。貝佐斯沒有公開回應這封信，但在信件公開那天的會議上，貝佐斯清楚表示出售技術給政府時，他最關心的事情是什麼：「如果大型科技公司都棄美國國防部於不顧，那這個國家就會陷入麻煩。」

貝佐斯對軍方採取友好態度，與Google截然不同。二〇一八年底Google曾經宣布，除非能夠解決重要的技術和政策問題，否則他們不會把通用臉部辨識軟體賣給政府單位。幫助自己的國家沒有什麼不對。但臉部辨識技術還是很新的領域，伴隨各種隱私問題，所以亞馬遜應該要效法Google，先確定保障措施完備，才釋出科技。二〇一八年底美國公民自由聯盟（American Civil Liberties Union，簡稱ACLU）以亞馬遜臉部辨識軟體進行實驗，發現這套軟體把二十八名國會議員與其他公開的臉部照片搞混，而且被標示為罪犯的人有很高的比例是因為膚色。亞馬遜的回應是ACLU並未正確使用軟體。

貝佐斯在慵懶的G農場度過酷暑，他在那裡不只向傑斯老爹學到要熱愛國家。他說，他永遠忘不了，在那裡學到了至關重要的與人相處之道，至今仍努力將其應用於職場及家庭生活。一九七四年，貝佐斯十歲時，與外祖父母展開漫長的公路之旅。他們把清風牌（Airstream）拖車鉤在汽車後面，跟著三百人的車隊一路向西。外婆麥蒂（Mattie）是個老菸槍。那一陣子，戒菸團體在電視上推出廣告，極力宣導戒菸。某天下午在農場，貝佐斯在看肥皂劇《我們的日子》（*Days of our Lives*），看到了這些廣告。其中一支廣告列出統計數據，指出每吸一口菸就會失去兩分鐘的生命。旅行途中，有一天，貝佐斯坐在外祖父母的汽車後座，開始計算麥蒂已經耗掉多少生命。貝佐斯算完，驕傲地大聲告訴外婆她失去幾年人生。但外婆的反應卻出乎意料。她哭得很傷心。外公把車子停下來，將貝佐斯從後座叫了出去。他不知道接下來會怎樣，因為在那之前，傑斯老爹從來沒對他說過一句重話。貝佐斯回憶：「我以為他會兇我，但他沒有。他說了很了不起的話：『有一天你會學到，對別人好比展現聰明困難。』那是很有力量的智慧。」

日後在職場上，貝佐斯並沒有時時謹遵傑斯老爹要他對人和善的教誨，有許多紀錄可以證明，他有時會大發雷霆。但外公教會他智謀的重要性，這件事在年紀輕輕的貝佐斯心中留下深刻印象。在農場時，傑斯老爹幾乎每件事都喜歡自己動手，而且為了教外孫自立自強，每一年夏天他都會讓貝佐斯承擔更多責任。他們一起建造籬笆、供水管線，將組合式房屋搭建起來。他們修繕風車、穀倉，還用一個夏天的時間，大肆整修老舊的開拓重工牌（Caterpillar）推土機。貝佐斯甚至幫外公一起替動物治療。傑斯老爹以前都自己替牲口做縫合針。他會取一截鐵絲，用手持式火焰切割槍把鐵絲前端熔尖，然後把尾端壓扁，做個針眼。貝佐斯後來開玩笑說，他們在「鳥不生蛋的農場，無法叫亞馬遜送東西過來」。

要當足智多謀的人，其中一點是要在事情完成前全心全意投入——而且要把事情做對。貝佐斯在蒙特梭利學校念書時，太過專注於正在做的事，老師無法在時間結束時，要他去做另外一件事，只好把他連椅子整個搬到下一個活動的進行場地。現在貝佐斯說，他做事很專注，不會每隔幾分鐘就檢查電子郵件一次。他開玩笑說自己「連續同時做好幾件事，真的發生重要的事情，會有人找到我」。

貝佐斯念六年級時，迷上了一種稱為「無限方塊」的裝置，上面有動力鏡面，可以讓人從中一窺「無限」。光線會在鏡子之間彈射，營造出影像無限重複的幻覺。媽媽賈桂琳覺得二十美元對一個小玩具來說太貴了，不願意幫他買。貝佐斯發現，可以用便宜的價錢買到無限方塊的零件，便購入零件——自己組裝。有一本書上提到這位天才兒童在學校的事蹟，六年級的貝佐斯說過：「你要有思考的能力……要自己拿主意。」作者描述他很「友善但嚴肅」，甚至有「宮廷氣質」，而且「智商整體來說比一般人高」。但是老師說他「沒有什麼領導天分」。

以第一名之姿從高中畢業後，貝佐斯到普林斯頓大學就讀，希望成為一名量子力學物理學家。他發現主修這一科的人，都比他更能掌握量子力學的奧祕，所以就轉換跑道，改念比較得心應手的電機工程與電腦科學。他以平均四．二分的優異成績畢業（四．三分等於 A＋），之後前往紐約市，在華爾街工作。

貝佐斯抵達紐約不久，就知道他想要結婚，而且他很清楚自己最看重什麼。他回想：「你不會想和沒有一點辦法的隊友共度一生。」他說，他理想中的妻子，要能把他從第三世界監獄救出來。

他在麥肯琪身上找到了這個女子。麥肯琪也是普林斯頓大學的校友，兩人在工作場合認識。雖然麥肯琪在華爾街工作，但她的夢想是成為一名小說家。她在普林斯頓念書時，曾經擔任過暢銷小說家托妮．莫里森（Toni Morrison）的助手。麥肯琪後來出版了兩本備受肯定的小說。在亞馬遜創立之初，麥肯琪展現出足智多謀的一面，她當過這間新創公司的會計、幫忙聘雇員工，甚至包裝書籍、開車把書送到優比速或郵局。

貝佐斯也將智謀的哲學用來教養自己的四個孩子（他生了三個兒子，還有一個從中國收養來的女兒）。他讓他們在四歲時用刀子，八、九歲時操作動力機械。麥肯琪說過一句話：「我們寧願孩子有九隻手指頭，也不願孩子有十隻手指頭卻沒有解決事情的腦袋。」就連讓貝佐斯離開麥肯琪的女子蘿倫（Lauren Sanchez），都展現出貝佐斯欣賞的智謀性格。這名曾在福斯電視網的《洛杉磯好日子》（*Good Day LA*）及《舞林爭霸》（*So*

You Think You Can Dance）擔綱共同主持人的女子，後來成為直升機駕駛，經營起自己的空拍公司——要是有天她得想辦法從第三世界監獄救出貝佐斯，這項技能也許會派上用場。

貝佐斯早期在紐約工作，最後落腳於神祕的德劭避險基金（D. E. Shaw）。這間公司有部分業務是快速套利——以數學模型在全球找出價差標的，進行黑箱交易*。有一天貝佐斯發現，網際網路正在以每年百分之兩千三百的速度成長。他沒有見過成長這麼快的東西，他知道自己必須參與其中。他認為賣書是很好的起點，因為書本不會腐壞，進貨時大小不會差距太多，所以很容易包裝出貨，而且購物者可以看書評，了解自己購買的商品。

一九九四年貝佐斯決定成立亞馬遜時，年紀三十歲，有一份前途無量的工作（他是德劭公司最年輕的資深副總裁之一），在上西區擁有一間公寓，剛和麥肯琪結婚一年。他花很多時間向內心深處探索，因為他很喜歡這份工作，有光明的未來，而且留下來的收入很可觀。他去找老闆，告訴他想要開一間網路書店的事，老闆說點子很不錯，但不

* 譯注：演算法交易存在可變與不可預測的特性，因此又稱黑箱交易。

適合貝佐斯這樣有份好工作的人。

貝佐斯掙扎了好幾天，這位奉數據為圭臬的電腦能手一反常態地，在做這個決定時回歸自己的內心。他把目光放遠預想未來人生，以八十歲的角度回頭來看，他發現：「我不想在八十歲的時候回頭看一連串的懊悔。而我們最大的悔恨——若是你殺了人，當然會悔恨不已——但我們最大的悔恨，往往來自錯過。沒有選擇的那條路會一直糾纏我們。」那時他明白，八十歲的他也不會後悔自己曾經放手一搏，就算失敗了也不後悔。

貝佐斯和麥肯琪打包家當，搬到美國另一頭的西雅圖。他選中這裡是因為西雅圖有科技樞紐的美名——微軟的總部設在那裡。更重要的是，他看上西雅圖人口很少。如果他把公司設在加州或紐約等人口密集的州，要為賣出的書籍付高額的營業稅。依照當時的法律，只有在華盛頓購入的書籍，亞馬遜才要繳稅。貝佐斯從父母那裡借了十萬美元當做資本，如大家耳熟能詳的故事那般，在科技新創公司都會選擇的車庫展開亞馬遜的事業。貝佐斯選擇賣書，但從一開始，他就有更宏大的志向。沒錯，他很在乎書籍，但他真正在乎的是打造最後能成為ＡＩ飛輪的機器，讓他快速便宜地送出大量貨品。他發明了亞馬遜。

有許多書籍文獻記載了亞馬遜的崛起之路。貝佐斯請來最優秀的程式設計師，清楚闡明他念茲在茲的極致顧客服務，並在重視數據、真實、高績效的文化裡，將他的員工推到極限。他組成才華洋溢的編輯團隊評論書籍、訪問作家，將亞馬遜打造成愛書人士的天堂。他的演算法能根據其他購買相同書籍的人還讀了哪些書，來為讀者推薦適合的書籍。他提供低廉的價格、多樣化的選擇和快速出貨。

但在早期並非每件事都奉數據為圭臬。貝佐斯用過老派的行銷手法，來為網站建立流量。一九九七年，亞馬遜成立兩年並持續成長，但貝佐斯認為速度不夠快。為了替網站吸引目光，行銷部門想出一個稱為「有史以來最棒的故事」的概念——讓亞馬遜的顧客與知名作家合寫故事。曾在亞馬遜擔任網站書籍編輯、員工編號五十五的詹姆斯．馬可斯（James Marcus），在自傳《我在亞馬遜.com的日子》（*Amazonia*）提到，小說家約翰．厄普代克（John Updike）同意為題名「謀殺雜誌」（Murder Makes the Magazine）的懸疑故事執筆撰寫第一段，內容場景發生在和《紐約客》雜誌有些相似的辦公室裡。開頭第一句這樣寫道：「塔索．帕克小姐十點十分從電梯走出來，踏上十九樓的橄欖綠地磚，但心中有個聲音一直告訴她不對勁。」亞馬遜邀請顧客在接下來四十四天，每天撰寫一段新的文章，由亞馬遜編輯每天挑出一名獲勝者。每位獲勝者能得到一千美元。最後厄普代克會替懸疑小說完成收尾的一段，拿到五千美元的酬勞。這個比賽在愛書人士之間引發熱烈回響——亞馬遜總共收到三十八萬份投稿——成功擊出一記公關全壘打：三百家不同的新聞媒體提及這場厄普代克文學挑戰。那年秋天，亞馬遜躋身瀏覽人次前二十五名的網站。

亞馬遜會想盡辦法讓顧客以最優惠的價格購入商品，並以最快的速度收到包裹。亞馬遜沒有免費供餐的員工餐廳，而且直到今天員工都禁止濫花公司的錢。舉例來說，亞馬遜創立初期某年聖誕假期，貝佐斯命令執行團隊在西雅圖倉庫連續輪值夜班，協助倉庫盡快處理大量湧入的訂單。貝佐斯舉辦一場比賽，看誰能以最快速度從貨架取貨。他總是鼓勵員工不要把心思放在競爭上，但競爭對手出現時亞馬遜可不手軟。二〇〇〇年代後期，亞馬遜和新創立的網路嬰兒用品公司 Diapers.com 激烈交鋒。根據《貝佐斯傳》的描述，貝佐斯說若 Diapers.com 不願被亞馬遜接手，亞馬遜會不惜將尿布售價一路降到免費，直到雙方達成協議為止。亞馬遜吞了 Diapers.com。

貝佐斯在傑斯老爹的農場學習到要自立自強，這點在亞馬遜派上很大的用場。一九九〇年代晚期，貝佐斯在想辦法擴大亞馬遜網站販售產品的數量，他決定讓獨立或「第三方」零售商在網站上賣東西。他最初的想法是做拍賣網站，讓顧客在亞馬遜上面競標

——和 eBay 很像——但沒有人來這裡買東西；雖然他同母異父的弟弟馬克表示買了個咖啡杯。所以貝佐斯就收了拍賣網站，開了 Z 商城（Z shops），由第三方零售商自訂價格，但也沒人來買東西。這些實驗大約持續進行了一年半，直到公司內部有人想出，不如在亞馬遜的網站上，一起賣這些第三方商品。貝佐斯馬上採用這項策略，將其命名為「市集」並立刻推出。今天，亞馬遜市集的品項，占亞馬遜所有商品的一半以上，比亞馬遜網站的主業還要更有賺頭。

貝佐斯說：「推動事情的關鍵在於，遭遇問題和發生挫敗，你得回過頭去再來一遍。要發揮智謀，試著創新並跳脫框架。」

但足智多謀並非貝佐斯成功的唯一條件。

3 我們信仰上帝，凡人皆攜數據而來

我們知道，貝佐斯最看重的性格是一個人的智謀，而且他希望，每一個替他工作的人，都能展現某種程度的聰明才智、積極性和創造力。二〇〇〇年代初期的亞馬遜網頁，說明了貝佐斯喜歡雇用怎樣的人。「沒有所謂的『亞馬遜類型』。有些亞馬遜員工擁有三個碩士學位，會說五種語言……有些人曾經在寶僑和微軟工作過……有花式溜冰職業選手……拿羅德獎學金的人。」亞馬遜創立初期擔任財務長的喬依．科維（Joy Covey），考美國執業會計師執照那年，在兩萬七千名應試者中拿下了第二名。還有一名早期員工是斯克里普斯全美拼字大賽（Scripps National Spelling Bee）冠軍。貝佐斯告訴《華盛頓郵報》：「你可以在走廊上大喊『onomatopoeia』，會有人告訴你怎麼拼這個字。」

但是，招募足智多謀的明日之星，不足以解釋亞馬遜的斐然成就。貝佐斯的性格裡最特別的一點就是，不論有多難受，他都能面對赤裸裸的真相，依照冷酷的事實來做決定。亞馬遜的某些主管辦公室外頭有牌子寫著：「我們信仰上帝，凡人皆攜數據而來」，這是貝佐斯堅信不疑的哲學。貝佐斯和許多執行長不同，身邊沒有逢迎拍馬的人，只說些主管想聽的話；相反地，他會接觸願意向他挑明事情的人。他深信，不論何時，都要讓事實勝過階級制度。

他對真相的執著，最清楚不過的知名例子（也許有人覺得是惡名昭彰），就是只能寫「六頁報告」；直到今天，這件事依然讓亞馬遜的主管打從心底害怕和厭惡。任何想要提出產品或服務企劃的人，在寫出任何一行程式碼之前，都要製作提案，長度以六頁為限。貝佐斯的真言「一切始於顧客」在這當中發揮作用。備忘錄要以公關新聞稿的形式寫出，起頭通常會寫新企劃的長期作用，以及這項企劃案對顧客有何意義。再以問答的方式，呈現出服務或產品提案的具體細節，以及開發團隊如何打造產品或服務。負責AWS的安迪・傑西（Andy Jassy）表示，亞馬遜成立初期、還沒有「六頁報告」的規定，那時有些員工會有「水準很高的超棒點子，他們全心投入一項企劃，到頭來卻發現點子沒那麼重要」。六頁報告設立規範，幫忙員工避免走到錯誤方向。亞馬遜的團隊不屈不撓地撰寫報告，有時候甚至會寫上好幾個星期，直到他們確定自己掌握正確的概念、報告中含有一切重要事實。

一名二〇一〇年代中期曾在亞馬遜工作三年的主管表示，六頁備忘錄讓亞馬遜的內部工作運作起來就像一間創投公司。「亞馬遜有許多擁有好點子的聰明年輕人。這個做法鼓勵人們在有好點子的時候努力推銷。貝佐斯從矽谷請來擁有金頭腦的人，他建立了一套制度，資助這些金頭腦想出來的絕佳點子。沒錯，他們也會失敗，但他們願意迅速放棄失敗的點子，善於控管不利因素。」

當某個團隊將六頁報告拿到會議上，貝佐斯會堅持先用二十分鐘左右，讓每一個人仔細讀完備忘錄，這樣一來，就沒有人可以假裝讀過報告。讀完以後，大家會熱烈且不留情面地討論內容，從顧客的角度出發，挑戰計畫的預設前提、基本事實和可行性。亞馬遜的每次重大創新，例如實施尊榮會員制、打造 Alexa、推出亞馬遜雲端服務，全都必須通過六頁報告的嚴酷考驗。但不是所有提案都那麼複雜或需要資料在背後支持，不見得需要寫到六頁。比較簡單的問題適合寫成內容量更少的備忘錄。隨著企劃案進展，備忘錄會不斷編修，直到正式上線為止。有時候，經過不斷編輯的六頁報告，最後直接成為了產品的新聞稿。

亞馬遜每次開會——不論是否起因於六頁報告——目的都是盡可能接近事情的真

相。詹姆斯・馬可斯回想，一九九〇年代晚期有一場會議，貝佐斯和幾位高階主管在討論書籍銷量。年輕的執行長貝佐斯說自己在建立「數據文化」，驕傲地引述亞馬遜資料庫的最新數據，表示網站首頁上的書籍，銷量大幅成長。有一位名叫瑪麗蓮（Marilyn）的主管，剛好每天都會查看倉庫銷售額，注意到貝佐斯引述的數據高出兩三倍。馬可斯回憶，當時她告訴貝佐斯：

「傑夫，數據不對。」

他回：「我們從資料庫直接叫出來的。」

她堅持：「但數據是錯的。」

貝佐斯沒有就此罷手。然後，某一天他出現在會議上，向大家宣布：「我懷疑我們計算的是購物車的商品總數，不是實際的銷售數字。」換言之，亞馬遜把放進購物車的數量當成銷售量了，事實上並非所有購物者都會按下購買鍵，資料庫操作員忽略了這件小事。像瑪麗蓮這些下屬，願意站出來直接反駁貝佐斯，清楚說明了亞馬遜的文化。但也許更能說明，貝佐斯會付出時間精力查明真相——這位執行長不會輕易相信公司裡最先進的資料庫，也不會輕易相信建立資料庫的一流技術人員。他最在意的是事實。

有位曾在亞馬遜 Prime 影音擔任主管，後來在二〇一七年離開亞馬遜創業的人士私下透露，亞馬遜營造注重平等的氛圍，所以下屬敢挑戰位階較高的人，不必擔心會被秋後算帳。他回想早先曾在一間大型全國電視公司工作，開會時，除非官階達副總裁或以上層級，否則不能上桌。他回憶：「在亞馬遜完全不一樣，亞馬遜鼓勵大家用正向的方式挑戰彼此。我從來沒有待過這麼平起平坐的組織，你可以接觸到影響力超大的人物。我們真的在培養實力、自己當自己的執行長，把自己當成品牌經營，並與所有其他的人一起快速行動、互相合作。顧客至上是能提振士氣的工作方式。一切在於我們能否與顧客產生連結，優先思考顧客——而不是滿口廢話。」

當然，這並不表示開會時每次都像辦和樂融融的戶外野營。另外一位在亞馬遜待了近十年的高階主管這樣形容說真話的場合。他說：「那樣的工作環境爛透了，我知道，因為我曾經在投資銀行上過班。我們要開週會，大家變成在作秀。你是去接受考驗。你達到設定的數字了嗎？你要回答得出來，否則就會聽到『給我滾出去』。」在高壓的背後，是不屈不撓為亞馬遜顧客減少阻力的決心。為了照顧不閱讀使用手冊的懶惰顧客，亞馬遜要生產以直覺操作的商品。讀者不用離開客廳就能在 Kindle 上面訂購書籍。Alexa 設計成讓購物和聆聽音樂變得更簡單。那位主管表示：「我們不厭其煩地說要幫顧客減少生活阻力。顧客永遠排在第一位，我們會從這個角度退回去思考。在亞馬遜，員工不是顧客。我們永遠不會吃到免費的早午餐或壽司，而且沒有人有自己的助理。」

葛雷格・哈特（Greg Hart）負責亞馬遜 Prime 影音以及亞馬遜電影與電視串流服務。他對六頁報告的做法心悅誠服。他說，貝佐斯喜歡六頁報告多過 PowerPoint 簡報或白板，因為他相信，當某個人在用這些常見的辦公室輔助設備報告時，提案的多數資訊還卡在報告人的腦袋裡。報告人必須非常善於溝通，才能把一堆詳細資訊有條有理地講給大家聽——把重點講清楚。在此同時，PowerPoint 牛仔還要在昏暗的房間裡，一頁接著一頁播放塞滿資料的簡報，努力讓大家保持專注。

相反地，六頁簡報能強迫員工仔細思考想說的話。備忘錄製作者必須思考如何呈現整個計畫，清楚描述產品或服務的可能性，只放入必要和有關的細節。其他人可能會在讀完以後有問題，但最佳情況是主要問題都在上面回答了。最重要的是，實施之前負責人會一直修改和更新，這份備忘錄追蹤了計畫的生命週期。

Alexa 的創造是六頁報告的最佳體現。哈特主掌 Prime 影音之前，負責帶領打造 Alexa 的團隊。二〇一一年初，貝佐斯主導內部員工討論語音會不會成為人機互動的關鍵，以及如何將語音用於人機互動。經過那些討論，貝佐斯為 Alexa 想出一個簡單的目標：這是沒有螢幕的裝置，使用者完全依賴語音互動。沒有數字小鍵盤，也沒有觸控式螢幕。貝佐斯要哈特負責這項專案，專案名稱為「都卜勒」（Doppler），必須寫出一份六頁報告。哈特說：「貝佐斯對未來的思考多得驚人。他有能力往前看，將不相干的資訊和模式連接起來，並在那些資訊和線索當中理出頭緒，這樣的能力非常人能及。」

起初哈特嚇壞了。他是威廉斯學院（Williams College）英文系畢業生，從來沒有開發消費性電子產品的經驗——更不用說最先進的語音辨識軟體。哈特的第一步是開始廣泛學習語音和硬體方面的知識。他經常去找亞馬遜祕密研發中心「126實驗室」的工程師，努力構思如何發明可行裝置（這間實驗室的名稱指的是字母：1代表英文字母A，26代表Z）。

過程中，哈特和團隊成員對這項技術愈來愈了解，不斷編修他們的六頁報告，最後終於正式呈給公司高層。哈特完成的六頁報告就像一份媒體新聞稿，上面有規格、售價、發行日期，甚至包含了亞馬遜如何向媒體介紹新裝置。也針對許多亞馬遜同仁可能會有的問題釋疑。裝置如何在嘈雜的環境中辨識聲音？要怎麼分辨各地口音和口語說法？顧客能用在哪些地方？為何要用它來買無法親眼看見的商品？

接下來幾個月，產品和功能不斷演變，哈特也不斷修改備忘錄，而貝佐斯和其他高階主管會提供意見回饋，確保六頁報告的內容符合執行長的最初構想。在最初的備忘錄上寫著，Alexa 應該要能與人「正常交談」。貝佐斯不斷敦促哈特的團隊，要他們減少所謂的延遲現象——也就是 Alexa 回答問題要耗費的時間。貝佐斯深知顧客一下子就會改變主意，所以早年在打造亞馬遜網站時，他就要求程式設計師，當顧客按下按鍵，網站必須馬上有所反應。Alexa 一定要能快速回應，否則使用起來會很痛苦。

就在 Alexa 裝置——現在稱為 Echo 音箱——推出之前，二〇一四年，哈特再次更新六頁報告，以反映上市產品的真實樣貌；然後他將這份報告與原始備忘錄互相比較。哈特回想當時：「我們問自己是否依然滿意？我們有沒有犧牲掉真正具有價值的東西？還是說犧牲很值得？我們有沒有功能蔓延（feature creep）的問題，東改一點西改一點？」六頁報告讓他必須正視自己與團隊的實際成果。要是最終產品沒有達到貝佐斯的原始要求，哈特就得重新來過。貝佐斯對他看見的東西很滿意，批准了這項計畫，而 Echo 音箱上市後大受歡迎。

產品上市後，亞馬遜依然繼續改良。貝佐斯和高階主管曾經熱烈討論 Echo 音箱本身的聽力是否夠好，需不需要加一個小型手持麥克風，讓使用者在嘈雜的室內，用麥克風對音箱講話。（Alexa，現在聽見我說什麼了嗎？）為了找出答案，亞馬遜再次找上顧客。第一批 Echo 音箱出貨時附有一個用語音啟動的遙控器，讓大家可以在室內另一端操控裝置。亞馬遜隨即開始監控 Echo 音箱的使用情形，沒多久數據就告訴他們，人們幾乎不曾拿起過這個遙控器。後面幾批出貨，亞馬遜悄悄拿掉遙控器——亞馬遜得以降低成本，替顧客省錢。亞馬遜幫顧客減少生活當中的某些阻力。AI 飛輪繼續轉動。

Alexa 計畫是一個小宇宙，可以從中看出貝佐斯如何創新、推動計畫，以及處理大量互相關聯的細節。六頁報告作用於不同的層面。首先，它幫助亞馬遜化繁為簡。若六頁報告寫得恰當，每一名團隊成員都能取得需要的關鍵資訊，掌握像 Alexa 這類全新的複雜計畫。六頁計畫有助於消弭資訊不平等的現象——只要仔細閱讀備忘錄，每一個人都至少能對計畫有基本認識。

貝佐斯以身作則。他讀備忘錄非常專注。曾多次參與六頁報告會議的某位高階主管表示，貝佐斯像參加奧運那樣閱讀六頁報告。意思是，他在閱讀的時候，樣子就像即將上場的奧運滑雪選手，閉上雙眼想像，隨著預想中的彎道擺動身體。換言之，貝佐斯正在吸收備忘錄上的所有資訊，預測會議開始後會遇到的突起和結冰處。準備好了，他就能針對備忘錄給予詳盡的策略和戰略意見。

在亞馬遜這種複雜的大公司裡，貝佐斯沒有時間和主管們定期會面，所以他用六頁報告會議來確保高階副手的做法符合計畫目標。接著，高階副手將貝佐斯的話傳給下面的團隊成員，團隊成員再往下傳達。這麼做會有效，其中一個原因是，貝佐斯的身邊有一群長期效忠他的主管，他稱這批幹部為資深團隊（S-team），共有十八位高階主管，他們知道貝佐斯心中所想、了解他的價值觀，會極力找出事情真相。許多人替貝佐斯工作了很多年（有些超過十年），幾乎沒人離職，對貝佐斯忠心耿耿。貝佐斯在二〇一七年員工大會上說：「我很高興 S-team 的成員流動率不高。我不想改變這點——我太喜歡你們了。」

打造 S-team 要花很多心血，但貝佐斯有一項祕密武器。S-team 裡的關鍵成員，有些曾在貝佐斯身旁擔任技術顧問——俗稱「影子顧問」（shadow）。在亞馬遜嶄露頭角的高階主管，如果夠幸運，成為貝佐斯的影子顧問，能跟在貝佐斯身邊長達兩年，一起參加會議和接到特殊任務。除了亞馬遜之外，其他公司也有影子顧問。一九九〇年代，年輕主管保羅．歐德寧（Paul Otellini）跟在英特爾執行長安迪．葛洛夫（Andy Grove）身邊，最後晉升晶片公司高層。亞馬遜的影子顧問制特別有效，因為在這裡，影子顧問不是一般的師徒制，而是一份全職工作。

亞馬遜創立初期，貝佐斯用師徒制指導過少數特定高階主管，結果不如他的預期——有些徒弟最後選擇離開亞馬遜。貝佐斯的第一個全職影子顧問是哈佛大學企管所畢業、沒有科技業背景的安迪．傑西。傑西只有一個工作，就是跟著執行長貝佐斯，和他一起參加會議，了解貝佐斯的想法和他怎麼找出問題的癥結，以及貝佐斯對世界走向的預測。傑西從二〇〇三年到二〇〇四年都跟著貝佐斯，最後如我們所知，協助打造並負責管理世界上最大的雲端服務事業 AWS ——這是非常了不起的事蹟，更遑論一名非科技業出身的人。假如傑西在當影子顧問期間沒有取得貝佐斯的信任，這位執行長是不可能將如此重要的職位交給非科技人出身的傑西。

從那時起，技術顧問制就成為亞馬遜文化不可或缺的一部分，多年來貝佐斯透過這個計畫，成功培植了一批優秀的高階主管。現在跟著貝佐斯的人是高薇（Wei Gao），她是一名來自中國的軟體開發工程師，在亞馬遜工作了十四年。影子顧問制正在擴大。許多人說，亞馬遜全球電商主管傑夫．威爾克（Jeff Wilke）權力僅次於貝佐斯，而他也有自己的影子顧問——先前負責掌管獨立零售商大本營亞馬遜市集，同樣來自中國的王雲燕（Yunyan Wang）。亞馬遜員工夢寐以求的影子顧問職務目前皆由女性擔綱，強烈顯示，亞馬遜想要翻轉男性主導公司的科技業文化。

亞馬遜 Prime 影音主管葛雷格．哈特，對貝佐斯要他擔任影子顧問的那一天，印象非常深刻。

哈特表示，他很訝異老闆會要他擔任影子顧問——他對當時的工作很滿意——但和貝佐斯一起吃了一頓午餐，他就馬上被說服了。哈特回想當時貝佐斯非常親切。這位執行長告訴他：「聽我說，如果你不想接下來，如果你愛現在的工作，沒有關係。沒有別人會知道這件事。」午餐後立刻接受新工作的哈特說：「這是千載難逢的好機會。當天晚上我回到家，告訴太太我覺得這件事好像亨利．福特在招兵買馬，要對方在工業革命的開端跟著他一起做大事。」

S-team 和二軍影子顧問制都是亞馬遜成功的重要元素——確保亞馬遜有一群實力堅強的高階主管，能在日後接替貝佐斯成為執行長。亞馬遜和蘋果、微軟、特斯拉、Google、Facebook 一樣，創辦人即公司。在我寫書的時候，貝佐斯才五十五歲，但投資人（更別提員工）已經在擔心，貝佐斯離開或他發生什麼事，亞馬遜不知會如何發展。貝佐斯用 S-team 來告訴全世界，要是哪天他發生事情或退休了（雖然沒有人相信短期內會發生那種事），亞馬遜高手雲集，有一堆能夠接手管理公司的專業人士。當然，我們並不清楚，這些才華洋溢的高階主管是否真的擁有和貝佐斯一樣的眼光、直覺和天賦。要是他離開，亞馬遜絕對會受創，一如賈伯斯辭世，至今蘋果仍在努力開創新局。儘管如此，貝佐斯以行動告訴華爾街（的確有股票分析師認同他要傳遞的訊息）：即使沒有貝佐斯，亞馬遜及其 AI 飛輪將會繼續向前轉動。

貝佐斯對 S-team 成員非常信任，所以他給這些高階主管很大的自由，有助於解釋，貝佐斯為何能夠管理，如亞馬遜這般龐大複雜的跨產業公司。有經驗豐富、衷心耿耿的團隊，並非新鮮或驚人之事。貝佐斯的與眾不同在於，每次有新的產品提出來，他都會要求副手完全掌握計畫才能離場，通常不會太好過關。貝佐斯會在會議上不斷就真實情況挑戰每一個人，不讓大家有一廂情願或臆測的空間。要是有人沒有準備好或想要蒙混過關，貝佐斯可能會大發雷霆，變成許多文章裡描述的「瘋子」（有些員工這樣稱呼發飆的貝佐斯）。他曾在會議上厲聲喝斥沒有準備好的團隊成員：「抱歉，我今天吃了笨蛋藥嗎？」「你是懶，還是無能？」「要是我再聽到那個構想一次，我就會殺了我自己。」此時的貝佐斯絕對是聰明多過善良，但某些和他密切合作過的人說，他發飆得有理，因為他幾乎每次都是對的。

哈特見過許多次貝佐斯發飆的樣子，也被那樣的貝佐斯罵過，但他從來沒有往心裡去。哈特說：「任何領導者都一定要能在某些時候施壓。傑夫對人們或對團隊感到失望時，很知道要怎麼表達他不是對個人失望，他是對團隊或那個人的表現失望，認為他們沒有拿出最棒的點子。」哈特不得不承認有時貝佐斯是對的——員工沒有拿出最佳表現。

哈特說，為了掌握實情，貝佐斯和寫給他的報告會經常來回討論某個議題——有時出現低迷狀況，只是因為某個人無法適當說明自己的想法。等貝佐斯了解他們的觀點（或他們接受貝佐斯的觀點），就可以往下一步，進展到有建設性的對話。

二〇一〇年代初期曾在亞馬遜工作的馬克・洛爾（Marc Lore），則是對亞馬遜的對抗文化有著不同的看法。洛爾與合夥人一起創辦了網路零售公司奎德西（Quidsi，為 Diapers.com 母公司）。二〇一〇年洛爾答應以大約五億美元，將公司賣給亞馬遜，並留下來與貝佐斯共事。幾年後他離開亞馬遜創辦 Jet.com，在二〇一六年，以三十三億美元的價格將 Jet.com 賣給沃爾瑪。因為這筆交易，成為零售龍頭沃爾瑪的美國電子商務部門主管。

洛爾離開亞馬遜，其中一個原因是他不喜歡貝佐斯建立的文化，不喜歡高階主管以橫衝直撞、提高嗓門的方式來釐清實情。洛爾坐在紐澤西荷波肯的現代感辦公室裡俯瞰哈德遜河，身上穿著和沃爾瑪風格大相逕庭的黑色 T 恤和牛仔褲，透露出在亞馬遜工作過。「傑夫說他不相信社會凝聚力，因為你有可能找錯答案。」洛爾解釋：「那樣做是有些好處。如果你把想法說得一清二楚——即便傷感情也在所不惜——那你就能得出正確答案。」洛爾相信，其不利之處在於，若你傷了工作夥伴的心，也許他們會不太信任你的領導、下一次不敢勇於發言、不願意承擔風險，或離開公司。「兩種方式互有利弊，但我個人偏好沃爾瑪的社會凝聚力文化，這裡重視員工感受。怎麼和他人互動非常重要，帶給他人怎樣的感受，也很重要。不是總要把重點放在得出正確答案。」

洛爾說得有理，但不計一切追求實情的做法，是世界上許多企業的成功法門。大家都知道，蘋果電腦的賈伯斯會將員工逼到極限，直到員工想出他認為對的解決方案為止。有時候他能說服員工去做不可能的事，方式往往非常唐突無禮。賈伯斯喜歡說：「你要能接受我用殘酷的誠實態度待人，才能和我共處一室。」他會直接告訴員工他們在胡說八道。有時員工告訴賈伯斯是他一派胡言，但到最後他們完成了不起的事。全球最大避險基金橋水（Bridgewater）管理一千六百億美元資金，億萬富翁創辦人雷・達里歐（Ray Dalio）秉持一套稱為「極度真實、極度透明」（radical truth and radical transparency）的經營哲學，他相信，這個絕佳辦法，能為組織培養會獨立思考的員工。會議上，員工要接受即時評量，針對真實性、透明度和正確性來打分數。這是推到極致的文化，但也很有生產力。不是每個人都承受得了這樣的壓力和監督——彷彿身處海豹部隊，成員「不進步就退出」（up or out）——但長遠來看，賈伯斯和貝佐斯身邊最後都有一群忠心耿耿的頂尖人才，可以放手讓他們承擔愈來愈大的責任。

在亞馬遜工作很不容易，原因不只是互相對抗的會議文化。二〇一五年，《紐約時報》大篇幅報導，描述某間公司的文化「鼓勵員工在會議上嚴詞抨擊彼此的構想，要長時間辛苦工作（過了午夜十二點還會收到電子郵件，不回信就等著收簡訊，質問你為何不回郵件），而且標榜『高得不合理』的標準」。報導後面還寫到，公司內電話號碼簿上指示，員工可私下傳意見回饋給其他員工的上司，而且時不時就會看到，有員工在辦公桌前哭泣。報導最後有一名亞馬遜的前員工下結論，說這種文化是「刻意營造的達爾文主義」（purposeful Darwinism）。

報導刊出後，貝佐斯說不知道《紐約時報》記者描述的是什麼公司。在我訪問過的許多現職和離職員工裡，沒有人記得這種恐怖的情況，但也有可能是，太害怕亞馬遜的嚴格保密協定而不敢透露。儘管如此，所有人都說這是嚴厲的工作文化，不適合心臟太弱的人。

亞馬遜從不避諱對卓越的要求，不管是主管還是工程師，只要能力足以讓亞馬遜聘來工作，就算不喜歡亞馬遜的運作方式，也能輕易找到其他工作。貝佐斯創辦亞馬遜的時候，聘雇合約裡寫著一段話，表明員工知悉在亞馬遜工作「可能會承受與工作相關的高壓」，員工不得以此壓力為由，對公司採取任何行動。哈特相信，與其說亞馬遜有對抗或嚴厲的文化，倒不如說是瘋狂全心投入與持之以恆。他說，追求真實和相信正確答案存在，可能會引起激烈辯論，但出發點並非對抗。根據許多亞馬遜員工的說法，基本上，貝佐斯不停探求真相，往往能幫助他們想得更周到。

對數據深深著迷的確有不利的一面。貝佐斯凡事追求真實、時時保持專注的心態，也是他的致命弱點，讓他有時看不透人生存在模稜兩可，以至於在大眾眼裡，成為沒有什麼同情心的人。批評他的人說，他是以替股東賺錢為名義的財閥，太過專注於顧客而忽略了員工與社區。例如，他們說亞馬遜看似注重顧客，工作環境卻很惡劣，而且亞馬遜宣布要在長島市建造第二個總部時，貝佐斯不願安撫當地政治人物和居民的擔憂害怕；想來就是因為，若要解決那些問題，勢必會動用服務顧客的寶貴時間和資源。

諷刺的是，貝佐斯在短期內如此成功的原因，最後竟有可能對他不利。貝佐斯很有可能認為自己是好人，為大家創造工作機會，捐款數十億美元做為慈善用途。然而，那些遭亞馬遜巨輪輾壓的人，以及替他們爭取權益的政治人物，無法從中得到寬慰。亞馬遜在政治上引起眾人強烈反感，這股浪潮或許有一天會徹底改變亞馬遜的走向。

貝佐斯不是唯一表現傲慢的科技鉅子。其他網路公司巨頭，例如 Facebook 的馬克·祖克伯、Uber 共同創辦人暨前執行長崔維斯·卡蘭尼克（Travis Kalanick）、Google 共同創辦人暨執行長賴利・佩吉（Larry Page），這些矽谷人有時也會看不清社會的運作。他們都是傑出的科技人才，對能夠量化的事物比較習慣，比較不習慣無法量化的事物，例如人類的情感。卡蘭尼克執掌 Uber 期間，表現出一副「不求事先允許，有錯再求原諒」的態度，有幾次為了擴大叫車服務，不把當地法規放在眼裡，引來一堆不滿的當地團體。祖克伯不計代價成長的哲學——推特前執行長迪克・科斯特羅（Dick Costolo）在《紐約客》的文章裡描述祖克伯是「無情的執行機器」——令許多人痛苦不已。二〇一六年俄羅斯藉 Facebook 操弄美國總統大選，以及 Facebook 用戶資料被駭，在劍橋分析醜聞事件中被用來讓選民倒向川普，他似乎都覺得事不關己，這些對祖克伯的個人聲譽絕對不是好事。同樣地，直到一群員工公開反對，Google 執行長佩吉才允諾做到某些保護措施後，再將臉部辨識軟體賣給執法部門。如比爾・蓋茲告訴《紐約客》：「聰明且富有的人，若是不能依照眾人期待快速承認問題，會被指摘傲慢自大，此事無可避免。」

貝佐斯當然是聰明絕頂的人，也許他很快就會更懂得怎麼與大眾溝通，展現出更多人味。也許他會像祖克伯那樣，請來代表執行長並定期參加會議的雪柔・桑德伯格（Sheryl Sandberg），有一個比上司更懂如何向大眾說明 Facebook 做法的人。貝佐斯似乎比以前更能適應新的現實狀況，跡象就是他要全球企業事務部門主管傑伊・卡尼（Jay Carney）加強亞馬遜的公關團隊，從二〇一九年屈指可數的政治化妝師，擴編到兩百五十人的軍團。若能發揮功效，這個團隊將帶領世界更了解亞馬遜，說不定以後就會少發生一些衝亞馬遜而來的危機。

雖然在社會大眾眼裡貝佐斯似乎缺乏同理心，但如我們所見，他的身上的確具有正向特質：他有源源不絕的智謀，並以超乎常人的態度面對真相，幫助他締造王國。除此之外，他的成功有個核心要素，就是長期思維。當多數企業領袖著眼於下一季，或以今後兩三年為目標，貝佐斯卻著眼於未來數百年。

4 從一萬年的角度思考

從新墨西哥州卡爾巴斯德洞窟城航空站（Cavern City Air Terminal），往東行駛兩小時的車程，會來到塵土飛揚的德州小鎮范霍恩。這個沉靜的邊陲地帶，位處德州極西，住了一千九百一十九位居民。鎮上有一條尋常的商店街，可以找到廉價旅店、殼牌加油站和楚伊墨西哥餐廳（Chuy's）。但范霍恩有一點與其他美國小鎮特別不同，就是北邊有貝佐斯的農場——面積超過三十萬英畝，直逼洛杉磯。這個農場不光是貝佐斯用來遠離塵囂的地方。他的火箭公司藍色起源（Blue Origin）用這裡當火箭發射地，終極使命是要殖民外太空。這項計畫象徵貝佐斯的長期思維。足以說明貝佐斯何以與眾不同，以及亞馬遜如何在他手下茁壯至堪稱史上最強大的資本機器。如前面章節指出，當其他人把全副心神放在短期——幾個月或幾年——貝佐斯已經想到數十年和數百年之久。

貝佐斯在一九九八年初第一封致股東公開信裡，說過長期思維的重要性，亞馬遜至今仍遵循這樣的哲學。他在信裡寫要採取大膽做法，投注於新科技和新事業，不論其是否有所回報，而且他願意等上好幾年。這封信的第一段次標為「重點在長期」，他寫亞馬遜「將持續以長期市場領導為投資決策的考量，不以短期獲利或短期華爾街反應為顧慮」。意味著，提高現金流和市占率永遠比短期利潤來得重要。採取這樣的策略，讓他在經營亞馬遜的方式上，有許多方面很像私人企業。即便亞馬遜持續虧損，但快速飆升的成長率和大有可為的未來收益，讓貝佐斯在面臨來自華爾街的嚴厲批評和懷疑下，仍然能籌得資金。（當然，貝佐斯的有利之處，在他掌握百分之十六的亞馬遜股份，經營公司時更有揮灑空間，多數執行長只能對此望洋興嘆。）二〇一四年，貝佐斯告訴《商業內幕》（*Business Insider*）的亨利．布洛傑（Henry Blodget），他每年只花六小時與投資人溝通，而且只對長期持有亞馬遜股票的投資人發言。他基本上不在乎那些經常買賣亞馬遜股票的人怎麼想。

貝佐斯將長期思維發揮得淋漓盡致。他相信，以數十年和數百年為單位長遠思考，能讓人們完成在短期思考中根本沒想過能辦到的事情。要某個人想辦法減緩全球糧食不足的問題，或是解決中東地區的衝突，泰半會在氣餒下兩手一攤。如果要他們用一百年來解決這些問題，問題瞬間變得較有可能解決。亞馬遜的成功之道就在長期思維。多數執行長在擔心接下來一兩季，貝佐斯卻預期在未來五、六、七年回收成果。這點讓他的員工有時間發揮創意和解決問題。貝佐斯說：「如果每件事都要在兩三年內完成，會限制你能辦到的事。若你能給自己喘息空間，說沒關係我可以花七年，突然之間，你擁有的機會將多出許多。」

讓員工長遠計議，改變了員工的時間運用方式、規劃方法，以及投注精力的目標。觀察細微處的能力提升了。打造這樣的企業文化並不容易。如貝佐斯所言：「順帶一提，這並不符合人類天性，是要刻意營造的紀律。慢慢賺錢的計畫，在節目型廣告上沒有賣點。」

貝佐斯的長期策略為亞馬遜創造可觀的回報。這二十年多來，他將網路零售事業現金流的一大部分，投注於擴張事業、研發和聘請一流人才，而沒有派發給股東。當華爾街強力要求按季分配股息，亞馬遜的股價一路攀升，貝佐斯依然無視一切紛擾，專心致志從事他的聖戰，打造全世界最聰明的公司。

貝佐斯的長遠眼光，用這個例子來看也許最清楚。二〇〇三年他做出不可思議的決定，這把豪賭最後造就了全世界最大的雲端運算事業：AWS。二〇〇三年亞馬遜員工到貝佐斯位於華盛頓湖的住家舉行異地會議，討論到亞馬遜的軟體工程師在為亞馬遜網站設計新功能時遭遇困難。每次他們為新功能撰寫程式碼，都要等ＩＴ部門釐清如何讓程式碼在亞馬遜的龐大電腦架構上運作。當年跟在貝佐斯身邊擔任影子顧問的安迪・傑西，在接受《金融時報》採訪時回憶：「他們都在浪費時間發明已經夠好的東西……沒有把規模拓展到自己的專案外。」傑西的構想是在雲端建立隨需運算能力，讓亞馬遜的工程師能更輕易、快速地設計新功能。但是如此一來，亞馬遜就要在內部打造大型電腦運算系統。當時人們還對網路泡沫化的餘波記憶猶新——一間正在苦撐的網路零售商，要展開網路運算服務事業，說得過去嗎？

縱使有風險，貝佐斯仍然准許亞馬遜打造雲端服務。結果實在太成功，亞馬遜甚至開始把軟體工具賣給其他公司。今天ＡＷＳ是亞馬遜最賺錢的事業單位——服務深受眾多客戶青睞，包括Netflix、Airbnb和美國中情局。這是很大的長期賭注，最後回報也很可觀。二〇一九年中，投資研究公司科溫（Cowen）估算，光是ＡＷＳ就價值五千億美元，超過亞馬遜本身在股票市場的一半價值。

貝佐斯這些年做的大膽和長遠的賭注，並非每次都有所回報。二〇一九年亞馬遜發現，美食外送市場在DoorDash和Uber Eats等平臺搶攻下，已達高度飽和，難與現有業者競爭，便決定收掉亞馬遜餐廳（Amazon Restaurants）美食外送服務。同年亞馬遜取消一鍵下單按鈕「Dash」（只要簡單一按，消費者就能再次訂購洗衣粉劑及其他日常用品），因為顧客覺得用處不大。在網路泡沫化期間，亞馬遜曾經投資 Kosmo.com 和 Pets.com，兩間快遞服務公司都以慘敗告終。

亞馬遜失敗最慘的公開例子，或許是亞馬遜的「Fire Phone」智慧型手機。蘋果公司在二〇〇七年推出的 iPhone 大獲成功，Google 也推出了成長快速的安卓作業系統。貝佐斯心想，為何不開發能吸引亞馬遜尊榮會員的手機呢？二〇一四年，亞馬遜推出要價六百五十美元的智慧型手機「Fire Phone」，與 iPhone 和三星的安卓手機較勁。但這支手機並不支援許多流行的應用程式，例如 Google 地圖和星巴克程式，而且有些用戶抱怨，要匯入蘋果 iTunes 資料庫之類的程式，感覺很奇怪。這支手機始終沒有獲得大眾青睞。產品上市沒多久，亞馬遜就對未售出庫存進行沖減。

儘管亞馬遜遭受一連串痛苦的損失，但貝佐斯說亞馬遜是「全世界最善於失敗的公司」，依然堅持著自己的做法。他相信，若是公司沒有一直失敗，那麼公司就無法大量發明，無法達成重大突破。貝佐斯鼓勵員工大膽行事、投注宏大長遠的未來，包括 AWS、尊榮會員制、Kindle，都是其中的成功案例。但是這種冒險的策略，也會帶來許多重大挫敗，例如 Fire Phone 和 Pets.com。他挺過一連串的失敗，因為這些雖是重大挫敗，卻沒有一次「賭上全公司」。如果公司持續創新，必定會有幾樣制勝賭注超越損失。如果公司不創新，也許有一天，不得不用孤注一擲的方法拯救公司。貝佐斯告訴《商業內幕》的布洛傑：「我在亞馬遜網路公司有過數十億的失敗經驗，貨真價實的數十億。你也許記得 Pets.com 或 Kosmo.com，就像沒有麻醉接受根管治療。一點都不有趣，但也不重要。」那些重大損失，對華爾街來說的確是大事，但貝佐斯在工作生涯中，始終很有毅力和說服力，事業也足夠成功，抵擋得了追求快速獲利的投資圈對他嚴詞批評。他一直在耐心賺錢，培養具有忠誠度的投資追隨者。

像貝佐斯如此成功的執行長，不是為了走得長遠才一直走下去。重點在於長久經營的過程中，公司會得到什麼。長久經營的公司能大幅超越競爭對手，站在未來五年、十年甚至十五年都很有利的位置。舉例來說，亞馬遜想要攻占擁有十三億消費人口的印度市場。亞馬遜很快就發現，他們必須找出方法，對付當地糾纏不清的印度法規。貝佐斯一如既往拿出精明幹練的性格，迎合印度總理莫迪（Narendra Modi）想要擴大出口的目標，讓亞馬遜做好人。亞馬遜現在提供一套舉足輕重的服務，幫助印度零售商在亞馬遜網站接觸美國消費者。二〇一九年，超過五萬家印度公司在亞馬遜上賣東西到美國市場。判斷亞馬遜進軍印度是否成功言之尚早——印度主管機關對亞馬遜、沃爾瑪、阿里巴巴等外國電商公司採取強硬立場——但你很難想出還有哪間公司像亞馬遜，為了國際擴張計畫，盤算得如此長遠。

貝佐斯對長期思維的堅持，甚至延伸到公司的董事會。這些年來，他都是針對公司想要擴張事業的市場，來選任具專業知識的董事。舉例來說，亞馬遜大舉進軍好萊塢，每年投資數十億美元製作原創節目。因此，二〇一四年貝佐斯邀朱迪絲・麥格拉思（Judith McGrath）加入董事會，並非巧合。麥格拉思曾經擔任音樂電視網（MTV Networks Entertainment Group）的執行長，主掌喜劇中心（Comedy Central）與尼可兒童頻道（Nickelodeon）。另外一個例子：為美國政府（包括五角大廈和中情局）提供雲端服務是AWS的重點業務，於是潔米・葛瑞里克（Jamie Gorelick）便順理成章，入主亞馬遜董事會。她曾經擔任美國副檢察總長與國防部總顧問，在軍事工業頗具分量。

公司的優先要務和董事會成員背景之間的關聯不只於此。消費性電子產品製造龍頭亞馬遜打造出Kindle閱讀器、亞馬遜電視盒，還有以Alexa操控的Echo音箱。可知，自二〇一〇年起加入董事會的強納森・羅賓斯坦（Jonathan Rubinstein），一定為亞馬遜貢獻了他的專業能力。他當過智慧型手機製造商Palm（手掌）的執行長，在那之前更是掌管過蘋果公司的 iPod 部門。類似的例子還有，收購全食超市清楚展現貝佐斯是認真要進攻產值七千億美元的美國雜貨生意。因此，二〇一九年二月，亞馬遜找來兩位在食品界擁有豐富經驗的人出任董事，一點也不令人意外。一位是剛從食品飲料龍頭百事可樂退休的執行長英德拉・努伊（Indra Nooyi）。另一位是星巴克營運長羅薩琳・布魯爾（Rosalind Brewer）。星巴克不只在實體店面經營有豐富的經驗，還廣泛涉足各類食品雜貨。另外值得注意的是，布魯爾的業界經驗包括掌營倉儲式連鎖店「山姆會員商店」（Sam's Club）。山姆會員商店隸屬於亞馬遜的勁敵沃爾瑪。

貝佐斯不只將長期思維運用在公司上，也或多或少，能從這點看出他的社會意識。仔細檢視他在亞馬遜外的活動，可以了解到，貝佐斯的志向不只是當個商人——而是希望成為文化上的力量，以及販賣點子的人。雖然亞馬遜發言人表示貝佐斯並不認為自己是自由派，但他在政治上傾向自由派的作風。為了替投注長期避險，民主黨及共和黨的候選人，他都提供政治獻金。二〇一二年，貝佐斯嗅到未來幾年的社會風向，捐了兩百五十萬美元給華盛頓州捍衛同志婚姻的活動。二〇一八年，他捐一千萬美元給無特定政黨色彩的獨立支出政治行動委員會，該委員會的目標是將退伍軍人送進國會。他花兩億五千萬美元收購經營不善的《華盛頓郵報》，原因在於，他認為這是值得拯救的民主支柱。他在二〇一六年的訪問中，告訴查理・羅斯（Charlie Rose）：「我買下來是因為它很重要。我才不會買財務狀況一團亂的鹹點公司。你知道，那對我一點意義都沒有。」

他的好友，也就是《華盛頓郵報》前老闆唐・葛拉漢（Don Graham），找上貝佐斯，詢問他是否能買下遭遇難關的《華盛頓郵報》，並將這份報紙的所有優勢和問題，統統攤在他的面前，包括訂閱戶萎縮和廣告收益下滑——這樣的燙手山芋，連最堅定的買家都會嚇跑。但貝佐斯非常信任葛拉漢，所以他沒有進行財務盡職調查就買下這家報社。幾年後貝佐斯說：「他告訴我帳務上的優缺點，後來每一件都證明是真的。」

亞馬遜收購以後，《華盛頓郵報》的訂閱戶日益增加，開始培植新聞人員，而且最重要的是，公司逐漸轉虧為盈。會產生如此劇烈的變化，當然和川普當上總統、人民重新燃起對政治新聞的關注有很大的關係。但在《華盛頓郵報》工作的記者說，貝佐斯將亞馬遜的科技魔法運用於這份報紙，對其進行長遠投資——不論是要建立基礎架構還是培養優秀記者，他都願意投注資源，確保這份刊物擁有強健的未來。令《華盛頓郵報》員工欣慰的是，他並沒有插手編輯的日常決策。

貝佐斯以長期思維的角度看待亞馬遜、華爾街，甚至新聞產業。但「放眼遠大未來」的思維方式，也展現在他為了征服外太空所做的努力。二〇〇三年，亞馬遜撐過網路泡沫化，股價再度走揚。既然公司不再面臨危機，年輕創業家貝佐斯認為，是時候成立一間私人火箭公司了。他在西雅圖設立辦公室，將這間新創公司命名為「藍色起源」。

對貝佐斯而言，這不只是有錢人的閒暇嗜好。他在二〇一七年說過：「這是一個長遠的計畫，我最重要的工作是打造藍色起源，致力推動人類在太陽系裡建立生活。」是的，貝佐斯五天工作仍有四天專心處理亞馬遜的事務，但這位西雅圖的東尼・史塔克（Tony Stark），不到看見藍色起源成功的那天，不會認為自己真正成功了。這在某些人耳裡可能很奇怪，但他成立亞馬遜的原因之一，就是希望為火箭公司提供資金。他承諾每年出售十億美元的亞馬遜股份，做為實施計畫的資金。

為何要選外太空？貝佐斯相信唯有如此才能拯救地球。他認為，隨著地球人口不斷成長，有一天地球會無法提供人類生存所需的資源。所以他認為，我們必須到其他星球，去取得我們需要的礦物並建立機制，支撐地球的人口增長。他將這個構想稱為「大反轉」（great inversion）。總的來說，他希望把地球打造成住宅與輕工業區，將礦物開採和重工業統統搬到外太空。人類不只能住在地球上，還能在宇宙各地的巨大太空站生活。貝佐斯說：「在外太空，我們有數不盡的資源。太陽系可以有一兆人口生存，卻不會覺得擁擠。如果有一兆人口，就可能有一千個愛因斯坦、一千個莫札特、一千個達文西，不是很酷嗎？為了拯救地球，我們一定要前進外太空，而且要盡快這麼做。」

藍色起源早期曾經遭遇幾次不幸和挫敗——包括火箭在德州范霍恩的指揮中心上空爆炸，變成一團橘色火球——但在那之後，貝佐斯夢想中負擔得起的太空旅行，逐漸有了起色。二〇一八年，藍色起源接下美國空軍的合約，負責將人造衛星送上太空。藍色起源還對外表示，他們將載著一般大眾升空，帶乘客到夠高的地方，瞧一瞧地球表面的曲率——每位乘客收費高達三十萬美元。（貝佐斯說他和家人會率先踏上旅程。）二〇一九年春天，他在華盛頓特區一間類似 iPhone 發表會場的宴會廳，舉辦活動讓藍月（Blue Moon）亮相。這是以美國太空總署標準而言，在金錢上負擔得起的載人飛行器。他說可以在二〇二〇年代中期載著人類登上月球。在他打造道路通往太空的過程中，又完成了重要的一步。

貝佐斯知道，讓一兆人口來往太空、在太陽系裡工作，甚至超越這個範圍，這樣的宏大願景還需要數百年才能實現，但依照他的思考模式，這個願景離我們並不遙遠。他的長遠觀點，最顯而易見的例子，應該是他投資打造所謂的「萬年鐘」（10,000 year clock）——一個能準確對時一萬年的時鐘。貝佐斯為建造這個時鐘承諾捐款四千兩百萬美元。萬年鐘坐落於海拔四百五十七公尺的石灰岩山上，四周是茂密的灌木叢——這座山為貝佐斯所有，距德州范霍恩及藍色起源營地一天的步行距離。通往萬年鐘的入口被隱藏起來，由一道不鏽鋼鑲邊的玉門守護著，玉門外還有一道鋼製大門——用來阻絕灰塵和防範入侵者。從入口進去，是一個一百五十二公尺高的地下隧道，直徑約三・七公尺，一路通往山脈的中心。

本書付印時，工人還在建造萬年鐘。萬年鐘的建材大部分是鈦金屬、航海級不鏽鋼和高科技陶瓷。鐘面會設在一百五十二公尺高的隧道頂端附近，直徑約二・四公尺，顯示天文時間的自然循環、恆星與星球的運行步調、地球歲差的星系時間，還有呢，就是此時此刻。這座時鐘一年滴答響一次，世紀針一百年才會動一下，布穀鳥每一千年會出來一次。有一臺機械計算機會推算出，萬年鐘報時裝置在未來幾百年，所需播放的三百五十萬種不同旋律。

萬年鐘計畫是貝佐斯友人丹尼・希里斯（Danny Hillis）的智慧結晶，基金會表示沒有公開的預定完工期限。希里斯是發明平行超級電腦的先驅，同時也是迪士尼幻想工程部門的創意主力——他曾經設計出一隻等比大小的恐龍，在迪士尼的主題樂園裡四處漫步。一九九六年，他和生物學家史都華・布蘭德（Stewart Brand）——布蘭德也是一位積極推動文化的先鋒，並在一九六〇年代編輯聖經級出版品《全球目錄》（*Whole Earth*

Catalog）——一起成立了建造萬年鐘的非營利組織。在搖滾樂手布萊恩・伊諾（Brian Eno）的建議下，他們將這個組織取名為「長遠看現在基金會」（Long Now Foundation），如基金會網站所寫，用這個名字來表示「擴大的時間概念——不是下一季、下一個星期或接下來五分鐘如此短暫的當下，而是以百年為單位的『長遠現在』」。

貝佐斯希望，當萬年鐘對外公開，它能鼓勵人們從長遠的角度思考，幫助人們看清事情的面貌，協助人類完成重大的跳戰。正是這種長遠觀點，幫助貝佐斯打造出資本主義史上最強而有力的引擎：ＡＩ飛輪。

5 加快人工智慧的飛輪

亞馬遜的西雅圖總部占地遼闊，共有四十七幢辦公建築，包括貝佐斯辦公室所在地「第一天大樓」。第一天大樓和第二天大樓之間，有兩座巨大的半球形鋼骨玻璃屋，稱為「生態圈」（Spheres），亞馬遜的員工在這裡開會、放鬆或集中心神。兩顆鋼骨玻璃球採五角化六十面體結構，含兩千六百三十四片玻璃，樣子就像科幻小說家想像中的火星生物圈。互相連通的「生態圈」是巨大的培育箱，種植了來自三十多個國家約四萬種不同的植物。眾多花卉裡，有一棵高十七公尺、寬九公尺、重約一萬八千一百四十四公斤的鏽葉榕，小名露比（Rubi）。當初得動用吊車，把這棵鏽葉榕從其中一座「生態圈」的頂部垂降進來。

生態圈裡一片寂靜，動植物群半遮半掩，藏著桌子和舒適的座椅，員工隱身在桌椅之中，有人低頭看著自己的筆電，有人圍成小圈低聲討論。在懸掛空中的木棧道上慢慢走，最後會來到生態圈頂端，感覺就像徒步穿越一座雨林，有噴霧器維持空氣溼度，讓異國植物欣欣向榮。貝佐斯在新總部打造雨林並非巧合。一九九〇年代中期成立公司時，貝佐斯最早是想取名為「不屈不撓」（Relentless.com），後來他想出亞馬遜這個名字——一條流經巴西雨林的浩瀚巨河。他在很早的時候，就認為他的新創公司會逐漸茁壯，成為一條大河，帶著商品遠遠流向世界的各個角落。

八月底某一天，西雅圖難得一見的清朗日子，我登記好資料走進第一天大樓，注意到接待處旁邊放了一碗零食，正要伸手去拿，才發現那其實不是給人吃的，而是彩色小狗餅乾。亞馬遜的都市園區裡登記了超過七千隻小狗，不過不管哪一天，小狗數目都沒有那麼多。接待處的外面，有個用柵欄隔開的戶外區域，大約有六隻狗兒，快樂地在裡面追逐飛盤或其他小狗。亞馬遜創立初期，雖然貝佐斯和員工上班時間長得不人道，他卻從那時起就非常喜歡小狗。根據《貝佐斯傳》的內容，貝佐斯為了讓日子過得開心一些，便告訴兩名員工艾瑞克・班森（Eric Benson）和蘇珊・班森（Susan Benson），可以每天帶他們養的威爾斯柯基犬魯弗斯（Rufus）來上班。魯弗斯變成一種吉祥物和法寶。每次亞馬遜網站推出什麼新功能，都要讓魯弗斯把爪子放到鍵盤上求個好運。今天，亞馬遜裡有一幢大樓以魯弗斯命名。亞馬遜在西雅圖市中心有四十七幢建築，每一幢都有個古怪的名字。有一幢名叫費歐娜（Fiona），是 Kindle 上市前使用的代號；有一幢名叫尼斯（Nessie），由來是尼斯湖水怪，不過這個名字指的是用來監控亞馬遜網站高峰值和趨勢的系統。

亞馬遜園區的設計看起來像隨興散落在市中心的幾幢摩天大樓，但這樣的設計並非偶然。貝佐斯大可像其他大型科技公司那樣（例如微軟、Google、蘋果），在郊區設立一個單一的龐大總部。但他選擇留在繁忙的市中心——成千上萬名年輕科技人才喜歡工作的地方。隨著亞馬遜規模擴大，自然而然需要擴建或收購新的摩天大樓。

然而，貝佐斯真正的房地產策略，並非只有打造令科技人才心馳神往的工作地。亞馬遜有一項強大的優勢，就是經營模式很像獨立國家聯盟，每個國家有自己的領袖和人民。我到亞馬遜參訪時，每次見一位高層主管都要走好幾個街區。事業單位的主管不是在集中一處的辦公室工作。這些高層主管位在城市的各個地方，各自經營自己的業務。貝佐斯當然是這個聯盟的頭兒，由他來為重要決策做最終的裁斷，但他的副手在決策、投資和創新上有更多自己作主的餘地，這點在現在的公司裡並不常見。

這樣的安排某部分反映出，貝佐斯深信事業單位內部或之間，如果溝通和統整過頭，會拖慢事情的進展。這個想法和哈佛商學院的教授給學生的恰恰相反。溝通和統整應該是能促進團隊合作，讓員工對公司策略心悅誠服。貝佐斯卻有相反結論：要讓每一個人都掌握最新的專案進度會拖長計畫的孕育期。他在二〇〇二年針對軟體發展業務，制訂了傳奇的「兩個披薩團隊」原則。一項專案的團隊最多只能有十個人——可以用兩份披薩餵飽的小團體。如此一來，官僚制度和耗費時間的組織溝通都能減到最低程度。亞馬遜的葛雷格．哈特說：「我們的整體團隊策略稍有變化，但基本組織原則都是把責任與自治下放到最小的自治單位，最好盡可能讓他們完全掌控自身工作的成敗。」

在外人眼裡，這樣的組織架構似乎會導致災難。好幾百個披薩團隊，在西雅圖市中心各地的獨幢建築裡運作。但這個架構卻是有用的。而且原因只有一個。貝佐斯反覆灌輸貝佐斯經濟學的原則，讓這些獨立團體在霧中前行時有一座燈塔，不論是打造叫作Kindle的新型閱讀裝置、新的影音串流服務、語音辨識助理Alexa，或讓亞馬遜網站的購物流程更順暢，都能循著這套原則找到工作方針。

簡單來說，貝佐斯經濟學的基本哲學原理為：以顧客為念、極度創新、長期管理。大概每個股價等身的執行長都聲稱自己或多或少遵循這些原則吧。他們經常掛在嘴邊，把這些原則講成一套老掉牙的管理方針。但他們大都無法在長期、前後一致地執行。那麼，亞馬遜有何不同呢？貝佐斯的祕訣在他所謂的飛輪，這種概念上的引擎推動著貝佐斯經濟學的三大價值，帶領組織實實在在地遵循方針。這是一種思考的方式，這套心理模式影響著亞馬遜人的行為。

飛輪基本上是一種譬喻，代表好的循環。亞馬遜人不會把注意力放在競爭上，而會把工作的每分每秒用來幫顧客改善生活。其中一種方式是幫購物者降低成本。成本降低以後，亞馬遜能吸引更多顧客前來網站購物。如此一來，亞馬遜平臺的流量日漸擴增，會吸引更多想要接觸流量的獨立零售商，為亞馬遜創造更高的收益。進而形成規模經濟，再進一步為顧客拉低價格。低價帶來更多顧客，吸引更多賣家，飛輪便如此轉動不已。

每一位亞馬遜主管都深知飛輪的概念，正是飛輪的概念，讓這個龐大企業能像獨立國家聯盟那般運作。員工不必猜想自己的角色或職責為何。他們的工作是每一天稍微多推動飛輪一些。這個真實不虛的指導方針給予自由，使他們在工作中獨立自主。飛輪是亞馬遜企業文化中不可或缺的環節，應徵者必須了解這個概念，要能說明自身工作如何推動飛輪。如亞馬遜官網上的部落格文章所寫：「任何在亞馬遜工作好幾週的人都聽過『飛輪』這個詞彙。事實上我猜想，即便不到多數，也有許多亞馬遜面試官在現場面試中討論到飛輪。所以，你最好在面試前，好好了解一下這個亞馬遜用來指『好循環』的概念。」

飛輪誕生在亞馬遜遇難之時。二〇〇一年亞馬遜跌到谷底。網路公司大舉興起導致泡沫破裂，先前一路飆升價格過高的網路公司股票，例如 eToys.com 和快遞服務公司 Webvan.com 的股票，被埋入了網路的墳場。二〇〇〇年至二〇〇五年，那斯達克證交所的股票損失了五兆美元的市值。亞馬遜也不例外，股票像自由落體一樣往下墜。一九九九年十二月，亞馬遜的股票約每股一百零七美元。二〇〇一年九月，只值五．九七美元。股市崩盤前夕，商業雜誌《巴隆週刊》（*Barron's*）登出一篇絕望至極的文章，標題叫作「亞馬遜炸彈」（Amazon.bomb）。

二〇〇一年秋天，九月十一日紐約世貿中心和五角大廈攻擊事件發生，美國上下陷入愁雲慘霧。在亞馬遜，除了恐怖攻擊帶來的震驚情緒，公司迷失方向更讓情況加劇。亞馬遜在削減成本和開除員工，一舉一動莫不受到華爾街分析師的放大檢視，他們認為，亞馬遜會在那一年年底現金短缺。

大約就在那個時候，經營管理書籍《從 A 到 A+》問世了，這是詹姆．柯林斯的領導學大作。書中詳盡研究了為何某些公司能歷久不衰，有些公司卻以失敗告終，後來陸續在全世界銷售超過五百萬冊。亞馬遜邀請柯林斯搭飛機到西雅圖指導他們的高階主管，並與貝佐斯和董事會見面。柯林斯在那裡告訴他們要打造新的成長引擎，也就是他所謂的飛輪。柯林斯回想：「我告訴他們，現在這種狀況，你不是隨著壞消息起舞，是要打造一個飛輪。」

柯林斯說，在與董事會見面的時候，貝佐斯「真的很敏銳，是個很好的傾聽者」。現在回想當時，柯林斯相信，這位亞馬遜執行長本來就是天生的「飛輪思想家」，他只是沒有用來描述這套模式的語彙。柯林斯描繪這套概念，在貝佐斯面前，將他從創立公司起就展現的方針和法則具體地呈現出來。柯林斯說：「傑夫就像一名優秀的學生，吸收知識並發揚光大，青出於藍的程度超乎你的想像。」

柯林斯向貝佐斯和董事會講解，每個偉大的公司、組織或體育團隊能夠成功，從來不是因為單一事件或單一概念。偉大不在於誰最先達標，也不在於大規模收購。成功是來自推動巨大的飛輪。柯林斯說：「剛開始出力推，要花很大的氣力來讓飛輪轉動。你不能放棄，要一直推，等到第二圈，你開始建立動力，讓飛輪慢慢累積動能，接著進入第四圈、第八圈、第十六圈、第三十二圈，然後是成千上萬圈、上百萬圈，飛輪生出了自己的動力。你要一直為它增加動力。」柯林斯表示，任何偉大公司的飛輪都不只是某個事業線；而是動力的基本結構，可以更新，也可以延伸到多元化的事業與活動。新科技可以成為有力的飛輪加速器，幫助飛輪從數百萬轉進化到數十億轉。

柯林斯告訴亞馬遜的高層，飛輪不只是畫成圓圈的優先要務清單。它是一種思考方式。飛輪的關鍵在於不是用力推一次就能讓它轉動。就像在問，巴菲特那麼厲害是因為哪一筆交易。不是單一行動或決策，而是依循連貫概念做出一連串正確決定——以亞馬遜的例子來說，就是「真正做到以顧客為中心」——隨著時間逐一累積，帶給公司前進的動力。

貝佐斯欣然接受這個概念。他和團隊描繪出亞馬遜的飛輪樣貌。現在我們知道，亞馬遜把全副心力放在為顧客降低成本和提升服務。因此，他的飛輪示意圖上，第一點是為顧客降低成本。透過降低成本，亞馬遜帶動了網站的瀏覽人次，吸引更多想接觸亞馬遜平臺漸增流量的第三方賣家（即飛輪的第二點），繼而為亞馬遜創造更多收益。如此創造規模經濟，有助於幫顧客降低成本（即飛輪的第三點）。這樣能吸引更多顧客，貝佐斯從飛輪轉動之初就做對了。這個循環很完整。他知道，如果他能讓員工把心力放在這些元素上——流量、賣家、選擇、顧客體驗——就能為飛輪的每一個位置施予更多動力。整個系統都在成長。貝佐斯深諳其中的關聯。

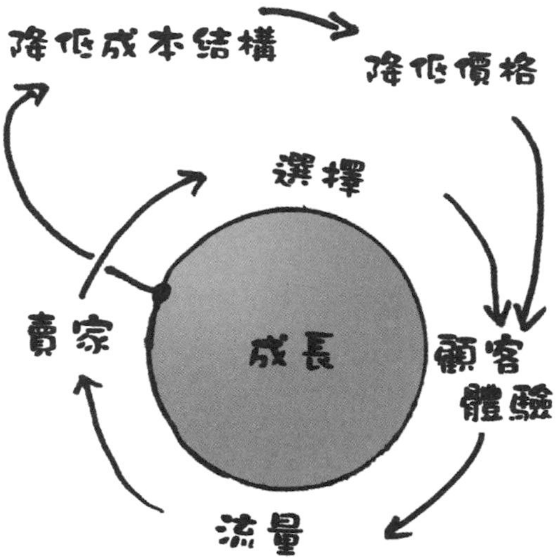

飛輪並非不會改變。貝佐斯經濟學的第二個信條——用心發明新事物——在此發揮作用。為了讓亞馬遜加速前進，他知道，公司必須透過創新，不斷更新飛輪的各項元素。意思是，亞馬遜人必須發揮創意思考，必須不斷問自己，能在飛輪的架構裡做出什麼創舉，或不一樣的事情，來讓顧客滿意和吸引更多第三方賣家。貝佐斯說：「我們渴望走在前端和發明新事物。這和以顧客為念緊密結合，因為顧客總是不滿意，有時他們根本不知道自己不滿意，甚至以為自己是滿意的。他們總是想要有更好的方式，他們不知道怎樣才會更好。我提醒大家，以顧客為念不單是傾聽顧客的意見，還要替他們發明新東西。」每一項新創事物——兩日免運送達尊榮會員制、免費影視串流服務、Kindle、亞馬遜電視盒、Echo 音箱、Alexa ——都是為了吸引新顧客並讓現有顧客滿意，進而吸引更多第三方賣家、刺激業績，讓飛輪轉動更快，勢不可擋。

貝佐斯與柯林斯的會面非常關鍵，之後幾年，貝佐斯加強了他的創新引擎，飛輪轉得更快。他大舉投資，用來提升出貨速度、將機器人引進倉庫，發明 Kindle、亞馬遜電視盒和 Alexa 這些裝置，並且推出 AWS 和尊榮會員制等服務。在飛輪的激勵下，員工每一天都專心致志，想辦法讓公司業務蒸蒸日上。

截至二〇一八年，亞馬遜每年花兩百八十八億美元進行研發，金額勝過世界上所有公司。但這個數字會騙人，因為裡面不只包括研發費用，還有亞馬遜年度財報上面列為「維護現有產品與服務、伺服器農場、商店、網站陳列」的成本——大部分的公司會把這筆成本列在營運支出，不是研發費用。表示貝佐斯並不認為研發與公司營運是分開的兩件事。研發就是公司的業務。這種報帳方式奇怪到美國證券交易委員會（SEC）要求亞馬遜依照公認的會計準則分列研發成本。彭博社記者賈斯汀・福克斯（Justin Fox）挖出一封二〇一七年十二月的信件。亞馬遜副總裁與全球業務負責人雪莉・雷諾斯

（Shelley Reynolds）在信中表示，由於亞馬遜持續致力於創新並以顧客為念，所以亞馬遜並未從業務中劃分出「通常被視為研發的活動」。換言之，亞馬遜比多數公司更善於創新，其原因在於，亞馬遜上下一心，推動飛輪往更好的方向前進。每一個人都要創新，不光是寥寥幾名穿實驗白袍的科學家。

在「真正長期導向」上，貝佐斯知道，打造及維護飛輪是一條漫長又艱辛的道路。許多公司試著發明自己的飛輪，幾年後就喜新厭舊，將原本的飛輪拋棄——重新制訂策略或戰術。這麼做會導致混淆、浪費時間和形成損失。貝佐斯明白打造飛輪要花上好多年，不是只有幾個月的時間，他也願意堅持下去。二〇〇一年到二〇一〇年代中期，亞馬遜砸重金發明提升顧客滿意度的新事物，因此蒙受損失、收益毫無起色，此時貝佐斯依然能夠說服華爾街繼續挺亞馬遜的股票。亞馬遜的重大創新——從Kindle、AWS到Echo音箱——都花費數年時間打造。即便亞馬遜失敗，例如：亞馬遜在失去先機下只推出平凡Fire Phone，他們還是持續創新，因為貝佐斯深深認為，不論結果如何，長遠來看終將有所回報。舉例來說，亞馬遜從Fire Phone的失敗學習，最後成功開發智慧型音箱Echo。

貝佐斯甚至把飛輪的概念用於個人生活。這位執行長在亞馬遜開了一門課，教高階主管領導統御。亞馬遜的員工需要長時間在充滿競爭的環境裡工作，所以貝佐斯有時會被問到工作與生活如何平衡。但他認為這個問題問得不對。他傾向以「工作與生活和諧」來看待。他相信一個人一週工作幾小時不是癥結點。差別在於工作是讓人來勁，還是消耗精力。貝佐斯表示：「我知道，如果我工作做得很起勁、樂於工作、創造更多價值、在團隊有參與感，只要能帶來活力，回到家時感覺會更好。同樣地，如果我在家裡很快樂，我也會成為更棒的員工、更棒的老闆……有些人來參加會議，為會議增添活力。有些人來參加會議，卻讓大家洩氣。你必須決定自己要成為哪一類人。這是飛輪，是一種循環，不是平衡。所以平衡是一種危險的比方，它暗示了兩者不可兼得。你有可能沒有工作，全副心力用於陪伴家人，但工作的事讓你非常沮喪，家人一點也不想接近你。」

自從詹姆．柯林斯在《從A到A+》提出飛輪，這個概念就在業界廣為人知。貝佐斯從那時就依照這個概念行動，徹底改變世界。過去十年以來，貝佐斯將飛輪的概念帶入嶄新的境界。他以前所未見的速度，將大數據、人工智慧、機器學習用在飛輪上，讓飛輪依靠自己的力量轉動得更快。貝佐斯在二〇一六年的股東信裡說明機器學習模式的強大力量：「機器學習讓我們將演算法用於需求預測、產品搜尋排名、商品推薦、商品陳列、仿冒品查驗、翻譯以及許許多多的事項。」智慧演算法每一天、每一小時、每一秒都在學習如何降低價格、加速出貨、推薦適當歌曲或電影、讓 Alexa 在短短幾毫秒內正確回答問題，來滿足亞馬遜的顧客。請將這種新的疊代模式理解為 AI 飛輪。

貝佐斯聘雇的成千上萬名工程師、資料科學家、程式設計師，讓 AI 飛輪成為懂得學習的機器——這個網路新玩意兒有頭腦，亞馬遜從三億名顧客蒐集來的資料，由它全盤吸收，並進行詳盡的分析。機器決定購入哪些品項、如何訂價，以及貨品存放世界上哪個地方。AI 軟體可以分析龐雜的資料，包括顧客的購物紀錄、置入購物車卻未購買的商品、放入購買清單的產品，甚至能用購物者瀏覽過的選項，來預測某個人可能會訂購哪些商品。舉例來說，假如現在正要進入夏季，美特爾海灘（Myrtle Beach）的遊客開始搜尋新陽傘或特價防曬乳，這個機器會知道，要在南卡羅萊納州倉庫多放一些這類商品，如此一來，亞馬遜的顧客就不必擔心沒有庫存，有可能在隔天就收到商品。飛輪繼續轉動。

起初，我覺得這個概念很難說服我。機器怎麼會這麼聰明，能針對亞馬遜在全球販售的上億件商品，以幾乎即時的速度做出商業決定？我知道 AI 愈來愈聰明，用 AI 來處理數量大到傷腦筋的資料，成本愈來愈低，但 AI 科技已經被人宣傳得太過頭了。機器真的有這麼厲害嗎？為了找出答案，我在西雅圖的時候，找上了亞馬遜的全球消費產品執行長傑夫・威爾克。威爾克從一九九九年開始在亞馬遜工作，在他的協助下，亞馬遜逐漸成為物流巨頭，現在他負責掌管亞馬遜在全世界的電子商務，他經手過的領域包括行銷、營運、實體零售、亞馬遜尊榮會員制、全食超市等。

威爾克的外表就像你心目中的西雅圖科技業高階主管：開領襯衫、寬鬆的長褲和友善的舉止。親切的外表下，藏著聰明絕頂的物流構思。威爾克以第一名的優異成績從普林斯頓大學畢業，在麻省理工學院拿到企管碩士和化學工程理工碩士學位，加入亞馬遜之前，三十二歲便在聯合訊號公司（AlliedSignal）掌管製藥生意。當時亞馬遜的產品愈來愈多，正在努力想辦法順利依訂單出貨，於是貝佐斯請威爾克重新設計亞馬遜的倉儲系統。當時物流業的一般做法是大量訂購、少量出貨——例如把上百盒玉米片裝在大條板箱裡——但那樣無法因應每天上百萬件小訂單（亞馬遜的需求）。因此威爾克不是聘請傳統的倉儲管理師，而是請來作業研究員和資料科學家，來打造一個客製化的系統；後來，這個系統演變成高度靈活的亞馬遜倉儲系統。

某個夏日，我在威爾克那間俯瞰西雅圖的邊間辦公室和他見面。我問他亞馬遜的飛輪現在是否由ＡＩ推動，此時他的眼睛亮了起來。他說：「我思考這個模型很久了。以前我們用數據幫忙做決策，但仍然由人類下最終決定。我們正在推動機器學習，有一部分是要取代經常反覆執行的動腦流程，不必由人類來做決策。」

舉例來說，亞馬遜確保顧客幾乎隨時找得到想要的商品，而且不論顧客住的地方，是亞馬遜在全球的哪個服務市場，這間零售商都能在顧客有需求時，為他們出貨。機器學習問世前，威爾克每個星期要和多達六十名主管開會檢討銷售情形——類似沃爾瑪廣為人知的星期六早晨會議。負責供應和負責需求的主管一起坐上會議桌——有些會在其他地區用視訊的方式參加——一起商討訂購哪些商品、花多少錢訂購，以及哪些倉庫需要多少存量。亞馬遜的電腦系統提供許多有用的銷售趨勢數據，可以協助他們做決策，但仍然是由人類做決定。現在亞馬遜挑出反覆出現頻率最高的會議討論內容——例如出貨的錯誤率是多少、消費者需求如何轉變、從工廠運送產品到倉庫的時間有何變化——讓機器根據這些要素來做決定。威爾克說：「我們能處理到位，所以人類不必再做決定。我們能自動下單買入數百萬件商品。」

在舊系統底下，威爾克和主管們只能把心思放在亞馬遜最暢銷的商品上，但以亞馬遜目前的作業規模，不可能再像從前仔細討論。現在最初儲存於人腦的零售模式，已經存入深度學習運算法——思考流程一樣，但亞馬遜的主管不必一而再、再而三重複進行同樣的分析。另外一項好處是，機器能產出一致的結果。在過去，亞馬遜主管各有自己的表格和獨特的供需預測模型。現在全世界的亞馬遜網路事業單位有一致的決策流程。每個人都用相同的模型，得出相同的見解。所以ＡＩ飛輪才會如此強大，亞馬遜才會成為令對手聞風喪膽的公司。

任何準備大舉踏入ＡＩ新世界的公司，都必須留意一個重點：ＡＩ無法一步登天。你無法在一夕之間，用最新的ＡＩ軟體來讓公司達成想要的目的。亞馬遜花了不只二十年來累積顧客資料、改良ＡＩ程式，才讓ＡＩ軟體成為亞馬遜的商業模式。因此，網際網路資料中心（ＩＤＣ）在二〇一九年所做的調查發現，全球僅百分之二十五的企業，有涵蓋整間公司的ＡＩ策略，實在不怎麼令人意外。

即便是在亞馬遜，機器都還和完美差得很遠。異常情形出現時，深度學習演算法還沒有聰明到會一面執行一面調整。例如，假設颶風襲擊紐奧良：機器不會知道要多庫存一些食物和飲水，因為這是隨機事件。而且程式有時候會不合時宜。威爾克和ＡＩ團隊會持續評估演算法，以確保公司業務處在巔峰狀態。威爾克說：「如果我們發現機器不符目的，或有更好的模型，可以決定把機器關掉——我們能這麼做，因為機器是人類打造的。」

他對未來的期許是機器和人類能彼此合作、互相支援，一起做出更棒的決定。有些事情，機器不那麼善於察覺（目前而已）。舉例來說，一名經驗豐富的時尚買家，比機器更能掌握當季的流行色，或是哪些服裝會在巴黎、米蘭、紐約時裝秀上成為亮點。假設，某位前往時裝秀的亞馬遜買家認為，紫紅色喀什米爾羊毛衣會大為流行，這位買家會推薦這款毛衣。亞馬遜網站接著提供促銷價。買家發現，亞馬遜商品目錄有前一年推出的類似款式。此時ＡＩ進場：演算法評估新款紫紅色毛衣與舊款相較賣得如何，記住業績差距並改良機器模型，讓往後的訂購量更準確。威爾克說：「人類的眼光能幫模型更上層樓。」

亞馬遜網路書店一九九〇年代中期成立時，開始蒐集顧客在網路上購書的資料，並依據相似閱讀者的閱讀習慣來為顧客推薦書籍。如果你喜歡約翰・勒卡雷（John le Carré）的《冷戰諜魂》（*The Spy Who Came in from the Cold*），你也許會考慮買伊恩・佛萊明（Ian Fleming）的《皇家夜總會》（*Casino Royale*）。今天，這套系統運作起來像吃了強效藥：每次顧客購買或搜尋某樣產品、訂閱某部電影、聽某首歌曲，或讀某一本書，顧客的一舉一動都會被系統注意到，演算法會學著變得更聰明，在下一回為顧客推薦更精準的產品，包括書籍、電影和歌曲。今天，亞馬遜約有百分之三十五的網站營收來自商品推薦。

這套系統的預測能力精準到能讓亞馬遜在某些市場提供一日到貨服務，而且正在朝幾小時內到貨發展。源源不絕的資料流讓系統能夠追蹤顧客行為、預測顧客的未來行為，然後檢查軟體決策是否正確。若是有誤，機器會在下一次進行調整。這就是機器的學習方式。有了這種預測能力，顧客可以在亞馬遜上訂購電動遊戲機，並在幾分鐘之後收到商品。亞馬遜的軟體彷彿真的在顧客下訂單前就知道顧客會訂購什麼。真令人毛骨悚然。那些了解和有能力操作這類系統的人，將在未來創造可觀的財富。

貝佐斯以前所未見的規模，將大數據和ＡＩ用於推動飛輪。他也藉此打造出強而有力的新思維模式。這套模式將是二十一世紀企業追求成功的經營之道。不論是現在或未來，貝佐斯都不是只將這個強力飛輪用在零售業，他也將其用於亞馬遜雷達上出現的一連串產業：媒體、保健、銀行、運輸等。他的模型將會改變這個世界，影響之深遠，我們多數人都無法想像。也許 Alexa 以後能讓我們在家遠距看診，包裹將由機器人送到家門口，網路購物費用將從有息的亞馬遜存款帳戶扣抵。貝佐斯經濟學悅納以顧客為念、極度創新和長期管理，但要有ＡＩ飛輪做為引擎，推動法則的實踐。

除了亞馬遜，還有少數幾間公司打造了自己的ＡＩ飛輪——只是他們不這麼稱呼。這些公司有：Facebook、Google、Netflix 以及中國的阿里巴巴和騰訊（騰訊公司擁有自己的應用程式微信）。它們運用ＡＩ的成績都很不錯。舉例來說，Google 吸引超過十億人使用搜尋引擎，因為 Google 的演算法善於爬網，調查最可靠的人與哪些網站有關，得出哪些網站最有可能符合搜尋結果。軟體愈聰明，就愈能吸引人；賣愈多廣告，就有愈多資源讓搜尋引擎更聰明，進而吸引更多使用者。那就是ＡＩ飛輪。這些科技龍頭的飛輪運作細節不同，但我們能清楚知道，這是未來的商業模式，任何忽視這套新商業模式的公司，都身處險境。

打造能與亞馬遜、阿里巴巴、Google 匹敵的商業模式，對全世界的公司來說都是巨大的挑戰，因為ＡＩ飛輪要取得可觀的顧客資料和投入大量腦力，讓資訊變得有意義，才能成功運作。各家公司將極力維護自己擁有的資料，大家會搶著掌握資訊，擁有一流資料科學家的公司，將在這場戰爭中勝出。這說明了為何在美國，電腦科學系畢業生一出社會就能拿十一萬美元的年薪。

亞馬遜至今從三億名購物者的購物行為累積出龐大的資料，所以在電子商務領域享有極大優勢。Facebook 的演算法不斷改良，愈來愈能掌控和解讀二十四億名社群網站用戶的習慣和偏好資訊，成為廣告商的寵兒。阿里巴巴附屬機構螞蟻金服掌握顧客理財習慣，在中國打造規模數一數二的貨幣市場基金。騰訊旗下的微信剛開始只是手機通訊軟體，現在有數十億每月固定用戶用它來叫車、訂機票和付款。騰訊正在利用這些資料，開拓保健等其他產業。這些公司都有世界級程式設計師、資料科學家組成的軍團，在世界各地努力用資料賺錢。

隨著這些科技平臺野心勃勃地進入新產業，現存的產業經營者將忙於不讓手上的資料流入篡位者手中。隨著亞馬遜、Google和其他公司不斷深入保健業，CVS連鎖藥局、凱薩醫療集團（Kaiser Permanente）、沃爾格林公司（Walgreens）將會盡其所能守護顧客資訊並從中賺錢。這類從藥局或醫院起家的傳統公司，將要忙著想辦法對抗亞馬遜、阿里巴巴或Google的AI火力。在英國、法國等有健保制度的國家，亞馬遜可發揮作用，讓藥品及保健產品的遞送更快更方便，並且幫忙回答患者的醫療保健問題。二〇一九年，英國健保局宣布，Alexa將運用健保局網站上的資訊，來回答患者的保健疑問。如果貝佐斯的AI飛輪最後能以更低廉的價格，為患者提供更棒的服務，寶貴醫療資訊將會開始注入亞馬遜的伺服器，讓亞馬遜的演算法更聰明，進一步降低成本和提升服務品質。快速旋轉的AI飛輪將會對現存業者形成嚴重威脅。

亞馬遜的競爭對手必須謹記在心，數位與實體經濟的分野將日益模糊，總有消失的一天。如中國騰訊公司創辦人馬化騰所言：「以後不會有單純的網路公司，因為網路會涵蓋所有的社會基礎建設；也不會有單純的傳統產業，因為傳統產業會轉移到網路上。」

這個新商業模式不是沒有遭遇社會和道德面的挑戰。大數據的規模之大，令人望而生畏。二〇一六、二〇一七，這兩年蒐集的資料，比過去蒐集的所有資料還多。研究機構IDC預測，到了二〇二五年，世界上一般人與網路連結裝置（例如：智慧型手機、Wi-Fi恆溫器、具聲控功能的汽車）平均每十八秒就會互動一次。當然會引發大家對隱私的嚴重擔憂。另外還有黑箱現象的問題。當機器做出決定，假如決策錯誤，由誰來質疑機器？發明軟體的人通常不會知道機器的實際決定和決策理由。當AI日漸滲透社會的重大決策，例如：診斷患者的病情、核准房屋貸款、決定大學錄取誰，將有可能產生嚴重後果。

擁抱AI的公司，必須針對公開透明度設立新標準，否則很有可能引來顧客的撻伐——更遑論可能因此負債。要是其他公司無法掌握AI飛輪，最後世界上可能會只有少數幾間寡占的AI公司，掌控著我們的購物、娛樂，甚至我們的保健和金融活動。

想要了解貝佐斯的AI飛輪如何在我們的日常生活高速旋轉，就必須一探這個飛輪裡最關鍵的元素：亞馬遜尊榮會員制。

6 日日奮發，自強精進

「小發明」科技網站（Gizmodo）的企業要聞記者卡許蜜兒·希爾（Kashmir Hill）測試自己沒有亞馬遜能不能過一個星期的生活。這項挑戰沒有聽起來那麼簡單。她發現亞馬遜深入生活各個層面，有很多時候她根本不曉得自己正在使用亞馬遜的服務。你可以放棄購物，實行上並不困難，但心裡會很痛苦。希爾擁有一臺亞馬遜 Echo 音箱、一臺亞馬遜 Dot 音箱、兩臺 Kindle 閱讀器、兩張大通銀行的亞馬遜尊榮信用卡，電視上裝有亞馬遜 Prime 影音，還有兩個尊榮會員帳戶（一個自己用，一個給老公用），一年約在亞馬遜網站花三千美元。她寫道：「我是死忠的購物者，幾乎不知道還能去哪個網站買東西。」她想要換一個車用手機架，於是就到 eBay 網站訂購，結果送來一個有黃色微笑的包裹，上面印著「亞馬遜物流服務」（Fulfilled by Amazon）。eBay 賣家仰賴亞馬遜出貨。

不用亞馬遜網站已經很困難了，但與逃離亞馬遜的強大數位控制力相比，那樣還算簡單。她架起私人網路，設定不能連結和亞馬遜ＡＷＳ有關的所有網站。這套雲端運算系統撐起一大片網路世界。她馬上發現連不上Netflix、HBO Go影音服務和Airbnb，也無法登入工作用的Slack帳號（這是與同事溝通的重要平臺）。她的私人網路總共封鎖超過兩千三百萬個由亞馬遜控制的ＩＰ位址。她得出結論：「到最後……我們發現亞馬遜大到無法征服。」

亞馬遜的無孔不入並非意外。亞馬遜的一切作為都是要打造無所不在的龐大生態系，它進入我們的住家、汽車、辦公室，也在我們使用智慧型手機時步上街道。在這個生態系裡，關鍵的組織元素是亞馬遜尊榮會員制。任何公司想要與亞馬遜競爭或在這片叢林裡生存，都要了解尊榮會員制的力量，以及這十年左右亞馬遜的驚人成長，尊榮會員制扮演什麼角色。

如我們所見，亞馬遜利用ＡＩ飛輪培植電子商務，成為美國最大的電商龍頭。但幫助飛輪加速的ＡＩ程式無法完全解釋亞馬遜的爆炸性成長。還要加入尊榮會員制，亞馬遜ＡＩ飛輪最為強大的驅動力量。這套在二〇〇五年開始實施的會員制，至今仍然在以加速度驅動飛輪。二〇一八年亞馬遜的新會員人數創下歷史新高，二〇一八年尊榮會員日（Prime Day，會員這天在亞馬遜購物享特殊折扣）的會員註冊人數，超越以往任何一天。雖然成長有一部分來自打入新的海外市場，但新註冊的尊榮會員主要來自美國。有鑑於亞馬遜在美國努力推動會員制很久了，任何正常的分析都會告訴你，亞馬遜在美國市場的步調應該是趨緩，而非以破紀錄的速度成長。

尊榮會員是亞馬遜的金礦。他們比其他購物者花更多錢，聽更多亞馬遜音樂，看更多亞馬遜影片，讀更多亞馬遜的書，一年付給亞馬遜一百一十九美元享受會員的特權。他們比其他人有財力，又忠實，鮮少取消會員資格。取消帳戶最常見的原因是結婚或開始同居，所以不再需要兩個帳戶。亞馬遜花上數百億美元打造追蹤尊榮會員的電腦系統，確定能在對的時間、以無法抗拒的價格，滿足這批會員的需求。

現在回頭看，建立尊榮會員制好像再合理不過，但實施這項制度的決定，在當時充滿爭議。一九九〇年代晚期，亞馬遜網站為了吸引顧客上門，開始打廣告宣傳。在某支廣告裡，一隊男子合唱團，打扮成兒童電視明星羅傑斯先生（Mr. Rogers）的樣子，唱著他們買完聖誕禮物「還有二十一天」，讚美亞馬遜網站應有盡有。廣告沒有達到貝佐斯期望的效果。來到關鍵時刻，亞馬遜成立以來，最強大發明於焉問世。

二〇〇〇年到二〇〇一年聖誕假期，亞馬遜決定用超過九十九美元可享免運服務的方式，來吸引更多購物者。這個計畫很成功，貝佐斯認為它的口耳相傳行銷效果很強。後來二〇〇二年初，貝佐斯在西雅圖開會討論要不要每一年聖誕假期都推出免運優惠。亞馬遜就推出了超省錢免運費服務（Super Saver Shipping），顧客可以選擇付錢享受隔日到貨、兩日到貨或三日到貨服務，或是湊到九十九美元以上，等久一點，享受免運費服務。

二〇〇四年，亞馬遜工程師查理・沃德（Charlie Ward）在亞馬遜的點子工具箱（Idea Tool Box）拋出提案，針對需要快速到貨，且願意支付運費的亞馬遜購物者，成立會員俱樂部。這個概念擄獲貝佐斯的心，開始推動一項內部代號為「發現未來」（Futurama）的祕密計畫。沃德建議，超省錢免運費服務轉型成類似航空公司的月費或年費會員制。他告訴《沃克斯》（*Vox*）：「我向大家拋出問題：『如果顧客年初付給我們一堆錢，接下來這一年我們就把他們的運費歸零，這樣不是很棒嗎？』」貝佐斯深受點子吸引，在二〇〇五年二月，以七十九美元的年費，推出尊榮會員服務。

尊榮會員制的名稱由來至今沒有定論。根據布萊德・史東的《貝佐斯傳》，時任亞馬遜董事及凱鵬華盈（Kleiner Perkins）創業投資家的賓恩・高登（Bing Gordon）表示是他貢獻的名字。亞馬遜的其他員工則表示，名稱來自需要優先出貨的兩日或一日運送服務貨品存放棧板，這些棧板放在倉庫最靠近裝貨出入口的「要衝」（prime）。不管是誰想的，貝佐斯都非常喜歡這個名字。

亞馬遜內部有些人認為這是瘋狂的決定，可能會讓亞馬遜破產。當時，亞馬遜的快速出貨服務收取九．四八美元，一名尊榮會員只要每年訂購八次以上，就會讓亞馬遜虧錢。亞馬遜現任副總裁簡姆．西貝（Cem Sibay）於二〇一六年接管尊榮會員制，之前，他負責商業開發，促成過收購歐迪波公司（Audible，現為全球最大的有聲書公司）。西貝回憶：「我剛加入亞馬遜時，內部激烈辯論是否該提供這項服務。我們會不會失去願意為兩日出貨付款的顧客？願意湊滿二十五美元享受免運服務的顧客，是亞馬遜利潤最高的客群，會不會因此失去他們？我們要放掉這一塊，免費為他們寄送商品？」貝佐斯判斷這個險值得一試。他相信，如果亞馬遜能統整免運服務，讓免運不再只是偶爾的小確幸，而是融入日常的體驗，能夠改變顧客的購物習慣。他的判斷完全正確。貝佐斯用護城河圍住最棒的顧客，改變了購物者的心態。他讓顧客對「免運」服務上癮。

今天，世界上沒有其他零售商能與亞馬遜尊榮會員服務匹敵。有些業者提供最低消費金額免運服務（例如：沃爾瑪網路商城），有些業者提供支付年費可享店面消費倉儲價格的服務（例如：好市多和山姆會員商店）。英國的ＡＳＯＳ網路服飾店則是收取十六美元年費，為顧客提供免運服務。為了因應強大的亞馬遜尊榮會員制，二〇一九年底，沃爾瑪開始以九十八美元的年費，在兩百間美國超市，提供無限雜貨寄送服務。在中國，阿里巴巴旗下僅限會員使用的天貓精品（Luxury Pavilion），有個人化首頁、產品推薦、ＶＩＰ獎勵、獨家商品和活動邀約。然而，沒有一家業者的服務，像亞馬遜尊榮會員制如此包山包海——以各式各樣的好處，吸引顧客留在亞馬遜網站，花更多的錢。

尊榮會員支付一百一十九美元，可觀看獲獎肯定的電影和電視節目，享受有兩百萬首音樂歌曲的免費串流服務（支付七．九九美元的月費，可升級為上千萬首免費歌曲，且付費歌曲比非尊榮會員便宜兩美元），在Kindle免費下載書籍，在免費的亞馬遜雲端空間儲存家庭照片。還能在亞馬遜旗下全食超市享有購物折扣。

多年來亞馬遜砸大錢投資，升級技術、貨運物流、媒體內容，不斷擴大尊榮會員服務，目前這項服務已經成為獨立事業體，自己單獨製作損益表。尊榮會員服務為亞馬遜帶來利潤（亞馬遜並未公開實際數字），讓網路銷售業績不斷成長，但它最重要的一點不只於此。許多亞馬遜提供給尊榮會員的小福利，經過幾年下來，已經演變成（或正在進化成）主要的事業。尊榮會員服務是企業綜效成功發揮的少數實際範例。Prime影音、

Prime 音樂和亞馬遜快遞（Amazon Shipping）——應該很快就會成為優比速和聯邦快遞的強勁對手——都來自尊榮會員服務的福利。亞馬遜的音樂串流服務是此領域成長最快的業者，直逼 Spotify 和 Apple Music。

所以，尊榮會員能夠如此成功，背後究竟有什麼獨門祕方呢？亞馬遜刻意不讓媒體和華爾街知道尊榮會員制的實際運作方式及其背後策略。本書訪問的亞馬遜高階主管表示，尊榮會員的核心是改變消費者的購物模式，將偶爾上網買東西的人套在亞馬遜生態系裡，與亞馬遜頻繁互動。概念是讓尊榮會員服務吸引力強大、使用超級簡便，讓顧客沒有它活不下去，等於網路版的尼古丁（亞馬遜本身絕對不會用這個形容詞）。這是會讓人上癮的服務。

許多尊榮會員在歷經人生大事時註冊亞馬遜會員，例如結婚、生小孩或買第一間房子。這些時候壓力很大，尊榮會員帳號能幫生活過得更簡單，新手媽媽或準新娘從一個網站就能免運費、快速買到各種需要的東西，比較有掌控人生的感覺。這個模式的聰明之處在於，加入會員一陣子後，會對一鍵購物和免運服務上癮，基本上再也不會去逛其他電商網站。意思就是，他們不會再去看其他網站賣的東西是否更便宜。亞馬遜將這批對價錢不敏感的購物大軍牢牢綁在生態系裡。

尊榮會員制可不是管理顧問口中的破碎模式（breakage model）。在破碎模式的經營策略下，公司說服顧客與其交易，卻沒有完全發揮交易的價值。吃到飽餐廳是一種破碎模式，音樂串流會員制是破碎模式，健身房的會籍也是。每年一月，人們許下瘦身的新年新希望，此時健身房通常會迎來一波入會潮。這些人可能有四分之一是勤勞的使用者，每週上健身房運動三、四次。另外有四分之一想到就會去一下，頻率約在每週一次。其他人呢？二月過後，他們就再也不見蹤影。不上健身房的人不打算取消會籍，因為他們不能承認自己太懶惰——還不行。健身房握有入會費，又不用提供服務，真是一門好生意。

亞馬遜的西貝表示，尊榮會員制和健身房會員完全相反：「尊榮會員制的不同之處在於，它的確是吃到飽模式，但對我們來說，重點在顧客全心參與，顧客在想要和需要時頻繁使用。我們對尊榮會員制的期許是創造最佳購物體驗，提供一流的娛樂，讓顧客感覺物超所值。關鍵全在於我們要怎麼做，才能每天都有更多顧客參與，以及美好的體驗，是否能讓顧客繼續回頭。」顧客因此受益，亞馬遜的飛輪也跟著動起來。這是真正的雙贏模式。

持續提升尊榮會員的福利並不容易，所以在亞馬遜工作要求極高，有時壓力很大。

貝佐斯不容許員工停滯不前，尤其是他最寶貴的尊榮會員制。二〇一七年貝佐斯致股東信反覆強調，顧客的不滿是神聖的，要想辦法取悅他們：「他們的期待永遠不會停歇——標準會升高。這是人類天性。我們不是因為滿意而從採獵進展到現代。人類對更美好的日子貪得無厭，昨日的『驚豔』，很快就會變成今日的『平凡無奇』。」亞馬遜的主管相信，志得意滿並非選項。他們知道，即便是最忠實的顧客，只要失望一次，就有可能選擇轉移陣地。西貝說：「海豹部隊有句座右銘：日日奮發，自強精進（you have to earn your Trident every day）。」*

如果顧客滿意（始終是貝佐斯的主要目標），那麼他們多買的機率就會提高。事情真的就是這樣。今天尊榮會員平均每年在亞馬遜花費約一千三百美元，而非尊榮會員每年花費七百美元。亞馬遜表示，他們注意到，顧客註冊尊榮會員後會大幅提高花費金額。大部分的人是為了快速到貨和免運費，但他們加入尊榮會員生態系以後，開始發現有其他好處，例如開始下載電影或歌曲，或是到遊戲平臺 Twitch 打電動。

---

* 譯注：原句的 Trident（三叉戟）是海豹部隊追求卓越的象徵，表示每天都要努力配得上制服前的三叉戟徽章。

還有另外一種相反模式，讓人對尊榮會員制上癮。有些顧客購買亞馬遜電視盒，看串流電影和節目，然後發現如果註冊尊榮會員，就能免費觀賞亞馬遜原創電影和電視節目，還能在週四夜晚觀看美式足球聯盟賽事，無限存取大量亞馬遜影片和音樂，以及眾多價格優惠的書籍、有聲書和雜誌。一旦註冊，他們就很有可能成為購物者。西貝說：「假設顧客以前主要是媒體影音類的購物者，他們可能會想，我是尊榮會員，現在到亞馬遜買牙膏或廁所衛生紙，兩天就能收到商品。大幅提高會員跨足其他類別的機會，再一次推動飛輪。」貝佐斯曾經這樣總結：「每次我們贏得金球獎，就賣出更多鞋子。」

亞馬遜追蹤尊榮會員的習慣，其詳盡程度令人瞠目結舌。西貝解釋，他認為最有參考價值的是他所謂的「觸碰點頻率」。意思是，亞馬遜的資料分析系統會計算每一名尊榮會員使用服務的次數，包含購物、在雲端空間儲存家庭照片、玩遊戲和串流媒體。尊榮會員服務對亞馬遜的顧客愈重要，顧客就會愈常使用，讓西貝口中的觸碰點持續增加——西貝盯著這個數據，就像一隻在海灣上空盤旋的鶚盯著牠的下一餐。若觸碰點數據下滑（或成長不夠快），那就表示，亞馬遜的努力不夠，尊榮會員服務沒有令會員無法抗拒。這是一個訊號，表示公司員工必須全力以赴推動飛輪，製作更棒的電影和電視節目、加快出貨速度，或是就全食超市的食品雜貨推出更棒的優惠價格。

雖然免運費是多數人註冊尊榮會員的主因（亞馬遜不會給出實際比例），但免費電影和電視節目也吸引了不少新會員。先前提過，亞馬遜在二〇一九年預估投資約七十億美元，為Prime影音串流服務製作節目。為了讓尊榮會員開心，這筆錢花得真兇。Prime影音在二〇一一年推出時，是尊榮會員可以享受的附加產物。這項服務在這幾年內成長，轉型成為好萊塢的要角。Prime影音的內容來自亞馬遜的好萊塢製作公司「亞馬遜影音工作室」（Amazon Studios）。目前工作室由珍妮佛・薩克（Jennifer Salke）掌管。薩克曾經擔任NBC娛樂公司（NBC Entertainment）的總裁。據說，亞馬遜影音工作室在二〇一八年，以兩億五千萬美元的價格，購入托爾金《魔戒》前傳的版權——這項拍攝計畫要花大約五億美元的製作費，還要加上行銷成本。Prime影音串流服務也花錢吸引首屈一指的演藝工作人員，例如主演驚悚類影集《歸途》的茱莉亞・羅勃茲，以及《西方極樂園》（*Westworld*）的創作者強納森・諾蘭（Jonathan Nolan）和麗莎・喬伊（Lisa Joy），喬伊將根據小說家威廉・吉布森（William Gibson）充滿啟示意味的科幻系列《邊緣世界》（*The Peripheral*）改編成影集。

在外界眼裡，亞馬遜聘請好萊塢最有才華的創意人士，像所有工作室一樣，想要拍出好作品。但亞馬遜遠不只於此。亞馬遜製作的所有電影和電視節目，都是為了幫助尊榮會員服務持續推動飛輪。亞馬遜在幕後，縝密地將影音製作成本和行銷成本分配到尊榮會員身上，計算每部電影或每檔節目在亞馬遜的帳目上是加分還是減分。

二〇一八年，路透社拿到亞馬遜的機密財務文件，上面有亞馬遜對 Prime 影音部門的看法。文件上顯示，Prime 影音從二〇一四年底至二〇一七年初，吸引了五百萬名新的尊榮會員，約等於同時期加入會員人數的四分之一。文件還指出，Prime 影音的觀眾約為兩千六百萬名顧客，遠低於 Netflix 的一億三千萬名觀影者，但 Prime 影音本來是提供給尊榮會員的福利，就這點來說，已經是很厲害的串流服務了。

這些機密文件清楚顯示，亞馬遜相信，用 Prime 影音來吸引新的尊榮會員，是一種強大和有利可圖的方式，解說如下：亞馬遜假設，如果會員剛註冊完第一件事是看電影或電視節目，那麼 Prime 影音就是這名會員加入的原因。文件中引述一個最佳例子，就是幻想影集《高堡奇人》。影集的時空背景設在德國納粹和日本帝國贏了第二次世界大戰，美國因此被瓜分成兩個互相競爭、敵對的殖民地。二〇一七年初，吸引了八百萬名美國觀眾。但最關鍵的指標是，這部影集在全世界吸引一百一十五萬名新的亞馬遜訂閱者，他們入會後第一件事就是觀賞《高堡奇人》。亞馬遜花七千二百萬製作與行銷這部影集，攤在吸引來的會員身上是每名訂閱者六十三美元的成本。當時 Prime 影音訂閱者每年支付九十九美元的會費，超過亞馬遜的支出。最重要的一點或許是，尊榮會員每年在亞馬遜平均花費一千三百美元——幾乎是非會員年度花費的兩倍。從這個觀點來看，當然要投資《高堡奇人》。

文件指出，與《高堡奇人》相反，頗受好評的性別平權影集《不做乖乖女》（*Good Girls Revolt*），花費八千一百萬美元製作，卻只吸引五萬兩千名新尊榮會員（入會後第一件事是看這部影集）。每名新會員分攤到的平均成本超過一千五百美元，第一季結束後就被亞馬遜停播了。當然，我們無法得知，像《高堡奇人》這樣的節目長期來說能有多少利潤，因為我們不知道新尊榮會員會保留會籍多久，但路透社取得的文件，內容的的確確證明了，飛輪的重要元件，亞馬遜會仔細判斷。

主掌 Prime 影音的葛雷格．哈特慎重表示，事情沒有被洩漏的文件所顯示的那麼簡單。據他的說法，亞馬遜參考許多不同的指標；不是用單一指標判別哪些內容可行、哪些必須取消。他說，假設，有原創節目無法吸引許多新的尊榮會員，但受現有會員喜愛。那樣的節目，再怎麼說都不會被停播。哈特說：「整體而言，我們的目的就是吸引觀眾，讓他們回來看節目——可能是新會員，可能是現有會員。」

亞馬遜找出許多方法，運用 A I 讓 Prime 影音黏著度極高。最有效的一項工具就是針對個別觀眾提出觀看建議。透過會員過去的觀看習慣，ＡＩ演算法能持續改良，讓觀眾在 Prime 影音主畫面看見最適合的節目建議清單。而且是適用於個別尊榮會員的建議。如果由人類來負責這項工作，可能會花上好幾百萬小時的人力，而且費用高得令人卻步。亞馬遜從建議書籍開始，在亞馬遜網站加入商品，現在還持續計算每一名會員接下來可能會看什麼影片。如果某個人喜歡英國連續劇，Prime 影音會持續接收那個人的觀影紀錄，也許會推薦有很多英國節目和很多連續劇的橡果電視臺（Acorn）或英國盒子（BritBox）。或是推薦美國公共電視網（Public Broadcasting Service，簡稱ＰＢＳ）的《傑作劇場》（*Masterpiece*），觀眾可以在上面看，講述十八世紀英國士兵故事的電視劇《波達克》（*Poldark*）。哈特說：「我們想要介紹給你的是你也許沒有注意到的節目。等你發現和開始觀看以後，你會愛上它。能幫你節省時間、消除阻力，讓觀賞經驗變得更棒。」更不用說，亞馬遜電視盒擁有者可以直接要求 Alexa 挑節目或電影。飛輪的速度又更快了。

貝佐斯曾經說過，消費者的「不滿是神聖的」。他所擔憂的是，今時今日的數位生活方式，讓不滿足提高到前所未見的程度，亞馬遜的尊榮會員就是這個現象的最佳代表。想要買東西、找電影來看、訂購處方藥，消費者只要點一下智慧型手機上的按鈕，或開口要求Alexa，就能立刻得知價格、評論、出貨資訊，以及其他資訊。顧客從未如此有權力，他們想要最棒的選項、價格和服務——而且要立刻擁有。

沒錯，一流的服務和選項，讓亞馬遜深受上億購物者喜愛。但是數位化的生活方式，在社會和心理層面意味著什麼？如我先前指出，美國購物者的花費金額只有十分之一是網路購物，但這個數字將在接下來數十年快速成長。如果實體店面變得少之又少會如何？如果我們大都在家裡和辦公室裡購物會如何？

許多人的社會疏離感可能會升高。家裡已經充滿數位化的小玩意兒，降低出門到處看看的欲望。六十五吋環繞音效一流的HD高畫質電視就能看電影，為何還要上電影院？想看書，從Kindle閱讀器下載，或從亞馬遜買實體書就行了，為何還要上圖書館？多數人還是會到市場買食品雜貨，但有亞馬遜和沃爾瑪提供兩小時到貨，或免下車路邊取貨服務，我們是不是很快就不再逛市場，也不會在市場遇到鄰居，而是叫亞馬遜和沃爾瑪把番茄和鮭魚送到門口？我們會變成一個很多人有廣場恐懼症的國家，我們付出的代價就是社區意識逐漸下滑。人們不再到咖啡廳和朋友見面——就像Google在澳洲提供的服務，無人機就能把熱咖啡送到家，何必多此一舉？我們也不會再到小型農夫市集挖寶，買到美味的羊奶乳酪，或在大型超市發現成熟的芒果——如果你待在家裡，要求

Alexa 按照常購物品清單出貨，也許就沒有這種驚喜了。補救辦法只有一種，就是抵抗凡事上網解決的誘惑——不論有多方便都不行。這將會是艱巨的挑戰。

7 迷人的語音助理 Alexa

人類對會講話的機器著迷了好幾個世紀。據說，西元一〇〇〇年，博學多聞的教宗西爾維斯特二世（Sylvester II）曾經造訪安達魯斯*，從那裡偷走一冊祕傳寶典，並以黃銅打造出一顆機器人頭，傳說中，這顆頭能用「是」或「不是」來回答問題。黃銅機器頭告訴西爾維斯特二世，將來他會成為教宗。然後當他問起，自己是不是在耶路撒冷舉辦的彌撒上詠唱後死去，銅頭說是。後來，西爾維斯特二世在一間名為耶路撒冷的教堂裡主持彌撒，遭人毒害致死。

從那時算起，要再過近一千年，會講話的機器人頭才不再只是傳說。一九五〇年

* 譯注：西元八世紀至十五世紀，穆斯林征服伊比利半島，稱此地為安達魯斯（Al-Andalus）。

代，貝爾實驗室打造出名為「奧黛麗」（Audrey）的機器人，可以辨認數字一到九，終於有了首次突破。大約同時期，史丹佛電腦科學教授約翰・麥卡錫（John McCarthy）發明「人工智慧」一詞。他給人工智慧的定義是，可執行人類任務的機器，例如：理解語言、辨識物體和聲音、學習及解決問題。

一九八〇年代，神奇世界（Worlds of Wonder）公司推出茱莉（Julie）。這類會說話的娃娃，已經能簡單回答小孩子的問題。但還要再過十年，真正的語音辨識軟體才會問世。有一套以「龍」（Dragon）命名的軟體 DragonDictate，能夠處理簡單的語句，話者不必怪異地在字與字間停頓。儘管有所進展，接下來二十年，語音辨識以及其他類型的ＡＩ程式，卻讓支持者大失所望，每隔一陣子，就進入學術界所謂的「ＡＩ寒冬」——毫無進展或發現的時期。根本原因不在科學家寫不出更聰明的程式，而是因為ＡＩ程式仰賴強大的電腦運算能力。這樣的能力，既稀有又造價昂貴。

根據摩爾定律的假定，電腦的運算能力和速度每兩年會提升一倍，分析ＡＩ語音技術需要的龐大資料，終於變成一件能負擔的事。ＡＩ科技透出了一絲曙光。二〇一〇年電腦運算技術成本夠低了，蘋果順勢為 iPhone 推出手機語音助理軟體 Siri。智慧型手機上的打字鍵盤很小，非常適合使用語音辨識——開口叫手機做事，比用大拇指在鍵盤上點個半天簡單。沒多久，Google也推出語音搜尋（Voice Search）功能。

這些語音應用程式能聽懂大部分的字彙——連口語用字也知道——以貼近真人對話的方式回答使用者。但是即使到了這個時候，還是要靠程式設計師一行一行費力撰寫程式。AI的差別就在這。現在這些軟體愈來愈聰明，因為它們不只存在於智慧型裝置，也透過網際網路連結到龐大的資料中心。複雜的數學模型篩檢大量資料（筆電或手機都沒有這麼大的儲存量），開始善於辨別不同的語言模式。隨著時間演進，從分析客服中心的顧客電話錄音等方式，軟體愈來愈會辨識字彙、各地口音、口語用詞和對話情境。機器正在學習。

貝佐斯沒有錯過語音辨識技術的快速發展。二〇一〇年代初期，尊榮會員制成效明顯，吸引眾多顧客加入亞馬遜的宇宙，但他在尋找讓AI飛輪轉動更快的下一項重要工具。他認為語音技術是大好機會。

亞馬遜裡有很多對《星艦迷航記》（*Star Trek*）著迷的人，而且老闆貝佐斯就是頭號星艦迷，他們開始夢想著要複製企業號星艦（Enterprise）上會講話的電腦。亞馬遜Alexa AI技術首席科學家羅希特・普拉薩德（Rohit Prasad），針對AI對話技術等主題，發表了超過一百篇科學文章。他表示：「我們想像，未來你能用語音與所有服務互動。」如果亞馬遜顧客只要開口，就能訂購書籍和其他東西，還能下載電影、音樂，不是很好嗎?不必坐在電腦前用鍵盤輸入，不必再拿手伸進口袋，或在家裡到處找手機。二〇一四年十一月，亞馬遜推出搭載ＡＩ語音助理Alexa的智慧音箱Echo；Alexa裝置能幫助消費者輕鬆與亞馬遜溝通。

Alexa和Echo大受歡迎，二〇一九年，市場上賣出超過一億個能使用Alexa的裝置。亞馬遜的裝置實在太受歡迎，二〇一八年聖誕假期，亞馬遜的Echo Dot智慧音箱以二十九美元的價格售罄，雖然已經用波音七四七飛機從香港緊急出貨，還是在一月就賣光了。除了Echo音箱，亞馬遜也販售上百件搭載Alexa的產品，例如微波烤箱和監視攝影機。亞馬遜也說服消費性電子和家電公司為產品搭載Alexa，例如電燈、恆溫器、保全和音響系統等。Alexa說：「在客廳的Sonos（搜諾思）音響上用Spotify播放妮姬・米娜（Nicki Minaj）的歌。」Sonos音響就聽話照做。

亞馬遜的智慧音箱利用人工智慧聽取人類的問題，在網路資料庫裡搜尋上百萬筆用字遣詞，從極具內涵到一般的問題都能回答。二〇一九年，從阿爾巴尼亞到尚比亞，亞馬遜的Alexa裝置在超過八十個國家，平均每天巧妙回答消費者提出的五億個問題。Alexa會播放音樂、提示路況、幫你關掉保全系統。它能在iCloud家庭行事曆上添加活動。它能說笑話、回答文法、邏輯、修辭的問題，還能耍一些普通（甚至幼稚）的把戲——如果你非試試不可，可以叫 Alexa 打嗝給你聽。

由於 Echo 智慧音箱和 Alexa 語音辨識引擎普遍可見，亞馬遜在個人電腦運算和通訊領域帶來的轉變，並不亞於賈伯斯揭曉 iPhone 引發的劇烈變化。不遠的將來，亞馬遜 Echo 音箱這類「智慧」居家裝置，將和個人電腦同等重要，甚至能媲美智慧型手機。語音指令將成為最普遍的網路互動方式，不是鍵盤，也不是手機螢幕。亞馬遜的普拉薩德說：「我們想要為顧客消除阻力。最自然的方式就是語音。它不只是會跳出一堆搜尋結果要你『選擇』的搜尋引擎。它會告訴你答案。」

想要知道語音對亞馬遜的ＡＩ飛輪來說有多重要，可以想一想亞馬遜在語音技術上花的數十億美元投資。亞馬遜不會公布正確數字，但盧普風險投資公司（Loup Ventures）的吉恩・孟斯特（Gene Munster）估計，亞馬遜和其他科技巨頭總共在語音辨識技術上花十分之一的年度研發預算。要是這樣，你還懷疑貝佐斯對 Alexa 的認真程度，我們之前說過，他請了約一萬名員工來開發亞馬遜的語音辨識精靈和它的神燈 Echo。這批亞馬遜大軍辛勤工作，只為讓 Alexa 背後的ＡＩ軟體速度更快、運作更聰明、對話更自然，目標是讓 Alexa 第一次接到提問，就能正確回答各式各樣的問題。Alexa 的設計目的是讓人感受它的存在，如此一來，使用 Alexa 的尊榮會員就會更加深陷於亞馬遜的漩渦。

電腦運算的速度加快、成本降低、更普及，主流技術地位更加穩固，帶動了語音辨識技術的提升。因此，亞馬遜比從前更輕易，用語音將亞馬遜的智慧居家裝置與其他系統串連，建立完美銜接的網絡。在電腦怪客的圈子裡，這叫普及運算（ambient computing）。網路潛伏在使用者身旁，不分時地。Sonos 條型音響、Jabra（捷波朗）頭戴式耳機，以及 BMW、福特、豐田的汽車，都有內建 Alexa。駕駛人可以叫 Alexa 打開家裡的空調設備、關掉鬧鐘、開燈，還能向全食超市訂購商品，晚上回家經過再拿。二〇一九年秋天，亞馬遜推出一系列讓 Alexa 更普及的新產品，包括智慧眼鏡 Echo Frames、智慧耳機 Echo Buds、鈦金屬智慧戒指 Echo Loop。這些裝置內嵌麥克風，透過藍芽連接智慧型手機，讓使用者在馬路上邊走邊講，查詢電影時刻表和距離最近的亞馬遜無人商店。與亞馬遜 Alexa 打對臺的語音系統有 Google 個人助理（Google Assistant）。掌管 Google 個人助理產品與設計的副總裁尼克．福克斯（Nick Fox）表示：「我不必打開手機叫出應用程式。我可以直接告訴裝置：『讓我看站在門口的人是誰。』裝置就會跳出畫面。統合迎來簡便。」

沒錯，我們的生活變得更簡單了，但另一方面，也更加複雜。狀況發生在花好幾個小時，想要弄清如何設定及連接一堆智慧裝置，煩得想扯頭髮的時候。而且剛開始嘗試對著網路裝置講話，會讓很多人感到困惑和奇怪，甚至有點愚蠢。我太太第一次用 Alexa 的時候，Alexa 聽不懂她的要求，最後她開始對 Alexa 提高了嗓門。她怒氣沖沖地說：「我討厭 Alexa！」有時候她似乎有點愚鈍——我是說 Alexa，不是我太太。不知是何原因，Alexa 可以告訴我海水的低潮期，卻在我問高潮期的時候偶爾弄錯意思。Alexa 會依照要求播放里歐・布里基（Leon Bridges）的歌，但如果你沒說「在客廳播放」，Alexa 會用廚房的 Echo 播放，不選客廳裡音質較好的 Sonos 音響。裝置系統裡的 AI 技術，會隨時間推移，幫助 Alexa 變得更聰明。或許有一天它會猜到，大多數的時候，我們是想用客廳裡比較好的 Sonos 音響放音樂。

或許，年輕世代會很懂怎麼跟 Alexa 溝通。掌管 AWS 機器學習的斯瓦米・西瓦蘇巴曼尼恩（Swami Sivasubramanian）表示，他的三歲女兒從小在家只用語音和網路世界互動。他說：「我女兒在 Alexa 的世界長大。她只認識有 Alexa 的世界。她會走進房間用 Alexa 打開電視或燈具。」對她來說對 Alexa 講話，自然得像千禧世代用兩隻拇指傳簡訊給姐妹淘。

人工智慧一直都是反烏托邦流行文化的要角。特別是，《魔鬼終結者》和《駭客任務》這些電影，描述了邪惡聰明的機器造反，對人類形成威脅。所幸，還沒走到那一步。就目前ＡＩ科技的進展來看，語音辨識還停留在嬰兒期。與研究人員的預期目標相比，語音辨識應用尚未發育完全。華盛頓大學電機工程學教授瑪莉・奧斯坦鐸夫（Mari Ostendorf）是語音和語言科技領域的頂尖科學家。奧斯坦鐸夫教授表示：「有了ＡＩ語音辨識技術，我們從雙翼飛機進展到噴射機的時代」。她也指出，電腦已經很會回答直接問題，但實際對話還差了一大截。「科技巨頭讓語音ＡＩ學會辨識這麼多字彙，能聽懂不少指令，實在了不起。但是我們還沒進入火箭時代。」

語音辨識系統要辨別語句，除了高度仰賴電腦科學，也大力仰仗物理學。語句在空氣中形成振動，語音引擎接受分析類比聲波，轉譯成數位格式。接著電腦可以分析數位資料的意義。人工智慧會先偵測「喚醒詞」（wake word）——例如「Alexa」——判別聲音是否在對裝置下指令，大幅加快流程。機器學習模型事先受過訓練，聽過其他數百萬人說的話，能夠相當精準地猜出話語的意思。Google個人助理工程副總裁約翰・史考維克（Johan Schalkwyk）解釋：「語音辨識系統先辨別聲音，再將詞彙套入語境。假設我用英文問某某地方天氣如何，我說『What's the weather in ...』ＡＩ就知道後面會接國家或城市。我們的資料庫裡有五百萬個英文字彙，在去除脈絡的情況下，從五百萬字裡挑出一個字困難至極。若ＡＩ知道你在問的是城市，只要在三萬個單字裡查詢，猜中機率高多了。」

運算能力的成本降低，讓ＡＩ系統有更多學習機會。舉個實際例子，要求 Alexa 啟動微波爐，語音引擎首先要了解指令。意思是，要學會判讀濃厚的南方口音（將微波爐 Microwave 念成「MAH-cruhwave」）、尖細的童音、非母語人士的發音，諸如此類。還要過濾背景雜音，例如：廣播節目正在演唱的歌曲。

語音科技大受歡迎，有一部分原因是，語音科技已擅長將人類指令化為動作。Google 的史考維克表示，二〇一三年，Google 語音引擎僅八成準確率（與人類隨便聽一聽差不多），現在則是達到九成五。但九成五的準確率，僅限簡單問題，例如：「《不可能的任務》幾點播映？」如果你叫 Alexa 給意見，或試著一來一往對談，機器可能會用預設的詼諧答案回應，或直接說「嗯，我不知道」，拒絕回答。

對消費者來說，語音驅動裝置是能幫上忙、有時還能提供樂趣的「助理」。對亞馬遜和其他生產裝置（並將其與資料中心的電腦相連）的科技龍頭來說，這是能以超高效率蒐集資料的小玩意兒。根據「消費者情報研究夥伴」（Consumer Intelligence Research

Partners）的資料，亞馬遜 Echo 音箱與 Google 居家語音助理（Google Home）的使用者，有將近七成，至少會將一樣家用產品與其相連，例如恆溫器、保全系統或電器。家用語音產品會記錄使用者的無數日常行為。亞馬遜、Google 和蘋果公司累積愈多資料，就愈能為消費者提供好的服務；可以推出其他裝置、訂閱服務，也可以替其他公司打廣告。

商機顯而易見。將 Echo 音箱連到智慧型恆溫器的消費者，也許會接受購買智慧型照明系統的點子。個人資料成為新的商業寶藏，亞馬遜坐擁珍寶，更能有效針對消費者行銷，這點應該會讓提倡隱私的人聽了毛骨悚然。亞馬遜說他們只將 Alexa 提供的數據用於讓軟體更聰明實用。亞馬遜聲稱，Alexa 愈棒，就有愈多顧客看見亞馬遜的產品和服務價值（包括尊榮會員制），AI 飛輪速度再次提升。雖然亞馬遜正在努力推動數位廣告，但他們的發言人表示，亞馬遜目前並未使用 Alexa 的資料賣廣告。想到廣告在亞馬遜是成長快速、最有利可圖的新事業，很難想像亞馬遜還沒找出方法，在不惹怒尊榮會員的情況下，把 Alexa 的資料變成白花花的鈔票。有些消費性產品公司已經在嘗試藉由付費內容，讓 Alexa 在回答問題時，提供食譜或清潔訣竅。

雖然亞馬遜推出這些裝置時，最早是以協助購物為賣點，但人們還沒有習慣用這些裝置購物。亞馬遜不會告訴你有多少使用者透過 Echo 買東西，但策略顧問公司「手抄本集團」（Codex-Group）近來針對購書者所做的調查顯示，現在還在初期階段。他們發現，Alexa 擁有者僅百分之六用來網購。科技研究公司觀國際（Canalys）的分析師文森·蒂爾克（Vincent Thielke）表示：「人是習慣的動物。想買個咖啡杯的時候，你很難對智慧型音箱描述想要的款式。」

亞馬遜確實表示，他們不會力推 Echo 音箱的廣告功能，尤其是，Echo 音箱和尊榮會員服務緊密相連（如音樂和影片）。但是他們還是希望，這臺與亞馬遜搭配得天衣無縫的電腦放在顧客家裡，能夠提升亞馬遜的零售業績。亞馬遜的自然語言處理科學家普拉薩德說：「如果你想買三號電池，你不需要看見實品，也不需要記得買什麼牌子。如果你從來沒有買過電池，我們會給你建議。」當然，那個建議通常會包含亞馬遜的自有品牌。

手抄本集團總裁彼得·希爾迪克－史密斯（Peter Hildick-Smith）說：「亞馬遜用這些裝置，對美國進行地毯式轟炸。改變行為困難至極，公司都不願意去做。但等購物者意識到，他們可以對 Alexa 列出要買的食品雜貨和其他物品，當天就會送達，產業將會被攪動得天翻地覆。等競爭對手發現亞馬遜掌握購物清單，一切就太遲了。這是貝佐斯布局已久的經典好棋。用 Alexa 買東西這類目前看來不具價值的事，五年內會有數十億美元的價值。」

近來有項研究指出，Alexa與家族產品很有可能將貝佐斯的事業推上巔峰。ＯＣ＆Ｃ策略顧問研究公司預測，語音購物的產值，將從二〇一八年的少少二十億美元，來到二〇二二年的四百億美元。智慧型音箱的重大演變，能夠解釋這樣的前景。亞馬遜和Google現在都推出有螢幕的智慧居家裝置，感覺上介於小型電腦和電視機之間，方便上網購物。二〇一七年，亞馬遜推出Echo Show十吋螢幕裝置，售價兩百三十美元，與其他Echo系列裝置一樣內建Alexa，但能讓使用者看見影像。意思是，購物者能看見訂購的產品，以及購物清單、電視節目、歌詞、監視器回傳的畫面、到蒙大拿玩的照片。要看見這些畫面，完全不必按按鈕，也不必操作電腦滑鼠。

視覺辨識技術是語音辨識技術的ＡＩ手足，很早就用來在人群當中，比對罪犯臉孔。視覺辨識技術興起，人們在裝置上購物，將會變得更方便。二〇一八年底，亞馬遜宣布和通訊軟體Snapchat合作開發應用程式，購物者用Snapchat的鏡頭，對著產品照相或掃描條碼，就能在螢幕上看見亞馬遜的商品網頁。不難想像，接下來購物者將能使用Echo Show的內建鏡頭，或智慧型手機的鏡頭，對著想要購買的產品快速照張相，然後在螢幕上看見相同或類似產品，以及產品的售價、評分和是否提供尊榮會員運送服務。

有一天，我拖著不想寫書，就拿影像辨識技術來測試一下。我用 iPhone 下載英國時裝網站 ASOS 的手機應用程式，對著我腳上的 Top Sider 咖啡色帆船鞋照了張相。手機螢幕跳出六種類似的顏色和款式供我選擇。我只要按一下喜歡的帆船鞋照片，鞋子就入袋了。影像辨識技術很成功，但我沒有真的需要再買一雙帆船鞋。ASOS，抱歉嘍。

Google 出手反擊，不願將語音購物拱手讓給亞馬遜。這個搜尋界的龍頭公司，不像亞馬遜直接販售產品，但 Google 購物網站（Google Shopping）將零售商連至 Google 搜尋引擎。Google 正在把居家語音助理變成強大的購物工具。舉個例子，Google 和星巴克合作，喝低咖啡因飲料的通勤族可以叫 Google 語音助理幫忙訂一杯「老樣子」，抵達時就有大杯卡布奇諾了。在中國，阿里巴巴有一款稱為天貓精靈的智慧型音箱，可以加裝在汽車裡。（例如，中國的 BMW 車主可以用這個系統上網買東西、查看電影時刻表、聽最愛的音樂播放清單，或查詢目的地天候狀況。）天貓精靈也可以用來在餐廳或商店購物和付款。

阿里巴巴的出貨和倉儲部門「菜鳥網絡」，每年寄送兩百五十億件包裹，要在正確時間，把所有包裹送到對的地方，難度極高。阿里巴巴研究機構在二〇一八年底舉辦的神經資訊處理系統大會（Neural Information Processing Systems）上，發表了他們的虛擬客服人員。其設計目的在於，讓阿里巴巴的三百萬名快遞員生活過得更輕鬆。阿里巴巴預估，等到全面採用這款語音辨識軟體，快遞員花在講手機的時間，每年可以減少十六萬個小時。虛擬客服能回答突如其來的問題——例如「你是誰？」——也能像人類一樣，推測該如何處理包裹。當顧客表示不在家，機器知道要改變送貨方式。對話過程如下：

客服：您好，我是菜鳥網絡的語音助理。我要……

顧客：喂。

客服：是的，您好。您有一件包裹預計在上午送至文化西路五百八十八號。您方便收貨嗎？

顧客：你是誰？

客服：我是菜鳥網絡的語音助理。我想跟您確認，上午送至文化西路五百八十八號的包裹，您方便簽收嗎？

顧客：我早上不在家。

客服：那請問您有另外一個方便送貨的地址嗎？

虛擬客服人員必須根據「我早上不在家」，判斷出包裹要送到別的地址——就機器來說真是聰明。沒錯，ＡＩ語音客服人員一定會出錯（跟人類一樣），但這些機器的強項在於，它們會愈來愈聰明。阿里巴巴持續將數百萬通顧客來電輸入智慧型語音助理的資料庫，演算法不斷學習辨別口音、提問方式、不同的快遞要求，以及問題是否得到解決。

儘管有這些了不起的技術發展，但語音技術卻有一件事讓人討厭。科技公司偷聽多少顧客對話內容，其正當性始終令人存疑，而且它們從蒐集談話資訊獲取資料，不知因此累積了多大的力量。亞馬遜和阿里巴巴這些強大的組織，掌控龐大的個人資料，令人不安。提倡隱私權的人更是憂心，怕這些公司會竊聽我們在家裡、車上、辦公室的交談內容。擔心是有道理的。智慧型音箱應該在偵測到「喚醒詞」——例如「Alexa」或「嘿，Google」——才會啟動聆聽模式。二〇一八年五月，亞馬遜陰錯陽差把波特蘭某位主管和太太討論硬木地板的對話，傳送給底下一名員工。亞馬遜為這件天大的錯事公開道歉，表示是 Alexa「誤解」那段對話。

二〇一八年底，有一名德國顧客要求亞馬遜提供他的個人活動資料——根據新的歐盟隱私權法規，他有權這麼做——結果收到一份電腦檔案，裡面有某個陌生人使用Alexa的一千七百個音檔。他擔心那位不知名人士並不知道自己的隱私權被侵犯，覺得有必要通知他，便把音檔提供給德國雜誌《*c't*》。《*c't*》的編輯聽完檔案，拼湊出那位陌生用戶的詳細生活面貌，得知他擁有Echo音箱、亞馬遜電視盒，還從中知道他的個人習慣。報導內容寫著：「我們能在對方不知情之下，完整掌握某個陌生人的私生活，這麼做並不道德，幾乎就像窺淫欲，令我們寒毛直豎。資料裡包含鬧鐘設定、Spotify指令及大眾運輸時刻查詢，透露出許多受害人的個人習慣，還有他們的工作和音樂喜好。從這些檔案，可以輕易查出裡面的人和他的女伴。我們從天氣查詢、名字，甚至某個人的姓氏，可以快速鎖定他的交友圈。Facebook和推特上的公開資訊讓資料更完整。」

雜誌聯絡那個人的時候，他非常震驚。亞馬遜向他道歉，表示這是單一的員工失誤事件。

隱私不是唯一的隱憂。下達指令時，說錯話有可能會比打錯字造成更嚴重的後果，有些人甚至因此蒙受財物損失。二〇一七年，有個住在達拉斯的六歲女童對Alexa說她要買餅乾和玩具屋，幾天後，一．八公斤重的餅乾和要價一百六十美元的玩具屋，送到了她家門口。亞馬遜僅僅表示，女童的父母應該要知道，Alexa 有阻止小孩購物的家長監控功能。

已經有超過一億臺語音辨識裝置放在人類身旁，語音遲早會成為人機溝通的主要方式。Alexa 與競爭者會引發某些疑慮。例如：世界會不會演變成，人們事事簡短回答，注意力短得有如跳蚤——忘記怎麼使用文字了？就算 Alexa 總有一天（長則數十年，短則數年）會聰明到，用長句子與人類進行複雜的對話，但和演算法做思想上的深入交流，還是很奇怪。語言學家約翰．麥克霍特（John McWhorter）在著作《巴別塔的力量》（*The Power of Babel*）嚴正警告，書寫可能會成為人類演化史中的驚鴻一瞥。他認為，相較於正式的書寫體，人們偏好口說和用表情符號、縮寫傳簡訊。

基於諸多因素，語音可能會成為普遍的溝通方式。舉例來說，在新手和專家壁壘分明的產業裡，語音有助於產業的大眾化。語音讓識字不多的人也能操作系統。無法打字的帕金森氏症患者，可以用語音功能上網。它能幫助盲人登入網路，並要求電腦完成開啟居家保全系統等指令。語音能幫助對科技一竅不通的年長者，而且駕駛人可以邊開車邊上網。換言之，語音擴大了能夠進入亞馬遜世界的人數。

8 在黑暗中運作的倉庫

在網路演進的過程中，有很長一段時間，科技巨頭主要是在無形的網際空間經營事業。說穿了，Facebook 和騰訊的社群媒體平臺，就是龐大的電子流，以光速在電腦的無數伺服器農場穿梭。Google 和百度搜尋引擎也是如此。本質上，這類商業模式，相對來說，沒有提供太多工作機會。與大約六十五萬名亞馬遜員工相比，Google 的母公司「字母公司」有九萬八千名員工，而 Facobook 員工僅三萬六千人——許多是技術要求高、薪資豐厚的程式設計和資料科學工作。就多數情況而言，受雇於字母公司、Facebook、百度及其他大型科技公司，工作不會受自動化威脅。

相反地，亞馬遜不只在網路上經營事業，還伸入實體世界。亞馬遜是物聯網技術的領頭羊——物聯網的核心是將現實世界的行動大量數位化。將手機、亞馬遜 Echo 智慧音箱、亞馬遜微波爐、無線耳機、恆溫器等裝置連上網路，會變得更加聰明和容易操控。（我們在前一章討論過，業者蒐集我們的購物習慣資料，也會變得更容易。）在商業範疇，多虧感應器和智慧演算法要價不高，倉庫機器人、掃描器、自動駕駛快遞貨車，也都與網路相連。二〇二二年，全球將會有兩百九十億臺連網裝置，約等於世界人口的四倍。

阿里巴巴、京東、騰訊，甚至是Google所屬的字母公司（已推出智慧居家裝置和自駕車）等科技巨頭紛紛加入亞馬遜的行列，欲以AI技術深入生活各個層面，可能會對全球就業市場造成劇烈影響。業者在倉儲空間推行自動化，使用無人機和自動駕駛卡車送貨，許多穩定的藍領工作將會消失。除此之外，亞馬遜和其他全球科技巨頭紛紛插旗新產業，會促使保健、銀行及其他經濟部門數位化腳步加快，對就業市場衝擊更大。

亞馬遜零售事業的實體特性，讓它在接下來的就業市場大洗牌首當其衝。貝佐斯成功大舉運用機器人技術、大數據和AI技術，前無古人後無來者。雖然亞馬遜至今創造許多工作機會，但不久之後，隨著AI與機器人技術提升、全球公司紛紛開始學習貝佐斯經濟學，趨勢將會日益翻轉。

可將貝佐斯經濟學想像成新商業模式的開端。一九一三年，亨利・福特證明移動式裝配線很成功，少數汽車製造商開始仿效，全世界最大的汽車產業於焉成形。數百間小型汽車工坊裡，技術一流的工匠辛苦地一次組裝一輛汽車。這些工坊撐了一陣子，便永遠關門大吉。一九六一年，一間名叫「快捷半導體」（Fairchild Semiconductor）的加州新創公司開始銷售最早的微晶片。微晶片的問世帶領電子學走向微型化，企業紛紛透過電腦將觸角伸向全球，規模之大前所未見。這項技術突破導致一大批會計師、中階主管和接線生丟了飯碗。一九八九年，電腦科學家提姆．柏納斯－李（Tim Berners-Lee）在瑞士的歐洲核子研究組織（CERN）任職，制定了HTTP網路傳輸協定。伺服器端與客戶端的網路通訊因此更有效率。接下來幾年，愈來愈多公司將網路當做商業模式。我們因此有了筆記型電腦、智慧型手機、搜尋引擎、網路購物與社群媒體。這項變革也導致許多報刊業者、書店和零售商關門。

現在人工智慧出現了，貝佐斯讓我們看見，人工智慧融入他的飛輪商業模式，會形成多麼強大的顛覆力。當世界各地的公司紛紛進攻AI世界，不論是效法原始的貝佐斯經濟學，抑或開發自己的版本，貝佐斯經濟學都將無所不在。有件事一定會發生：這一切發展將讓我們付出高昂代價。亞馬遜和其他效法亞馬遜的科技公司，會將社會和經濟攪動得天翻地覆。若你不是亞馬遜、字母公司或阿里巴巴的股東，這可不是件好事。

隨著貝佐斯經濟學的擴散，經濟變得更偏向贏家通吃，使得全球財富差距擴大。擁有ＡＩ頭腦的機器人愈來愈普及，會衝擊全球上億名勞工，從倉庫裝卸工、計程車和卡車司機到收銀員，統統受到影響。最後公司紛紛效法貝佐斯經濟學，最早這麼做的公司將擁有難以匹敵的競爭優勢，關於這一點，曾經想要在價格、出貨和服務上與亞馬遜網站抗衡的零售商，早就領教到了。

長島市民上街抗議亞馬遜設立第二總部，美國總統在推特上譴責貝佐斯，亞馬遜受到指摘的理由很多，包括：擴大貧富差距、威脅未來的工作機會和導致大街上的商店歇業。亞馬遜的某些行為確如人們指摘，而且亞馬遜以後必定會對社會和全球經濟造成更嚴重的衝擊。但是阻止亞馬遜做這些事，不會有太大幫助。政治人物可以明天就勒令亞馬遜歇業，但是以ＡＩ驅動的貝佐斯經濟學，會持續對工作造成威脅、擴大貧富差距，讓最敏捷的公司輕鬆取得壓倒性勝利，並累積實力。亞馬遜只不過是第一間成功將ＡＩ大規模用於實體世界的公司。後繼一定有人。

人們對大規模失業的恐懼，讓貝佐斯成為眾矢之的，承受著現今勞工對未來的焦慮，以及批評者對資本主義的質疑。箇中原因，不難理解。麥肯錫顧問公司（McKinsey）預估，在最糟的情況下，自動化會在二〇三〇年取代八億名勞工，約等於三成的全球勞動人口。麥肯錫也隨即點明，經濟成長可能會抵消失去的工作機會，因為保健的支出增加了，在基礎建設、能源、科技等領域，投資金額也會愈來愈高。也許經濟發展到最後工作被取代無可避免，但在過渡時期，近三分之一全球勞工將被迫尋找新工作，非常可怕。要讓一大批因自動化失業的倉庫工人、客服人員、雜貨店收銀員、零售商店店員、卡車司機，輕鬆快速學會當電腦程式設計師、太陽能板安裝技術員、居家照護服務員，實在異想天開。或許到最後，全球經濟會產生足夠的新工作，彌補消失的八億工作機會，但在這個過程，衝擊將會非常劇烈。

目前為止，科技都還處在幫人們更輕鬆工作的階段。想像一下，機械手臂幫裝配工人把沉重的汽車引擎蓋抬起來。有些經濟學家開始認為，科技會做的事情這麼多，又這麼有效率，很快就不會只是幫人把工作變輕鬆而已。科技已經越過了門檻，將大舉取代製造、卡車運輸、物流、零售和行政事務的工作者——這些是自動化衝擊下，最脆弱的經濟部門。牛津大學的丹尼爾・薩斯金（Daniel Susskind）提出一套以新型資本為中心的經濟模型。他稱這類資本為「先進資本」（advanced capital），意指用來完全取代勞工的投資。根據他的模型，以後「薪資會降到零」。他的想法尚未形成主流，但光用想的，都叫人毛骨悚然。

為了深入了解亞馬遜自動化對工作前景的威脅，我造訪了亞馬遜設在華盛頓肯特的超大倉庫。亞馬遜「物流中心」英文名稱為「fulfillment center」，但不管是誰，只要待上一段時間都會發現，在那裡工作一點成就感（fulfilling）也沒有。西雅圖市郊的肯特倉庫有兩千名員工，占地八十一萬五千平方英尺。但這個數字會騙人，因為倉庫有四層樓，所以實際上涵蓋兩百萬平方英尺，加總起來超過四十六英畝。

從倉庫裡面可以看見高聳的白牆，天花板上有黑色的格狀梁，吊掛著長長的白光手術燈。地面上，相連的輸送帶綿延二十九公里，不停將亞馬遜的微笑箱子送到下一站。廣大的倉儲空間各處，亮黃色的金屬欄杆和樓梯縱橫交錯。越過低矮的樓梯圍欄，可以看見一群群身穿T恤、短褲和跑步鞋的亞馬遜倉庫工人裝貨、從貨箱挑揀產品，或將商品包裝起來。輸送帶像噴射引擎般不停發出狂吼，爾偶穿插幾聲叉架起貨機的嗶嗶示警，或機械手臂快速揮舞的咻咻聲。

亞馬遜的一百七十五個全球物流中心是全世界自動化程度最高的地方。亞馬遜在二〇一二年以七億七千五百萬美元購入奇瓦公司（Kiva）的機器人，開始把機器人用在倉庫裡。現在，約有二十萬臺奇瓦機器人在亞馬遜的倉儲空間嗡嗡穿梭，做著從前由人類完成的工作。就某方面來說，這是好事。許多耗費大量體力的包裹和貨箱抬舉工作，都可以交給機器人。例如，大型機械手臂可以把乘載產品的棧板往上抬高一層樓。據估計，使用這些機器的亞馬遜倉庫，比沒有機器人的物流中心，平均每一平方英尺，可多放百分之五十的貨物，並降低百分之二十的作業成本。

ＡＩ控制著產品在亞馬遜倉庫的動線，由資料科學家模擬並持續更新軟體，取得機器人的最佳配置數量，決定機械手臂拿取哪個黃色貨箱，以及要送到哪裡，讓工人拿到要包裝的產品。這套系統的運作，就像在跳一齣複雜的芭蕾舞劇。如果機器人動作不夠快，工人就會站在原地轉大拇指空等。如果機器人動作太快，貨箱就會堆得很高，塞在倉庫裡，拖慢工作的進度。關鍵在於最適作業流程。ＡＩ演算法的作用就在這裡。

即使安裝了這些機器人，亞馬遜的物流中心還是雇用了十二萬五千名全職員工，並在大節日趕出貨的時期，至少雇用超過十萬名的兼職人員。倉庫和出貨成本是亞馬遜網站最花錢的地方。而亞馬遜最出名的就是他們不斷努力提升效率，以第一天的心態削減支出和簡化作業。這通常意味著，將來會有更多機器人，人力會持續減少。

亞馬遜倉庫工人在這裡挪移堆積如山的商品，反覆做著辛苦、高壓的工作。全職員工一週上四天班，每天做苦工十小時，有半小時的午餐時間，以及兩次十五分鐘休息時間。有些員工抱怨他們必須不停工作，連上廁所的時間都沒有。為了依照承諾在兩天或更短的天數到貨，員工不得不用令人頭昏眼花的步調工作，不斷承受要達成嚴苛標準的壓力。撇開亞馬遜支付領先業界的十五美元最低薪資不談，某方面來說，亞馬遜是在壓榨社會最低階層，來讓包裹快遞服務便宜快速。除此之外，亞馬遜的高標準讓全球的倉儲和快遞業者不得不加緊腳步，導致世界各地的勞工壓力升高。

亞馬遜倉庫最重要的工作可以歸納為兩大類：將收到的產品裝到貨箱裡、從貨箱挑揀要裝箱和出貨的產品。在許多亞馬遜倉庫裡，這套流程已經非常自動化了。亞馬遜的電腦會告訴上貨員哪些貨箱還有存貨空間。舉例來說，製造商送來胡蘿蔔削皮刀，上貨員會掃描商品，工作站的電腦螢幕會建議最適合存放商品的貨箱。

當有顧客訂購胡蘿蔔削皮刀，大小有如腳凳的橘色亞馬遜機器人知道商品放在哪個貨箱，快速前往擺滿貨箱的六英尺高黃色貨架，滑到貨架下方，舉起貨架，將貨架交給揀貨員。揀貨工作站的電腦螢幕會顯示哪個貨箱有胡蘿蔔削皮刀。揀貨員拿起商品掃描、放入物流箱，由輸送帶送到包裝站讓工人放入出貨箱。然後機器人會替出貨箱貼標籤，一路送到出貨站。

一切動作快得讓人發暈。讓人聯想到電視劇《我愛露西》（*I Love Lucy*），有一集露西兒．鮑爾（Lucille Ball）為了追上巧克力糖輸送帶的飛快速度，最後口袋和帽子裡都塞滿了巧克力。倉庫工人的工作速度不一樣，但亞馬遜的上貨員和揀貨員平均每二十四秒處理一件商品，每天大概要處理一千三百件。我到倉庫參觀的時候，隨意找了一位名叫喬伊（非真實姓名）的員工。雖然我身邊有媒體事務部門的人，喬伊或許不太敢批評公司，但他不是公關事先安排好和我見面的人。他年約三十幾歲，身穿藍色 T 恤，看起來沒有什麼不滿。當我問他怎麼有辦法每天做一樣的事情九個小時，他說感覺就像打電動遊戲。事實上，他是在打電動遊戲。亞馬遜把全國的揀貨員加入「領航員計畫」，看誰比較厲害。喬伊可以用工作站螢幕追蹤自己的進度。他說，在上千名參與比賽的全國揀貨員當中，他的速度排名第二十六。

我問：「這樣會給主管留下好印象嗎？」

「我不在乎我的主管。我在乎的是可以在朋友之間吹噓。我收到簡訊，上面寫：『嘿，你拿下第二十六名，太棒了。』」

喬伊絕對是一名滿意的員工，但很難判斷他的經驗是否普遍。想要深入了解，可以到求職網 Indeed.com 瀏覽一下。二〇一八年，Indeed.com 上面有兩萬八千則亞馬遜倉庫員工的評語。（在這裡，求職者必須評論目前的工作，才能刊登履歷，所以網站上才有那麼多評語。）滿分五顆星，整體而言，亞馬遜倉庫工人給雇主三・六顆星——與沃爾瑪得分相同。換言之，員工認為亞馬遜倉庫是高於平均水準的工作場所。

在 Indeed.com 留言的亞馬遜員工，大都描述這裡是很有挑戰性的工作環境，公司極力要求員工有生產力，要能達到標準。一名德州哈斯利特亞馬遜倉庫的上貨員寫道：

我必須說，亞馬遜是個充滿機會的地方，有超棒的福利，大部分的的主管都很公正，會合理評估每一名員工。要看你在哪個團隊，但工作文化以激勵為主。

儘管如此，這位哈斯利特倉庫的員工也說工作起來像在軍隊——並非每一個人都適合，而且很多人待不久，因為工作壓力排山倒海而來：

我學到在這份工作裡你要很有毅力，心態要堅強，把你在做的事持續下去；我還從個人經驗學到一件事，就是最好不要把潛力發揮到極致，我會這麼說是因為，他們會利用這點隨時幫你打分數，那會讓人撐不住垮掉……這份工作最困難的地方是，你要想辦法一直保持專注、把心思用在工作上。在此同時，管理團隊會挑毛病，說你超過「十五分鐘的休息時間」。實際上只有五分鐘，因為休息時間是用前後兩次掃描商品的時間來計算，要花五分鐘到休息室，和提早五分鐘回來，不管怎麼說都很不公平。午餐時間三十分鐘，你會覺得食物在喉嚨裡卡了一陣子，因為還沒有時間消化，就要回到身心要求都極高的工作崗位。

有一名印第安納傑佛遜維爾的亞馬遜前員工寫下他一直害怕丟工作：

這是一份工作。我只有這個正面評價。中階主管是剛從大學畢業的小鬼，根本還不清楚自己在幹嘛。公司欺騙員工，老是改變工作規範，讓人無所適從。績效評估流程糟糕透頂。有很多機器而且經常故障，會影響個人的績效。要是你不能證明，就會被記上一筆或開除。待在那裡的日子很沉重、壓力很大。每項工作對身體來說都是虐待。十到十二小時重踩水泥地面、在樓梯上上下下、四周機器聲吵得要命。永遠「第一天」，就是這裡的問題。不管忠誠度如何、工作努力與否，甚至過去表現良好，這些都不重要。重要的是今天的表現。只要有一天表現很差，也許就會丟掉工作。在我印象中，沒有任何一天是開開心心去上班。就只是一份工作，完全不適合久待，這裡讓你身心受創。

有些人甚至描述得更恐怖。英國作家詹姆士・布拉德渥斯（James Bloodworth）曾加入托洛斯基主義團體「勞工解放聯盟」（Alliance for Workers' Liberty），並擔任過左翼網站「左腳向前」（Left Foot Forward）的編輯。他在著作《沒人雇用的一代：零工經濟的陷阱，讓我們如何一步步成為免洗勞工》（*Hired: Six Months Undercover in Low-Wage Britain*），講述二〇一六年在英格蘭魯吉利亞馬遜倉庫連續工作三週的情形。他寫倉庫大約雇用一千兩百人，多半是東歐移民，輪值十個半小時的班，時薪九美元，每天要走二十四公里的路才能完成他們的工作。

他描述那樣的工作場所「不合宜、不尊重、沒有尊嚴」，就像管控鬆散的監獄，工人沒有足夠的午餐時間，請病假會被懲處，沒有達到生產目標會受懲罰。他描述有一天負責揀貨，在貨架上看到用可口可樂瓶裝著的尿液，據說是不敢去上廁所的員工留下來的。

想也知道，亞馬遜強烈反對布拉德渥斯的言論。亞馬遜發言人艾許麗・羅賓森

（Ashley Robinson）告訴我，她願公開表示，從來沒有人在亞馬遜的倉庫用飲料瓶小便。（但要證明未發生的事很困難。）她補充，員工有足夠的休息時間，若有需要，只要理由充分，就能要求額外的休息時間。

亞馬遜說他們的倉庫在大眾心中形象不佳有兩個原因。第一，多年來亞馬遜相信，一切源自於滿足顧客，所以不需為自己辯解。然而，隨著外界對亞馬遜工作環境攻擊愈演愈烈，亞馬遜改變方針，終於開始在媒體上挑戰這些負面指控。第二，亞馬遜沒有工會，他們認為，某些出言批評亞馬遜的勞工運動人士，是將亞馬遜倉庫十二萬五千份工作，當成了唾手可得的攻擊目標。

卡蕾塔・巫頓（Carletta Ooton）在可口可樂公司工作過很長一段時間。現在她是亞馬遜健康安全永續部門副總裁。她說：「我認為我們受到很大的誤解。我想我們在做很多對的事情。我效力的都是正確行事的公司。若我認為公司不是在做對的事情，我不會來這裡工作。」巫頓表示，亞馬遜的倉庫安全紀錄和其他公司水準相當，而且亞馬遜最近設立了新的安全評量標準，改變工作站的設計，並且加裝提升安全性的新科技。物流中心某些區域，員工會穿上無線射頻識別背心，在倉庫快速移動的機器人收到訊號，知道要避開他們。機械手臂上也加裝安全光幕，若員工把手伸到光幕照射範圍，機器人會停止動作。若識別證上沒有顯示員工受過適當的叉架起貨機駕駛訓練，便無法啟動機器。

顯然，亞馬遜應該加強訓練主管，因應工作場所的問題，應該將工作標準放寬，或至少給員工更多指引，幫助他們達成目標。亞馬遜無法否認，整體來說，倉庫工作本身對身心挑戰很大。另一位亞馬遜發言人（這位負責倉庫相關媒體事務）告訴我，亞馬遜知道在物流中心工作很辛苦，希望他們把工作當成通往美好生活的墊腳石。舉例來說，員工到職滿一年，亞馬遜會為他們支付百分之九十五的職訓費用。前提只有一個，必須是目前有高度需求的工作。塔羅牌占卜師並不適用。如果你想學習維修或設計倉庫機器人的程式，亞馬遜會幫你付訓練費。即使你想離開亞馬遜去當護理師，或在別的公司當卡車司機，亞馬遜也會支付課程費用。自二〇一二年計畫實施起，約有一萬六千名亞馬遜員工受益。概念在於，這些倉庫工作有吸引人的薪水和福利，為想要賺點錢再換工作的人提供機會。

撇開福利不談，多數人都不得不同意，這些工作多半辛苦高壓，有時還不太人道，而自動化可說是節省成本，又更有人性的做法。這也是一門好生意。亞馬遜的一切作為，源自於為顧客謀福利。在亞馬遜位居副總裁、負責機器人計畫的傑出工程師布萊德・波特（Brad Porter）說：「我認識的亞馬遜有個特點，就是我們不斷增加商品數量，並加快出貨速度。意味著，我們會愈來愈自動化。」

波特是在麻省理工學院受過訓練的工程師，他在二〇〇七年加入亞馬遜。當時負責讓亞馬遜網站的軟體運作順暢，他也參與過亞馬遜的無人機送貨計畫，後來負責主持機器人計畫。有一天他向我解釋，機器人在亞馬遜倉庫沒有進一步普及有個關鍵因素，他稱之為「深入貨箱取物的難題」（deep bin picking problem）。機器要從擺放一堆東西的貨箱裡，取出一件形狀不規則的物品，就像笨手笨腳的粗人。人類對這件事特別在行。經過數百萬年的演化，我們發展出非凡的手眼協調能力。能從樹上的藏匿處爬下來，在掠食者抵達前快速摘取莓果的祖先，比較有機會存活。想要證明人類天生就會「深入貨箱取物」，只消看看四歲兒童如何將手伸進萬聖節糖果袋裡，用十億分之一秒的時間，從她蒐集來的四十幾種糖果，挑出一個小小的士力架巧克力棒。

波特說：「現在要操縱機器人，讓它深入貨箱拿出一樣東西，還很困難。你可以設計出一套系統，適合從貨箱裡拿取外型固定的商品，例如手機盒，但亞馬遜進貨數量龐大、種類繁多，演算法還沒發展到這個地步。」由於亞馬遜要求近百分之百的超高正確率，波特不願向我透露，還要多久才能解決「深入貨箱取物的難題」。這位工程師表示：「如果你是在實驗室裡示範，出錯了沒有什麼大不了。但如果是在倉庫，百分之十五的時間出錯，會是一場作業上的噩夢。」

亞馬遜不是唯一在倉儲空間運用先進技術的公司。有些歐洲和中國的倉庫用了世界一流的技術。英國網路超市歐卡多（Ocado）自稱「ＡＩ優先組織」，可從這裡窺見未來潮流。二〇一八年，歐卡多在英格蘭安德沃蓋了一座好幾個足球場大的倉儲空間。裡面有金屬軌道形成的格柵，看起來就像一個巨型棋盤。超過一千個裝電池的機器人（樣子像裝有輪子的白色洗衣機）在軌道上，以十四．五公里的時速來回穿梭。４Ｇ網絡扮演航管員，傳送訊號給機器人，讓它們不會撞在一起。隔柵底下放有盛裝食品雜貨的貨箱，堆疊成五公尺高。機器人在隔柵上方交錯飛行，很像尖峰時刻的芝加哥歐海爾機場。它們用一組爪子抓取需要的貨箱，往上拉進腹部。然後機器人會把貨箱放到工作檯，讓人類取物，裝進快遞袋。在物品放置各處的傳統倉庫裡，把對的商品找齊可能要花一小時以上。機器人來找只要幾分鐘。歐卡多的系統每週能完成六萬五千筆雜貨訂單。二〇一九年二月，機器人充電站電路故障引發火災，把這座倉庫燒毀了。歐卡多正在重建倉庫。

歐卡多不只是一間網路雜貨店。他們想把機器人系統賣給全世界的零售商。目前為止，他們和幾間跨國零售商談妥興建倉庫的合約，包括二〇一八年與美國連鎖超市克羅格簽訂二十座自動化的「顧客需求履行中心」（customer fulfillment centers）。交易公開當天，歐卡多的股價飆漲百分之四十五。

中國的線上零售業者京東，專門設計了一座搭配機器順暢運作的倉庫。我們也能從這座倉庫一瞥未來的樣貌。京東是中國數一數二的網路零售商，擁有三億一千萬名顧客。二〇一七年啟用的京東倉庫，透過機器人來拿取形狀大小皆可預測的貨品——例如手機或一盒洗衣皂。這是全世界最自動化的倉儲設施。從外觀來看，這座位於上海郊區的白色大型建築，就跟中國的一般倉庫沒有兩樣。除了畫有微笑小狗的京東商城巨型紅色標誌，吸引人多看兩眼的，反而是這裡沒有的東西：供員工使用的大型停車場。那是因為，這座大約每日送出二十萬件包裹的大型倉庫，僅有四名員工。

舉例來說，如果有人訂購一支三星銀河手機，裝著商品的輕盈灰色塑膠貨箱，會自動從貨架滑出來，從輸送帶送到包裝區，由一百八十公分長的乳白色機械手臂，用綠色小吸盤把商品吸起來。接著，尚未摺疊的紙箱板送過來，巨大的白色機械手臂將手機放上紙板。紙板再順著商品周邊摺疊封妥，貼上出貨標籤。

接下來，會有另外一支機械手臂拿起紙箱，交給看起來像紅色小腳凳的機器人。許多這樣的移動機器人快速飛移至一塊開放空間，往地板上的正確洞口卸貨；行經彼此的速度之快，就像尖峰時刻，協和廣場上飛馳的汽車。包裹咻地一下子落入出貨箱，出貨箱再自動移往正確的裝卸區。不需要人工揀貨及理貨，沒有午餐休息時間，沒有病假，沒有休假，不會尿在瓶子裡。理論上來說，除了京東商城的四名員工維修機器人，其他時間倉庫可以在黑暗中運作。機器人不需要用眼睛看東西。

京東商城倉庫能順利運作，原因是他們只處理標準尺寸的包裹。亞馬遜可沒那麼好。亞馬遜的波特表示：「如果你把東西放在聚乙烯塑膠袋，或塑膠掀蓋盒裡寄給我，突然之間，機器人就很難分辨出來。」想像一下，形狀、顏色、材質有點不一樣，機器人要如何分辨出商品是一把胡蘿蔔削皮刀、牡蠣刀，還是一包原子筆，事情非常棘手。

為了解決問題，亞馬遜在二〇一五年推出亞馬遜機器人挑戰賽（Amazon Robotics Challenge），每年將獎項頒給設計最佳取物機器人的參賽者。亞馬遜在找的機器人，要能辨識物品，從物流箱取出物品放入存貨箱，再從貨箱取出放入紙箱。快速放在正確位置，能幫參賽隊伍加分；掉落或夾碎物品，則會扣分。

二〇一七年夏天，來自十個國家，共十六組機器人設計團隊，在日本名古屋齊聚一堂爭奪大獎，由澳洲團隊打造的「卡特曼」（Cartman）機器人勝出。這組工程師團隊，成員來自昆士蘭科技大學、阿德雷德大學和澳洲國立大學。卡特曼機器人的材質用的是現成零件，成本僅兩萬四千美元。它在卡氏座標上移動——以九十度角，在三個軸面上，做前後、上下位移。想像一下三度空間棋盤的樣子。攝影機會辨識貨箱內的物品。然後，長長的機械手臂會伸出旋轉式取物夾，一頭裝有吸嘴，另一頭則是雙叉握爪。雖然卡特曼機器人並不完美，但它是當天表現最好的機器人，抱走八萬美元的大獎。

儘管如此，取物機器人可能會比許多人想像中更快登場。二〇一四年，哈佛大學、麻省理工大學、耶魯大學組成的團隊，在贏得DARPA機器人挑戰賽後，創立了一間名為「右手機器人」（RightHand Robotics）的公司，辦公室設在麻州薩莫維爾。身為創辦人之一的列夫．詹托夫特（Leif Jentoft）表示，他們的公司已經想出如何讓機器人，從一大堆尺寸、形狀、顏色不一的包裝物，區分出正確的品項，並挑揀出來。詹托夫特說：「我們觀察人類的手怎麼運動。我們採用機械智慧技術，透過3D攝影機數據和感應器讓機器人分辨出正確物品，然後再像〔人類〕那樣，把機器人的手彎曲成物體的形狀。如果拿取的東西掉落，機器人會學習並嘗試用其他方法取物。」

詹托夫特說他的機器人正確度夠高，可應用於商業。日本最大的民生消費用品商百陸達公司（Paltac）販售肥皂及牙刷類商品。他們在二〇一八年聖誕假期，採用右手機器人公司的產品，處理了數以萬計的包裹。詹托夫特表示：「技術已經有了，雖然才剛起步，但發展速度超乎預期。」

倉庫工作並非唯一受到亞馬遜影響的職業。亞馬遜併購連鎖業者全食超市，並開了幾間小型商店，觸角正在伸向傳統零售業——任何產業專家都會告訴你，傳統零售業早該整頓一番。不斷追求高效率和節約成本的亞馬遜，將目標鎖定在收銀員的工作。畢竟，誰會想要排隊等結帳，把東西放上櫃檯，站在旁邊等收銀員掃描和包裝商品，再掏出信用卡支付，完成這些才能走出店門？

為了修正這種不便的購物方式，二〇一八年，貝佐斯在西雅圖總部「第一天」開了第一間亞馬遜無人商店。站在人行道上看，這間商店就像都會區的高檔複合式咖啡廳，從大片玻璃窗望進去，可見開放式貨架擺著現成的藜麥羽衣甘藍沙拉、地中海雞肉捲、中東蔬菜薄餅三明治、薰衣草口味氣泡水和佛蘭（Fran's）巧克力棒。

我在夏末某一天到訪，當時這間商店受媒體熱烈關注，擠滿了鬧烘烘的顧客。最了不起的事情，就是這裡不需要結帳。顧客下載亞馬遜無人商店應用程式，拿出手機，對著閘門晃一下就能進入商店。購物者拿取想要購買的東西，丟進袋子裡，直接走出商店就好，費用會從亞馬遜帳戶扣款。應用程式會告訴商店系統是誰走進來。天花板的攝影機追蹤在店裡走動的顧客。基於隱私因素，這套系統設計成無法辨別顧客的個人特徵；對攝影機來說，這些顧客就像一團黑點。

顧客從貨架上拿走一個三明治，會發生兩件事：天花板的攝影機會追蹤黑點拿取物品的舉動，然後為了確保資訊正確，貨架上的秤子會測量商品的重量變化，通知系統顧客拿了一個三明治，不是兩個三明治。顧客再次從閘門走出去，此時他們的亞馬遜帳戶會被系統收費。這裡還是有店員製作食物和四處走動回答問題。亞馬遜商店裡有賣啤酒和葡萄酒，州法規定必須查驗身分證（機器很難執行這項任務），但店裡沒有收銀機，也沒有收銀員。我造訪商店的那天，從貨架拿了個巧克力碎片餅乾，然後走出店門——感覺很像順手牽羊。後來我才注意到，手機顯示我的亞馬遜帳戶被扣了四美元。

顧客似乎對這間商店很滿意。二〇一八年底，在消費者評分網站 Yelp 上面，有一百七十三名顧客給了它四．五星（滿分為五星）——最常見的抱怨是亞馬遜無人商店變成擠滿人的觀光勝地。但前方仍有障礙需要克服。這是一項昂貴技術，而且遭到某些地方政府反對，因為無現金商店會對沒有銀行帳戶（或亞馬遜帳戶）的窮人造成歧視。儘管如此，亞馬遜似乎很愛無人商店——在芝加哥、紐約、舊金山設立了新店面。這項技術不只是亞馬遜用來取悅顧客的手段。它能幫助亞馬遜進一步掌握商店的顧客流量模式，並快速取得資訊，了解暢銷商品的品項及價格。還能針對每一名顧客建立個人的喜好和習慣檔案。

對全世界上千萬名商店收銀員來說，這可不是好消息。美國有三百六十萬名收銀員，是從業人數名列前茅的行業。隨著亞馬遜將無人商店技術推廣到其他地方，甚至有可能用於數百間全食超市，這些收銀員的工作可能不保。其他大型零售業者，例如沃爾瑪和克羅格，同樣帶來威脅。二〇一九年，沃爾瑪在德州開了一間無收銀員的山姆會員商店。

雖然倉庫工人、卡車司機和收銀員的前景黯淡，從經濟史的角度來看，被取代的工人總是會有新的工作機會。十九世紀末、二十世紀初，美國從農業社會轉型為工業社會時，數百萬個農場工作機會沒了，但是被取代的農民，他們的兒女移居城市，最後在紡織、鞋業、車廠找到工作，或在商店當起店員。這樣的擔憂一路延伸到現代工業時代。一群傑出人士（含兩位諾貝爾獎得主）撰寫「三次革命報告」（Triple Revolution Report），主張美國正處於經濟與社會動盪邊緣，因為工業自動化會摧毀上百萬個工作。這份報告在一九六四年三月呈給詹森總統。沒有人為那場革命挺身而出。

未來幾年，隨著自動化取代數億個工作機會，有些人將以「協作式機器人」（cobot）

的形式與機器人共事——意指人類與機器人一起工作，會比人類或機器人單獨工作，來得更有效率。先前負責搬貨和堆貨的倉庫工人，可以操作機器人、監控工作流程、維修和操作無人機，以及在機器出錯時負責修正。麻省理工學院教授艾瑞克・布林優夫森（Erik Brynjolfsson）表示：「有一堆事情，人類做得比機器好。新工作會落在創意這一塊，人類可以多從事與人互動和需要思考的工作。我認為，經濟體裡只能由人類完成的工作並不少，接下來幾十年依然如此。是會出現劇烈衝擊，但人類不乏工作機會。」

沒錯，會有新的工作，但衝擊的規模和速度將不同以往。世界不會變成保羅・范赫文（Paul Verhoeven）的反烏托邦電影，被機器人奪走所有工作，失業者成群四處遊走，尋找食物和遮蔽所。但在這一次，經濟衝擊規模非常巨大，將要花上數十年，才能解決大批失業勞工的困境——也許要發揮想像力創造其他工作，或由政府付給人民維持生活的薪水。

想想看吧，二〇二〇年將有三百萬個工業用機器人進駐全世界的工廠，比七年前多出不只一倍。這對工廠和倉庫的工人來說可不是好兆頭。有識之士始終憂心，美國有三百五十萬名卡車司機和不知道多出幾百萬人口的計程車司機，自駕車將從他們手中偷走工作。亞馬遜和豐田汽車合作，開發一款自駕快遞貨車，形成轉變只是遲早。在飯店業，二〇一八年亞馬遜開始為萬豪集團（Marriott）供應搭載 Alexa 的 Echo 智慧音箱，讓房客向客房服務部訂購漢堡，向清潔部索取乾淨毛巾，或是要 Alexa 推薦晚餐選項——統統不必人類協助。讓機器推車把毛巾送到客房，也指日可待吧？

但是ＡＩ帶來的破壞比這些更深遠。隨著ＡＩ愈來愈聰明，總有一天它會取代人們以為科技無法取代的工作。舉例來說，有一些通常由頭一年入行的律師、銀行員、新聞稿撰寫員來做的工作，ＡＩ程式已經會做了。ＡＩ甚至會做醫生的工作。史丹佛大學研究人員開發出一套演算法，可根據胸部Ｘ光照片診斷肺炎病情，比放射師判斷得還準確。德意志銀行執行長約翰・克萊恩（John Cryan）在二〇一七年預言，最後德意志銀行的九萬七千名員工，會有一半的人，工作被機器取代。二〇一七年，騰訊新聞撰稿機器人「夢幻寫手」（Dreamwriter），每天產生兩萬篇財金或體育新聞。

就連藝術家和音樂家都被盯上了。盧森堡新創公司ＡＩＶＡ科技（AIVA Technologies）打造出能創作爵士樂、流行樂、古典樂的ＡＩ軟體，供電影、電玩和廣告配樂使用。這套軟體能擷取龐大的古典音樂資料庫，學習巴哈、貝多芬、莫札特和其他偉大作曲家的曲子，掌握音樂創作的概念，寫出樂譜。行得通嗎？ＡＩＶＡ科技公司表示，他們請來幾位專業音樂家聽這些曲子，沒有人猜到是電腦寫的音樂。那失業的作曲家能做什麼呢？接受訓練當一名放射師嗎？結果發現，這種技能也被電腦奪走了。

目前為止，亞馬遜無人商店、自動化倉庫和自駕快遞貨車，都只是新科技的浪潮即將襲來的早期徵兆；這股浪潮將在全世界淘汰上億份工作。對大部分的人來說，帶著解雇通知單的機器人還沒出現。但種種跡象顯示，它們總有一天會到來，只有某些行業不受影響——通常是充滿人情味的行業。

有些失業者會找到新工作，有些人得靠政府發放的基本所得度日，有些人則還是會轉向零工經濟，想要以此勉強維生。其中一種方式，當然就是開始在亞馬遜上賣東西。

但那就表示，你得和亞馬遜不停轉動的ＡＩ飛輪直接競爭。

9 與魔鬼共舞

約翰．摩根（John Morgan）感傷地回顧在西班牙海岸經營風箏衝浪店的日子。在那充滿陽光的十二年歲月裡，經營小型零售商店的他，最掛心的，就是運動品牌北面（North Face）和巴塔哥尼亞（Patagonia）的裝備，庫存一定要齊全，而且海浪要夠大，吸引衝浪者前來他的濱海小店購物。有一天，某個朋友把怎麼在亞馬遜網站賣東西的資訊傳給摩根（他怕會惹亞馬遜不高興，要求不使用真名）。做法似乎很簡單，只要從亞馬遜網站的百大暢銷商品中挑選一樣，把設計改良一下，找個中國製造商做便宜的產品，然後用自己的品牌，在亞馬遜上販售就行了。之後再花點時間嘗試，找出適當的網路關鍵字，吸引顧客進網頁瀏覽，就能看見白花花的鈔票湧入。摩根深受這個點子吸引。

他收了衝浪店，回到老家倫敦，二〇一三年開始在亞馬遜賣旅行用品。他是亞馬遜約兩百萬名第三方賣家之一。這些小商人付錢給亞馬遜換取在亞馬遜網站兜售商品的權利。起初事情就如摩根所設想。二〇一六年，他賣的旅行包讓他單年進帳一百萬美元。這種方便的塑膠置物包，可用來裝衣服和盥洗用品，讓旅行者在行李箱多塞三分之一的東西。

摩根的成功，沒有逃過亞馬遜ＡＩ演算法的法眼。批評亞馬遜的人常說，亞馬遜一直監控哪些產品類別在網站上賣得好，如果看到喜歡的商品，就會推出自有品牌競爭。（亞馬遜否認這麼做。）那一年，摩根一覺醒來，發現亞馬遜開始用二十二美元的價格，推出自己的旅行盥洗用品包。摩根的商品賣三十五美元。摩根回想：「一夕之間，他們斷了我的產品線。」這位創業家生產盥洗用品包的成本為每個十五美元。若他配合亞馬遜賣二十二美元，利潤就會消失，因為他要付給網路龍頭七美元，包括上架費、倉儲管理費和尊榮會員出貨服務。

這位創業家的麻煩才剛要開始。亞馬遜推出自家旅行包後，在摩根的商品頁上方打廣告——商品頁是摩根最有價值的土地資源。這種版面安排一定會把購物者從摩根的產品吸引到亞馬遜的產品。想要在亞馬遜網站上保有能見度，摩根必須支付亞馬遜數千美元，買下特定的關鍵詞，例如：「旅行袋」、「盥洗用品組」、「行李箱空間救星」等。意思是，當購物者輸入其中一組關鍵字，在他們看到的網頁上，摩根的商品會出現在頂端。相反地，亞馬遜的自家產品不必支付刊登費。你實在很難跟擁有那種優勢的商家競爭。摩根說：「他們擁有所有的資料。他們知道你找哪一間中國工廠，擁有你所有的出貨資料。他們知道你在哪些市場每天賣出幾件產品。而且他們有自己的廣告平臺，可以用來超越你、開出比你更漂亮的價錢。基本上他們在收割你的流量。」

摩根為了生存，做了每個勇敢創業家遭逢厄運時會做的事——他拚了。他把客服外包給出去，由兩個人在菲律賓接聽電話（付給外包客服的薪水，比從前少了一半）；除此之外，他還從東歐請比較不那麼貴的設計師，來做網頁設計——用這些方法，大幅降低旅行包的成本。他也改變策略，試圖以量制價，彌補被亞馬遜削減的利潤。於是，為了買更多存貨，他向亞馬遜借了三十萬美元——亞馬遜像銀行一樣借錢給第三方賣家，在二〇一八年，借出超過十億美元。這麼做奏效了。摩根的業績從二〇一六年的一百萬美元，提升到二〇一七年的兩百五十萬美元，他又開始賺錢了。然後，二〇一八年一月，亞馬遜的演算法突然判定羅根信用不足，無預警之下，拒絕繼續借錢給他。這是機器的黑箱作業，沒有辦法提出申訴。摩根說：「我不知道演算法為什麼會這樣判定，我中訴無門——那件事真的很瘋狂。他們讓我走投無路，又一次這麼做。」

這名倫敦人士說，他經歷了壓力超大的一年，二〇一八年幾乎都在想辦法籌錢還債，亞馬遜貸款利息高達百分之十二。他的錢大部分都用於支付營業貸款，所以他沒有現金買新的存貨，生意沒辦法繼續做下去。然而，黯然退場並非故事結局。摩根花了九個月付光亞馬遜的貸款，然後他用朋友（也是亞馬遜第三方賣家）的信用額度借了五十萬美元。生意再次起飛。

摩根說：「我受不了的是，亞馬遜很像操場上的惡霸，你贏不了他。他們有不公平的競爭優勢。」但這位創業家表示，他熱愛自己的事業——做小生意的人還能在哪裡接觸到全球三億名顧客呢？——比起到西班牙陽光四射的海岸邊再開一間衝浪店，他寧願在亞馬遜上做生意。他在總結自身經驗時表示，在亞馬遜網站賣東西就像「與魔鬼共舞」。

摩根的經歷正好就是各界激辯的議題：亞馬遜是否扼殺小生意？身為電商龍頭，只要家庭式小商店遇到困難，亞馬遜就容易遭罪。二〇一八年三月，川普總統在推特說亞馬遜讓上千家零售商倒閉。主張提升在地社區力量的左派智庫自力更生研究所（Institute for Local Self-Reliance），將亞馬遜比擬為「十九世紀的鐵路大亨，由他們掌控誰能進入市場，以及打入市場要付出什麼代價」。他們認為，在亞馬遜的推波助瀾下，獨立零售業者的數量正在驟降。

從統計數據來看，很難證明或否認這個論點。有研究顯示（雖然是幾年前的資料），美國的小型業者家數愈來愈多。那些研究並沒有將與亞馬遜競爭的小型實體商店獨立出來。

然而，口耳相傳的證據顯示，某些小型企業的確因為這個電商龍頭而受傷。紐約最棒的海邊度假勝地東漢普頓有許多有錢的購物者，但在大街上販售時尚休閒及運動的商店運動鞋學（Sneakerology），卻吸引不到足夠的顧客上門，在二〇一八年底歇業了。當被問到怎麼回事時，商店經理表示，運動鞋學無法與網購競爭，而且他們的訂貨量太少，所以廠商不願意把當紅鞋款出給他們。這是許多實體商店經歷的困境。如果這些商家無法做出市場區隔，也無法在網路上吸引眾人目光，很有可能前途多舛。

在紐約多布斯費里在地經營數十年的家族事業里德五金（Reader's Hardware），則是命運大不相同。里德五金附近幾公里就有大型連鎖店家得寶（Home Depot），而且購物者絕對能在亞馬遜網站上，用比較便宜的價格，買到里德五金多數商品。但這間小五金行有一項大型連鎖店和亞馬遜都無法提供的服務：知識。想在家得寶找個店員來問東西在哪──如果你找得到人的話──最有可能出現的情況是，店員大手一揮，指向某個擁擠的走道，你問的產品有可能放在那裡，也有可能不在。而在里德五金，親切的店員不只會陪你走過去，找你需要的東西，還會耐心地教你，要用什麼墊圈修漏水的水龍頭，或者最適合櫥櫃使用的油漆質地是什麼、怎麼上漆。雖然里德五金的價格比家得寶或亞馬遜略高，但這間小商店的忠實顧客願意多花一點，換取更棒的購物體驗。

即使亞馬遜持續成長，在零售世界奪走更多氧氣，但擁有優勢的小商家──提供知識型服務，或販售農場起司這類亞馬遜不便大量出售的手工產品──應該還是經營得下去。有些服務業也不會受影響──你可以試試到亞馬遜剪頭髮和刺青。亞馬遜掌握近四成的網路生意，想要生存的小商家，大部分還是得想辦法在零售巨頭的平臺上賣東西。可是，就像約翰．摩根的血淋淋例子所顯示，這是一場割喉戰。業者不只要和亞馬遜競爭，還要和全球超過兩百萬間在亞馬遜上賣東西的小商家競爭。

亞馬遜在為自己辯護時，喜歡說超過兩百萬間中小型企業在他們的網路平臺賣東西，而且如先前所提，這些企業在全世界創造一百六十萬個工作機會，其中有兩萬五千家廠商營業額達到一百萬美元。說這些賣家在亞馬遜的網路事業裡占據重要地位，還只是保守說法。貝佐斯在二〇一八年的股東信寫道，自一九九九年起，第三方賣家的營業額成長速度，比亞馬遜本身的網路生意快了一倍。從這些數據來看，很難認定亞馬遜如批評者指控，正在扼殺小型企業。而且這些批評者所不了解的是，亞馬遜絕對不會想對小商家趕盡殺絕，因為他們帶給亞馬遜的利潤，比亞馬遜本身從電商生意賺的還多。原因在於，像約翰·摩根那樣在亞馬遜做生意，大部分的商品都要支付高額費用——平均費用為商品零售價的百分之十五，以及另外百分之十五的「亞馬遜物流」倉儲配送服務費。一名希望匿名的私募股權投資人表示，讓獨立業者在亞馬遜網站上賣東西，是貝佐斯最賺錢中的一門生意。他還預測，往後十年，這門生意的成長力道不只十倍。

對第三方賣家來說，這些是高額的費用，但他們能因此接觸到廣大的消費群，以及亞馬遜這個名字帶來的信任感。有一次，我在亞馬遜幫花園添購一扇雪松木門。送到的時候，我發現，不是我想要的東西。商品來自亞馬遜的第三方賣家。我要退貨的時候，賣家說這扇要價一百四十美元的木門不能退。我打給亞馬遜，他們向商家確認不接受退貨，但問了我那扇門出了什麼問題。我說我不喜歡。亞馬遜的人立刻接著說，她會把一百四十美元退到我的美國運通卡，還說我可以留著那扇門——至今，那扇門仍擺在我的地下室。（若是有人想要雪松門，我願意讓出。）

有些小型企業發現，亞馬遜是賣東西的成敗關鍵。發明多功能蒸煮煎炒電子壓力快鍋（Instant Pot）的羅伯特・王（Robert Wang），本來生意始終不見起色，直到二〇一〇年，在亞馬遜刊登商品才開始好轉。用這個快鍋處理肉類和豆類料理，可以省好幾個小時，開始有美食作家和廚師給予好評。快鍋業績翻揚，最後變成爆紅商品。二〇一九年初，共有三萬一千零二十一則評論，平均獲得四・五星。有一段時間，約九成的營業額來自從亞馬遜售出的貨品。王執行長告訴《紐約時報》：「沒有亞馬遜，我們辦不到。」

但每出一個羅伯特・王，就有上百個在亞馬遜失敗的創業家。這些懷抱雄心壯志的創業家，最常見的做法是白天做正職工作，閒暇時間在亞馬遜賣東西。有時候，亞馬遜會推出類似產品正面挑戰，讓他們敗得一塌糊塗。有些人則是陷入西部大混戰，不惜一切代價，與其他商家互相競爭——有時是君子之爭，有時就沒那麼文明。假評論和假貨充斥其間，還會有人駭進你的網站。有些不擇手段的第三方賣家會捏造情事，向亞馬遜投訴競爭對手，讓電商巨頭在解決糾紛期間暫停受害者的經營權限。對許多賣家來說，被亞馬遜停權等於被判死刑。

除此之外，許多在亞馬遜賣東西的小型企業發現，它們的競爭對手不只是其他兩百萬個在亞馬遜網站做生意的第三方賣家，還有一大堆數不清的亞馬遜自有類似產品，例如：家居用品、服飾、食物、電子產品。這些商品各有自己的品牌名稱，所以購物者甚至往往不知道，他們買的是亞馬遜生產販售的東西。

亞馬遜的優勢在於——也是外界強烈詬病的一點——亞馬遜透過電商平臺得到所有的產品和訂價資訊。亞馬遜的ＡＩ軟體會即時運算，根據競爭對手的訂價、供貨情形、受歡迎款式、訂單歷史、預期利潤等因素，來為自家產品訂價和決定庫存量。

亞馬遜聲稱自己並未使用賣家的個別資料來獲取競爭優勢。但那並不表示，亞馬遜沒有仔細研究過各種品項的資料——例如：四號電池賣得如何？男款灰色連帽運動衫賣得如何？亞馬遜還握有另外一項優勢。二〇一八年底，亞馬遜開始在競爭對手的頁面下方推銷自有品牌，標題寫「我們提供類似產品」（Similar Item from Our Brands）。購物者點開連結，會跑到亞馬遜自有商品的頁面。目前為止亞馬遜的自有商品只占營業額的一小部分，但品項愈來愈多，造成威脅。

除了自有商品，亞馬遜當然會販售向製造商和大盤商採購的物品。這是亞馬遜零售事業的核心。亞馬遜也在這個範疇和獨立賣家競爭，而且如同某些人指控，亞馬遜的手段並不正當。二〇一六年，非營利刊物《挺公眾》（*ProPublica*）針對亞馬遜的訂價演算法進行調查。他們花好幾個星期，追蹤人們最常購買的兩百五十項商品，研究哪些商品擺在亞馬遜虛擬貨架最顯眼的位置——也就是最快跳出來的推薦品項，所謂的「黃金購物車」（buy box）。黃金購物車是現今網路世界最有價值的土地資源。《挺公眾》發現，四次中有三次，亞馬遜會選自家商品，而非獨立賣家的品項。以樂泰牌（Loctite）軟管裝黏膠為例，亞馬遜自己販售的產品以七．八美元出現在「黃金購物車」，但第三方賣家的產品便宜一成，還不用運費。購物者點選按鈕，打算購入亞馬遜的黏膠，此時交易內容更是坑人。因為你若不是尊榮會員，運費高達六．五一美元。《挺公眾》的結論是，亞馬遜的演算法並不客觀，多半對亞馬遜自家商品有利。演算法似乎也會鼓勵人們加入尊榮會員。亞馬遜告訴《挺公眾》，「黃金購物車」演算法的參考標準不只價格，目的在確保「顧客享受最棒的整體購物體驗」。

在亞馬遜賣東西，如此複雜又危機四伏，難怪衍生出亞馬遜顧問和法律公司這樣的產業，來為賣家提供建議，教他們如何在亞馬遜的叢林生存。克里斯．麥凱比（Chris McCabe）曾在亞馬遜工作六年，為第三方賣家提供諮詢服務，後來自己在波士頓開了一間亞馬遜顧問公司。他的生意非常好，因為與電商霸主亞馬遜規則牴觸的賣家多得不得了。如果亞馬遜接到申訴，說賣家販售仿冒品、出貨有誤、運送危險物品或製造假評論——不管申訴是否為真——這個電商龍頭都會將賣家的帳號停權，直到申訴案解決為止。麥凱比說：「亞馬遜認為，證明清白之前你就有錯，這往往代表，你很有可能會因此倒閉。應該要採無罪推定。」亞馬遜先開槍才問原因，因為他們要保障顧客的權利——這是一場聖戰。不幸的是，壞人會用假申訴來打擊競爭對手，使其淪為惡整好人的手段。

凡恩法律集團（Vaughn Law）為第三方賣家提供建議。任職於該法律事務所的Ｊ．C．修伊特（J. C. Hewitt）指出，亞馬遜曾經未事先溝通，也沒有解釋，就將某個營業額數百萬美元的化妝品業者停權。修伊特說：「結果，理由是業主有好幾個帳號——大概是亞馬遜的禁忌。」業者不得不向當地法務機構求助。亞馬遜任意停權的申訴案層出不窮，二〇一九年夏天，德國聯邦卡特爾調查局（Federal Cartel Office）和亞馬遜達成協議，亞馬遜承諾會針對全球第三方賣家，提前三十天發出停權通知。這樣絕對能減輕無辜賣家被停權的問題，但也會遭不擇手段的賣家利用，在三十天的預告期，用仿冒品或掛羊頭賣狗肉的手法，敲消費者的竹槓。

賣家遇到問題時，必須致電亞馬遜客服部，但結果不見得總能如意。一名害怕觸怒亞馬遜的匿名賣家這樣描述他的經驗：「遇到問題時，你得和某個亞馬遜的境外員工交手，他們根本不知道自己在說什麼。通常你懂的比他們還多，你告訴他們怎麼做，然後希望他們能幫你去做那件事。他們缺乏能力，根本是在折磨我們。」

只有生意做得嚇嚇叫的賣家，才負擔得起亞馬遜昂貴的顧客服務。每個月付五千美元的賣家，可以聯絡什麼都知道的電話客服人員，他們會說純正的英文，而且理論上來說，了解你遇到的情況。這是亞馬遜當做副業經營的賺錢小生意。假設亞馬遜每年付給客服人員五萬美元，平均每個人一年處理二十五個賣家帳戶。每一名薪資五萬美元的客服人員，可以替亞馬遜賺進超過一百萬美元，利潤豐厚。那位大受挫折的賣家說：「亞馬遜應該要免費服務，卻向我們收取好幾千美元的月費。」賣家為何願意支付高昂費用？他們把這筆錢當做買保險。高營收帳戶如果被停權，即便只有幾個星期，也有可能損失數十萬美元的收益。

亞馬遜的中國商家數量愈來愈多，讓這份保險變得更有價值。世界各地都有玩法弄權的人，大部分的中國民眾也是誠實和辛勤工作的人，但本書訪問的許多亞馬遜賣家和顧問表示，中國第三方賣家出了名喜歡投機取巧。有些賣家說，中國賣家有時不遵守法律、不負責任，還會大用「黑帽技術」攻擊其他亞馬遜賣家*。中國甚至有人舉辦大型會議，教賣家這些在亞馬遜賣東西的伎倆——有的並不合法。

許多與會者是資金充裕的中國工廠，以前幫美國和歐洲的亞馬遜賣家生產商品，發現許多人經營得很不錯，就開始過河拆橋，直接在亞馬遜上自己賣，賺更多錢。亞馬遜積極招募這些賣家。先前提過，亞馬遜有一項「龍舟計畫」，為中國賣家提供專屬的運送服務，讓他們把產品送到美國，比美國賣家使用一般運送服務便宜。為何要為他們提供一流服務？這群廣大的中國賣家想要接觸美國市場，貝佐斯的目標是成為他們的首選平臺。亞馬遜在這一塊的主要對手，是用全球速賣通（AliExpress）平臺賣東西的中國電商龍頭阿里巴巴。

貝佐斯的策略讓中國很高興，但許多眼見市場被中國侵略的美國和歐洲賣家則是感到氣餒。中國賣家在起跑點偷了幾步，掌握住那些賣家的產品設計，了解線上搜尋和產品區隔的精髓，在二〇一九年形成一股不容小覷的力量，以數百萬美元為後盾，在亞馬遜推出自己的品牌。二〇一八年的時候，約有三分之一亞馬遜賣家是中國人，十大賣家中有四個是中國賣家。光是二〇一七年，就有超過二十五萬名新加入的中國業者開始在亞馬遜做生意。

美國和歐洲會舉辦不對外開放的線上亞馬遜賣家論壇，讓與會者分享交易的經驗和訣竅。論壇上，充斥著對中國賣家違反規定的抱怨。採取割喉戰術的美國和歐洲賣家也

＊譯注：黑帽泛指不正當的駭客手法。

會成為抱怨對象，但他們多半抱怨中國賣家。最常出現的抱怨是駭客行為。意思是，賣家駭進對手的帳號，奪走他的亞馬遜頁面。看起來跟原本的頁面很像，但已經不同了。駭客偷走別人的網頁設計、圖片和產品介紹。駭客掌控網頁。亞馬遜的顧客在那個頁面購物時，不曉得賣家的真實身分。

有一名賣家發現自己遭到中國賣家盜取帳號，寫信過去抱怨。他回憶：「他們只是取笑我，說我可以到中國捉他啊。」他為什麼不聯絡亞馬遜，讓他們關掉假的中國網頁？他當然可以這麼做，但他害怕會被報復。他說：「他們只要向亞馬遜檢舉，說我賣仿冒品就行了——那不是事實——但亞馬遜會把我停權。（亞馬遜）先開槍再問話。他們會立刻把我停權兩到四週，讓我進入審核程序。」這是個可怕的念頭。在實體店面的世界裡，等於你在大街上經營生意不錯的店，有個稽查員過來叫你關店，關到申訴案件解決為止。

駭客盜取帳號的主要原因不是搶業績。（雖然他們顯然有這麼做。）最終目的是要竊取其他賣家的銷售資料。在亞馬遜的世界裡，這是黃金。他們可以看見被駭產品的銷售量、暢銷色、暢銷款式，以及最有效果的廣告搜尋字。這些道德淪喪的賣家，不必花時間金錢制訂成功的網路廣告策略，只要駭進別人的網頁竊取資料就行了。

假如沒有用，有些不老實的賣家會買通亞馬遜的員工，從他們手中取得資料。亞馬遜曾在深圳開除過一批收取賄賂的員工，他們以八十到兩千美元不等的金額，將資料賣給想要排在前面和擊敗對手的中國賣家。這些被賣出去的資料，包括內部銷售數據和評論者的電子郵件。賣家可從竊取得來的資料及其他資訊，知道競爭對手花多少錢買下廣告關鍵詞，他們只要多出一點點，就能在競標中買下這些搜尋字。這些竊取資料的小偷，會讓在亞馬遜經營有成的對手受到重創。

有一名歐洲的亞馬遜賣家被中國的競爭者用網路機器人攻擊，業績因此下滑一半。這些網路上的破壞者不斷搜尋她的關鍵詞（她用最高價錢標下的搜尋字），然後從關鍵詞點進她的網站，卻不買東西。競爭對手還會大量購買商品再退貨。亞馬遜的演算法對這些事盯得很緊，它會這樣判定：「嘿，賣家標下關鍵詞，有很多購物者點進去，卻沒有人買東西，她的產品一定很爛。」演算法向來以顧客為尊，便把她的產品往後挪到第三頁，沒有幾個購物者會看到那邊去。她說：「一旦被放到第三頁，可能要砍掉重練。」

為了在亞馬遜上贏過別人，賣家很需要好評，但得到好評並不容易——除非你用買的。有些商家會為產品花錢買假的五星評論——在接案網站 Freelancer.com 和 Fiverr.com，以及 Facebook，有很多人做偷天換日的勾當，樂於收錢美言幾句。美國聯邦貿易委員會（FTC）接到申訴電子郵件，說亞馬遜有個保健食品賣家付一千美元給專門搞鬼的公司，讓他們製造三十則假的好評，並提議長期合作，讓產品的評分維持在四・三星以上。

最有殺傷力的假評論就是攻擊對手賣仿冒品。亞馬遜有很多次，都是先把被指控賣假貨的無辜網站停權，直到賣家證明他們賣的是真貨為止。亞馬遜曾經對接案寫假評論的人提告，但假評論至今仍是亞馬遜網站上的一大問題。

另外還有業配文俱樂部，賣家會免費提供產品，要求對方替產品撰文。有些接業配的人比較有良心，但有很多人只想拿產品，當一堆免費產品擺在面前，實在很難公正地寫出評語。此外，這些業配的人通常只會寫好話，要是給人寫壞話的印象，業配的生意就做不下去了。

最怪異的手法就是駭進別人的網站偷評語。柯林特・赫登（Clint Hedin）是經營有成的第三方賣家，他的商品從草皮打洞鞋、園藝水槍到營養補充品，五花八門應有盡有。有一天，他一覺醒來發現，有個中國賣家得到亞馬遜的允許，把噴水槍商場的照片和產品說明，改成賣HD天線的照片和產品說明。「中國賣家盜走頁面，想要竊取評語。我的園藝噴槍有五百九十則四・五星到五星的好評。這件事代表的是，如果你想賣天線，這六百則好評能讓你賣得更好。你不需要大費周章行銷。太瘋狂了——他們賣的是HD天線，但開箱影片和照片裡面是園藝噴槍。」顯然很多購物者只會看有幾顆星星和評論數，根本不會拉下去檢查，否則就會看出評論講的是園藝噴槍，不是HD天線。

這起網站被駭事件讓購物者混淆。有些人以為他們買的是天線，結果收到園藝噴槍，讓赫登的商譽受損。他試著聯絡亞馬遜改正，卻沒有下文。赫登說，即便亞馬遜把魚目混珠的網站關掉了，那個中國賣家用的是幽靈帳號，直接拍拍屁股走人，隔天又用不一樣的名字出現。最後，他決定把商品下架，但亞馬遜說，倉庫的未售出商品要收保管費。赫登付錢叫亞馬遜把東西寄還給他，並把噴槍捐給當地的慈善機構，因為這件倒楣事損失數千美元。

假評論的問題嚴重到讓前高盛交易員薩烏德．哈里發（Saoud Khalifah）因此做起周邊生意，成立辨假公司（FakeSpot）。起因是，他在亞馬遜訂了一些獲得五星好評的健身器材，但使用一週東西就壞了。他回去看那些評論，注意到評語裡面，有破碎的語言和奇怪的詞彙組合，很像那種奈及利亞王子要你寄錢過去，幫他拿回巨額財產，再和你一起分享的電子郵件。二〇一五年，哈里發為自己和朋友設了一個網站，目的在分析亞馬遜評語裡的怪異語言和其他詐騙跡象——舉例來說，只有一句話的五星評論，很有可能就是假的。在亞馬遜網站購物時，哈里發會把評語頁面的網址剪下，貼到他的程式裡，判別那會不會是假評語。

哈里發的網站大受歡迎，在二〇一九年，分析了超過四十億則亞馬遜和其他網路商家的評語。目前為止根據觀察，他估計約有三成的亞馬遜評語很可疑。亞馬遜會用機器學習技術來剔除假評語，但亞馬遜網站上每天快速增加一堆評語，實在很難管理。能怎麼辦呢？聰明的消費者應該要有戒心，商品得到太多五星評分，或有很多簡短評論用類似的話吹捧商品，要抱持懷疑。有一種策略是檢查三星評論，因為三星評論最有可能公正評判商品的好壞。不老實的賣家不可能會付錢給評論工廠，叫他們寫出平凡無奇的三星評論；而給予一星評論常常是怪人，喜歡抱怨出貨紙箱凹陷，或產品不是他們期待的藍色——誰在乎那是什麼意思。

當然嘍，有時指控賣家販售假貨的評論是真的。仿冒品實在太氾濫，二〇一八年亞馬遜甚至首度在財報裡提到，仿冒品在亞馬遜網站上變成嚴重問題。有些業者控告亞馬遜沒有善加預防仿冒品。生產賓士汽車的豪華汽車製造商戴姆勒公司（Daimler），控告亞馬遜讓侵害戴姆勒設計專利的輪胎在亞馬遜網站上販售。田納西有一家人則是控告亞馬遜，說他們買到仿冒的體感平衡車，因而引發火災，把房子給燒了。亞馬遜正在開發能更輕易查出假貨的 ＡＩ 演算法，但在那些程式變得更聰明以前，誠實的商家和顧客依然有被仿冒品矇騙的風險。

雖然亞馬遜絕對會對沒在網路賣東西的小商家造成威脅，但亞馬遜打造可靠的網路市集，讓超過兩百萬家公司在網站上賣東西。這些商家不只受亞馬遜挑戰，也要互相競爭，但商家數量與日俱增，許多生意做得不錯。說亞馬遜讓上千間家庭式零售業者倒閉——美國總統川普上任這幾年，也讓數以千計的商家倒閉——卻未通盤考量亞馬遜與廣大亞馬遜賣家之間的互動關係，實在是扭曲事實。

對大型傳統實體零售商來說，亞馬遜帶來的威脅更大，而且迫在眉睫。

10　無人機之歌：機器人遊戲

亞馬遜在二〇一七年六月十六日宣布以一百三十七億美元收購全食超市，在業界引發軒然大波。零售業者的股價暴跌，執行長們愁雲慘霧，行家紛紛開始預測誰會是下一個受害者。亞馬遜花了不只二十年，成為世界上最強大的網路零售商，為何還想投資實體零售這門過時、利潤又薄得跟紙一樣的生意？除此之外，亞馬遜對這一塊又了解多少？

亞馬遜內部顯然對這兩個問題的答案很清楚。首先，亞馬遜在美國的網路生意成長趨緩——對市占率這麼大的公司來說，這是必然結果——所以不攻占下一個重要灘頭，也就是傳統市場，亞馬遜就無法繼續快速擴張。亞馬遜是網路巨獸，但整體來說零售還是非常龐大的產業——在美國，每年零售產值為四兆美元——亞馬遜只在整個市場裡占據一小塊。以全球來說規模更大，零售業每年產值高達二十五兆美元，亞馬遜在這裡占比更小，只有百分之一。

第二，貝佐斯及其副手熱愛嘗試新事物。在亞馬遜掌管全球的電商業務、尊榮會員服務事務與全食超市的高階主管傑夫・威爾克，謙虛地講了一個故事，說亞馬遜在收購這間高級連鎖超市前，對食品雜貨生意所知不多。收購案公開以後，他飛往奧斯汀和全食超市開員工大會，解釋交易背後的思維。威爾克和全食超市執行長約翰・麥基（John Mackey）一起出現在講臺上，說他非常尊敬這間高級連鎖超市在有機食品上的投資，還說全食超市的食品應該能讓他活得更久，並且感謝麥基與臺下的超市員工。中途他對著麥基說在飯店吃了一道藜麥蔬菜，這在十五年前的德州根本不可能。麥基對他說：「傑夫，藜麥不是蔬菜。」

在我訪問威爾克的過程中，威爾克面帶微笑回顧那次意外插曲，承認亞馬遜對實體零售還有很多要學，而收購全食超市將能幫助他們在陡峭的學習曲線上快速爬升。網路零售生意的品項多到無法勝數。亞馬遜要在網頁上刊登幾億種商品，並不需要太多成本。但是實體商店貨架空間有限，只能放幾千種商品，不能放幾百萬種。主管必須決定要讓哪些東西上架。錯誤決定會影響業績。威爾克在二〇一八年八月接受我的訪問時說：「現在我們擁有全食超市一年了，我能告訴你，銷售、店鋪布置、正確採購商品、決定有限的貨架該放哪些商品，這些都是有學問的。」

傳統零售正在經歷激烈轉型。自從沃爾瑪創辦人山姆・沃爾頓（Sam Walton）一九六二年在阿肯色州羅傑斯開了第一間店，讓眾多家庭式小商店倒閉，開啟超級商店的時代後，這是傳統零售面臨到的最大改變。今天只在網路上賣東西已經不夠了，只在實體店面賣東西也不夠。能同時提供最佳網路購物體驗以及最佳實體店面購物體驗的業者，將會占有優勢。這種無界線的零售模式，將實體店面與網路結合，為消費者帶來便利的購物方式。接下來貝佐斯會以這種方式，大力推動他的零售ＡＩ飛輪。

這股新興趨勢背後，有一群又一群追求便利購物的消費者。他們希望能上網購物，能在店面拿網購物品，由商店貨運到府，或單純在傳統商店購物。而且顧客似乎希望，交貨速度愈快愈好。二〇一八年，專門防範詐欺的新創公司托斯特夫（Trustev）調查發現，十八到三十四歲的購物者，有百分之五十六希望能有當天送達的選項。意思是顧客要求今天買、今天到手——不能有破雞蛋、缺件、融化的冰淇淋。沒有零售商會想去面對，發現送來的商品缺少有機雞胸肉後，餓著肚子、怒氣沖天的一家子。品牌商譽可能因此永久受損。

亞馬遜的威爾克說：「我認識的顧客，沒有人早上醒來會說：『我今天要去哪裡買東西呢？』他們一醒來就問：『我需要什麼？』如果剛好在電腦或手機附近，可能會用電腦手機買東西。如果剛好開到商店附近，會進去店裡買。現在，我們的商店看起來和其他零售商愈來愈像，其他零售商也向我們看齊。顧客會自己決定。」雖然有些人喜歡花時間在店裡找新鞋或酷炫的運動用品，但大部分的人都不想多花時間買沒意思的東西，例如牛奶、穀片、洗衣劑。基於這個原因，零售業者認為，無界線購物將大受歡迎。

網路和實體世界重疊的新零售模式，將可能進一步造成零售商倒閉。首先，美國的人均零售商店數約是其他富裕國家的四倍，將在不遠的未來，面臨到最為劇烈的改變。而且不太上賣場的千禧世代，可支配所得有一大部分是花在手機、串流媒體、保健和學貸。他們也喜歡網路購物，所以需要的商店數量愈來愈少。其次，多數傳統零售商缺少讓自己在網路上吸引目光的電腦專業能力。就算他們想在網路世界出頭，很多都負擔不起培養這種專業能力的花費——近年來，有些大型零售商被私募股權公司或避險基金接手，更是導致公司債臺高築。西爾斯百貨、玩具反斗城，這些經營已久的大型零售業者會經營不下去，其中一個原因就在這裡。二〇一七年有超過六千家美國商店宣布倒閉，最少有五十家零售店提出破產申請。二〇一九年，許多知名零售商，包括尼曼馬庫斯（Neiman Marcus）、Gap、健安喜（GNC）和樂器零售商吉他中心（Guitar Center），都背負沉重的債務。

正當許多傳統零售商背著債務逆流前行，努力應付善變又對價格敏感的消費者，亞馬遜收購全食超市已近兩年。二〇一九年三月三日，《華爾街日報》的報導揭露，電商龍頭亞馬遜計畫在各大城市，包括洛杉磯、芝加哥、華盛頓特區等，推出新的連鎖超市品牌，消息一走漏，再次震驚業界。全食超市主要販售健康食品，產品線有限。對全食超市的經營信念不熟悉的顧客可能會抱怨：「喂，奧利奧巧克力餅乾在哪？」亞馬遜的回應是推出新的超市品牌，提供各式各樣的食品（包括好吃卻不太健康的東西），以及美妝產品（比食品更有賺頭）。

這個舉動釋放強烈訊息，表示亞馬遜不打算將食品雜貨生意，拱手讓給沃爾瑪。隨著電商之王揮鞭進軍實體零售業，美國食品雜貨霸主、全球最大零售商沃爾瑪，開始豪擲數億美元加強數位零售事業，想要在網路世界裡，與亞馬遜一較高下（我們會在下一章詳述）。

亞馬遜在為進軍實體商店做準備，但它的野心不僅放在食品雜貨業。二〇一九年，亞馬遜經營四十二間小型零售商店，包括亞馬遜無人商店、亞馬遜四星商店和亞馬遜書店。開頭並不順利。店裡的東西要讓顧客目眩神迷，這和經營全世界最大的網路市集是兩回事。亞馬遜在紐約時髦的蘇活區開亞馬遜四星商店時（主打在網站上獲得四星以上評等的商品），《紐約時報》大肆批評：「這裡單調至極。一間常設商店，卻像草草布置的清倉拍賣快閃店，平凡又了無生趣。連鎖業者『清倉大拍賣』（Lot-Less Closeouts）的商店還比較迷人有活力。」

截至二〇一九年，亞馬遜只開了十五間無人商店，購物者可以在那裡買現成的食物，例如三明治、沙拉和飲料，不用到櫃檯結帳；這些無人商店似乎比四星商店更受歡迎，亞馬遜沒有理由不趕快再推出幾家。加拿大皇家銀行資本市場（RBC Capital Markets）分析師算出，每一間無人商店能帶來一百五十萬美元的年收。若彭博社報導說得沒錯，亞馬遜將在二〇二一年，開到三千家無人商店，產生四十五億美元的年收。

不過，目前為止，亞馬遜在實體商店投下最大的賭注是食品雜貨業，因為這是個金雞母。二〇一七年，美國人在超市買了超過七千億美元的食品雜貨。網路銷售只占整體營業額的一小塊，但市場研究公司凱度預估，在美國，食品和酒類的網路銷售額，將會從二〇一七年的一百四十一億美元，來到二〇二一年的四百億美元。

目前沃爾瑪是美國的雜貨業之王，占整體銷售額百分之五十六。克羅格公司排名第二，市占率百分之十七。亞馬遜的全食超市只占零頭，比百分之二略高一點。所以，貝佐斯為何要買下這間不是很有分量的連鎖超市？收購全食超市的五百多間店面後，亞馬遜在城鎮和郊區取得了亟需的地產。同時擁有一批喜歡高檔食品雜貨的顧客，與亞馬遜的尊榮會員特質相符。亞馬遜接手時，約一半的全食超市購物者已有尊榮會員資格，而且十名全食超市的顧客裡，有八名也會到亞馬遜網站買東西。亞馬遜開始在全食超市推出尊榮會員購物折扣——又是一種將購物者牢牢綁在亞馬遜生態系的方法。從全食超市的觀點來看，與亞馬遜結合，能讓他們免於被激進的加納避險基金（JANA Partners）惡意收購。除此之外，以沃爾瑪為首的食品雜貨業，割喉戰打得愈演愈烈，全食超市能在此際得到資金與專業技術，與其他業者一較高下。

那些說亞馬遜科技實力驚人並因此擔憂的零售業者，他們的擔心不是沒有道理。在食品雜貨市場的大戰裡，勝利將會屬於配送最快、食物最新鮮、錯誤最少的業者。貝佐斯用來顛覆食品雜貨業的計畫，就是讓訂購食物簡單到只要說一句：「嘿，Alexa，我需要牛奶和香蕉。」然後商品會在幾個小時內送到門口。聽起來很簡單，但成功辦到卻很難。需要強大的ＡＩ實力。

為了快速出貨贏過旁人，亞馬遜在每個產品環節努力創新。亞馬遜販售的每項商品，都要從農場、牧場或製造商送往倉庫——有時亞馬遜的演算法會判斷，商品需要送到離需求更近的其他倉庫。先前提過，基本上，亞馬遜在擴張零售事業的過程，正逐步變成一間規模龐大的運輸公司；若以目前的速度繼續成長，亞馬遜的貨運艦隊也很有可能成為顛覆運輸業的重要參與者。

亞馬遜的動力來自節省成本。據估計，二〇一八年亞馬遜的全球出貨量為四十四億件包裹。亞馬遜為了降低從中國、印度及其他國家將商品運至美國和歐洲倉庫的成本，正在招募大軍，集結貨櫃船、巨無霸噴射貨機和半聯結車。（優比速、聯邦快遞、DHL，你們聽見了嗎？）根據花旗集團的說法，亞馬遜掌控長途運輸包裹後，比透過優比速或聯邦快遞運送，每年多省十一億美元的運費。

亞馬遜很清楚這個數字，正在大舉投資達成節省運費的目的。二〇一九年，亞馬遜旗下擁有超過一萬輛畫著微笑標誌的卡車。亞馬遜租貨櫃船載貨，處理從亞洲送來的商品，他們說二〇二一年，亞馬遜的機隊將有七十架噴射貨機。（在噴射貨機方面，聯邦快遞擁有或租用的飛機為六百八十一架。）亞馬遜要在德州、伊利諾州、俄亥俄州和肯塔基州北部設立地區空運中心。亞馬遜艦隊確實正在壯大。

聯邦快遞和優比速數十年來重金打造龐大的運輸團隊，有些運輸業專家懷疑，亞馬遜是否真能建立足以匹敵的貨運系統。而運輸業在過去，大大忽略了亞馬遜的威脅。二○一八年底的一場投資人電話會議中，聯邦快遞執行長弗雷德．史密斯（Fred Smith）告訴投資人：「目前我們並未將他們視為平起平坐的對手。」但大型連鎖書店邊界書店（Borders）和邦諾書店（Barnes & Noble）懷疑，亞馬遜確實有能力顛覆書市，看看後來發生什麼就知道了。亞馬遜是由AI驅動的物流巨擘，我們不難想像，亞馬遜能用AI計算出，比現有公司更省錢的長途運輸方式，並開始為其他公司提供運送服務——和亞馬遜打造雲端運算事業AWS的模式差不多。

聯邦快遞在二○一九年中宣布，他們將不再處理亞馬遜的美國包裹，顯示出聯邦快遞終於承認亞馬遜是個大威脅。事實上，聯邦快遞在證交會上市公司申報年度報表（10-K）披露，近幾年來電商龍頭亞馬遜重金打造運輸艦隊，聯邦快遞已將其視為競爭對手。

當購物者在網路上訂購物品，將商品送到顧客家裡，業界稱為「最後一哩路」；而這一哩路過程複雜、成本高昂。多年來，包括亞馬遜在內的許多公司都採行中央倉庫出貨的方法，除了貨品配送巨頭「新鮮直達」（FreshDirect）之外，其他公司都不太成功。倉庫配送的方式，無法配合超市龍頭需要的周轉速度，而且鮮食送到家裡，可能已經不新鮮了。採用此一模式的「網路貨車」公司（Webvan）在二〇〇一年破產，被亞馬遜併吞了，而亞馬遜本身的配送服務事業「亞馬遜生鮮」（AmazonFresh），目前也撐得很辛苦。亞馬遜生鮮網路雜貨服務每月收費十四・九九美元，在紐約、芝加哥、達拉斯、倫敦、東京、柏林等二十三座城市營運。但亞馬遜生鮮不如姐妹事業，沒有提供一流的顧客服務。《商業內幕》指出，有些顧客抱怨品質不佳、農產品損壞、包裹未妥善包裝、取消或延遲出貨、貨品經常有缺。二〇一八年，評量顧客滿意度的「淡金顧客體驗評比」（Temkin Experience Ratings）顯示，亞馬遜生鮮掉了十三個百分點，在食品雜貨業者當中敬陪末座。

全食超市是亞馬遜拿來解決食品配送問題的方法。全食超市的店面，與全美百分之四十的人口，僅一小時的車程距離。將來這些店面很有可能同時肩負倉儲的任務。由於全食超市的蔬果和易腐商品的周轉率很高，很有機會準時送達，滿足顧客對新鮮度的要求。目前亞馬遜的全食超市配送服務承諾兩小時內送達，尊榮會員訂單金額滿三十五美元即可免付運費（但要給送貨員小費）。在某些市場，顧客可以上網訂購商品，自己去全食超市將雜貨載回家。

亞馬遜及其他所有食品雜貨業者，都面臨到昂貴的配送費用，這是業者的一項挑戰。毫無疑問：雖然貝佐斯接受高昂的運費是讓亞馬遜ＡＩ飛輪繼續轉動的必要支出，但這項服務可是花了亞馬遜一大筆錢。二〇一八年，亞馬遜在配送服務花了兩百七十億美元——相較前一年增加百分之二十三。單筆配送成本最高可達七至十美元。最後一哩是讓成本飆高的地方，有可能占總出貨成本一半以上。

食品雜貨配送為公司增加的成本實在不容小覷。聘請和訓練挑揀、包裝、配送新鮮農產品的人員，所費不貲。亞馬遜的優勢——科技——正好派上用場。亞馬遜開發的機器人技術，可以用在配送食品訂單，削減人事成本，但有其困難之處，尤其是機器人不擅長挑揀貨品。如果顧客比較喜歡成熟的草莓，機器人要怎麼從沒有成熟的草莓之中，挑出熟透的草莓呢？在亞馬遜的祕密研究室裡，機器學習團隊想出怎麼讓機器辨識草莓的熟度。方法就是運用視覺辨識技術，讓機器了解哪些草莓已經可以吃了。機器會挑出最紅、最成熟的草莓，就像它能從一群人裡辨識出某個特定的人。

為了降低成本、加快速度，這幾年亞馬遜嘗試將地區配送工作，外包給收費比聯邦快遞或優比速低廉的小型自營快遞公司。亞馬遜有當日到府配送服務事業「亞馬遜物流部隊」，採外包給自營業者的方式經營。由承包商駕駛自己的汽車送貨，並依照配送訂單收費，方式與 Uber 雷同。事實上，有些亞馬遜物流部隊司機晚上會當 Uber 司機。就像許多零工經濟裡的工作者，這些司機覺得難以維持生計。他們替亞馬遜把包裹送到別人家裡和公寓大樓，賺個十八到二十四美元的時薪，但是扣除油錢、保險費和維修成本，他們拿到的錢其實會比那個數字少很多。此外，亞馬遜物流部隊的司機是獨立的承包商，雖然有些人身穿亞馬遜的制服、聽亞馬遜主管指揮，卻沒有亞馬遜的員工福利。

而且這份工作不好做。為《大西洋雜誌》（*The Atlantic*）撰稿的艾拉娜・西繆斯（Alana Semuels）曾經花了一天，在舊金山當亞馬遜物流部隊司機。她描述在市區停車對非商用車輛來說是個噩夢，最後她不得不拖著約十三・六公斤重的包裹步行兩個街區，大概每走一百步就要停下來喘口氣。她說自己「努力克制怒氣，使勁拖著包裹，送到科技公司的辦公室，在那裡工作的人有免費食物和高薪，一副整天上網購物的樣子。科技讓這些人享有好生活，卻讓我承受壓力、暴躁易怒。我厭倦了等待可能是好的、也有可能壞掉的載貨電梯，往下走了九層樓，然後回到車上，面對另外一堆包裹。我在筆電草草寫下：『做這活兒真不划算』」。

除了一群又一群的零工經濟工作者在大街上奔跑送貨，亞馬遜還請了小型貨車運輸公司，協助處理愈來愈多的當日送達包裹。這個方式能替亞馬遜省錢，卻也帶來不少棘手問題。二〇一八年，《商業內幕》報導，替這些公司工作的司機開的是「窗戶破掉、鏡子碎裂、車門卡住、剎車不靈、輪胎抓地力很差」的卡車。大約就在那個時候，兩百多名快遞司機控告亞馬遜和其中一間外包貨車運輸公司欠薪。亞馬遜說他們會針對快遞司機的薪資做出重大變革，確保支薪方式更公平透明。

外包貨車運輸公司鬧出負面新聞後，亞馬遜在二〇一八年宣布推出「快遞服務合作夥伴計畫」（Delivery Service Partners），進一步往快遞巨擘的目標邁進。運作方式如下：亞馬遜說他們會購入兩萬輛賓士廂型車 Sprinter，想在當地經營快遞業務的創業家可申請加入。二〇一九年，有超過一百名創業家新秀與亞馬遜簽約，有些是亞馬遜的自家員工。

針對新的快遞計畫，亞馬遜說他們在尋找「以顧客為念的人，要喜歡在步調快速、日新月異的環境裡帶領團隊」。符合資格的人剛開始至少能拿一萬美元的資金。（至於想要當老闆的亞馬遜員工，亞馬遜最多給予一萬美元的成本資助，並提供三個月的薪水，幫助他們展開事業。）這些創業家每人管理一組車隊，所屬貨車多達四十輛。若經營得好，每年可進帳七萬五千至三十萬美元。現在判定計畫能否成功還太早，但它能解決貨車胎紋不足、玻璃破掉的問題，而且亞馬遜租給創業家 Sprinter 廂型車，並協助貨車運輸公司營運——當然會用上亞馬遜的科技——所以亞馬遜能監督這些公司，防止有人在薪資或安全性方面動歪腦筋。

儘管亞馬遜做出種種改變，成本問題依然存在。減少付給聯邦快遞、優比速等公司費用，亞馬遜將能省下一些錢，但最後一哩仍然耗資甚鉅。貨車運輸業者要支付承租賓士廂型車的費用、聘請和訓練員工、提供員工福利，還要保留一點利潤。所以亞馬遜要投資數十億美元開發新科技，在長遠的未來改革最後一哩出貨過程，包括自駕廂型貨車、將包裹送到門口的機器人，以及能把博音（Bose）頭戴式耳機放到你家後院的無人機。投資報酬率應該很可觀。麥肯錫顧問公司預估，無人自動送貨能幫零售業者削減成本，幅度達百分之四十以上。代表亞馬遜每年能夠省下不只一百億美元，讓它比競爭者又多了一項優勢。貝佐斯極有可能將省下來的錢，用於降低顧客購買商品的價格，進而吸引更多賣家，並再次降低成本、吸引更多顧客。他的ＡＩ飛輪將持續加速。

有節省成本的好處在面前吸引著他，貝佐斯頭也不回地投入了自動駕駛汽車競賽。亞馬遜的強大電腦運算實力和機器學習專長，讓它在這個領域成為可敬的對手。二〇一六年，亞馬遜為一套系統取得專利，這套系統能幫助自駕車辨識車道的車流方向，讓汽車能安全駛入正確車道。亞馬遜與豐田合作，開發客貨兩用的自駕概念車 e-Palette。兩間公司計畫在二〇二〇年夏天的東京奧運上讓車子亮相。

二〇一九年初，亞馬遜以七億美元投資密西根的電動皮卡及運動型休旅車製造商里維安（Rivian），福特也在同一年稍晚，以五億美元投資里維安。大約同一時期，亞馬遜以五億三千萬美元投資矽谷自駕車新創公司歐若拉（Aurora）。歐若拉的三位創辦人——史特林．安德森（Sterling Anderson）、德魯．巴格內爾（Drew Bagnell）、克里斯．厄姆森（Chris Urmson）——都是自駕車業明日之星。安德森曾負責特斯拉自動輔助駕駛計畫，巴格內爾在Uber掌管自主與感知團隊，厄姆森是Google自駕計畫負責人；Google自駕計畫已轉型為全球首屈一指的自駕車公司「Waymo」*。歐若拉公司不生產汽車，而是開發讓自駕車運作的AI大腦，並計畫與亞馬遜之類的零售商和汽車製造商合作，打造最先進的自駕車。

亞馬遜當然不是自駕車競賽的唯一參賽者。根據CB洞見的研究，全球至少有四十六家公司在開發自駕車技術。大型汽車製造商通用汽車、福特、BMW、奧迪；科技公司字母公司、百度、微軟、思科，網路叫車服務平臺Uber和滴滴出行，零售商沃爾

* 譯注：Waymo來自a new way forward in mobility，意指通往未來的移動新方式。

瑪、克羅格、阿里巴巴，以及許多新創公司，例如歐若拉和 Udelv*，都在此列。

有件事幾乎可以斷定，就是第一批大量自動駕駛汽車，會以快遞貨車的形式出現，因為自駕車載運包裹，比載客風險低多了。要是有機洗沐品牌布朗博士（Dr. Bronner）的卡斯提亞橄欖液態皂，在小車禍中被撞爛了，雖然是件不幸的事，但無傷大雅。發生意外時，自駕貨車的程式設計會犧牲自己，避免讓行人、腳踏車騎士或其他汽車駕駛受傷。換句話說，它們會選擇撞樹，不會去撞行人或其他汽車。此外自駕貨車還有一項先發優勢，就是路線多半可以預測，所以更能輕易掌握城市裡的複雜交通狀況——減少開錯路和發生意外的機會。

許多創新公司已經在與大型零售業者合作，推動自動駕駛貨車計畫。二〇一八年一月三十日，矽谷新創公司 Udelv 表示，他們在加州聖馬提歐，為德瑞格超市（Draeger's Market）完成首次自駕車送貨服務。這輛汽車的ＡＩ大腦設於阿波羅公司（Apollo）的軟體平臺，由中國搜尋引擎公司百度所打造。百度在與字母公司的 Waymo 以及其他業者比賽，看誰能建立一套業界標準——類似自駕車的安卓系統。接著，Udelv 與沃爾瑪合作在亞利桑那州遞送商品。二〇一九年，一間名為 Nuro 的新創公司在亞利桑那州斯科次代爾，為克羅格執行快遞服務，這些約六百八十公斤重的自駕貨車，可以乘載約一百一十三公斤的雜貨，樣子就像一九六〇年代福斯迷你巴士的縮小版。運費為五．九五美元，沒有最低消費金額的限制。

每間公司的自駕送貨服務方式略有不同，但基本概念在於，顧客使用智慧型手機應用程式，要求在某段時間內送貨。程式和 Uber 很像，可在貨車前往指定地點的過程，追蹤貨車路徑。待貨車抵達門口，包裹抵達通知和取貨密碼會發送給顧客——可能是食品雜貨類商品，也有可能是乾洗衣物，或處方藥品。顧客走向貨車，在車身螢幕輸入密碼，儲貨空間的車門會迅速打開。包裹取走後，車門關上，繼續開往下一站。

自駕貨車有各式各樣的車款和大小。二〇一九年初，亞馬遜在華盛頓的史諾霍米須郡的人行道，讓六輛名為「Scout」的自駕貨車亮相。淺藍與黑色搭配的雙色電動送貨車，看起來就像裝了輪子的小型冰箱。它們能以步行速度在人行道上行駛，不會撞到行人或寵物。Scout 裝有許多感應器，幫助它們在街道上辨識方向和繞過障礙物。自動駕駛快遞機器人會在認出目的地時停下來，傳訊息通知購物者，並將頂部的蓋子掀開。購物者將包裹取走後，Scout 會關上蓋子，開回去接下一趟任務。目前為止，亞馬遜對

＊譯注：Udelv 是 you deliver（為你快遞）的簡寫，發音大致為「優德夫」。

Scout 的運作很滿意。二〇一九年夏天，決定將計畫擴大至南加州。

雖然 Scout 似乎很適合出簡單的送貨任務，但它還沒有辦法完全取代人類。至少現在，機器人還不會開門、爬樓梯、按門鈴，或在下雨天將包裹塞進內外門之間，防止包裹被雨淋溼。只有顧客在家時這些貨車才能完成任務，因此實用性有限。如果顧客不在呢？貨車要等多久？亞馬遜和其他公司相信，這個問題有一種解決方式，就是設立可讓機器人投遞包裹的個人密碼箱。但推行這類基礎設施，短則幾年，長則數十年。而且，要是有調皮搗蛋的孩子，把 Scout 機器人弄倒了呢？或者，Scout 大軍會不會塞在人行道上？這些車子或許能解決最後一哩的問題，但它們會衍生出「最後五十英尺」的問題。

不是所有自動駕駛貨車都在地面運作。二〇一三年貝佐斯在哥倫比亞廣播公司（CBS）的《六十分鐘》（*60 Minutes*），向記者查理．羅斯解釋，亞馬遜的無人機如何在半小時內，將約二．三公斤的包裹送至顧客手中。這件事的重要之處在於，根據貝佐斯的說法，亞馬遜的包裹約有百分之八十六，重量不超過二．三公斤。無人機遞送可替亞馬遜縮減人力，多節省數十億美元。

無人機有很多優點。理論上，它們比加汽油的送貨卡車排放更少溫室氣體，能將救命藥品遞送至偏遠地區。無人機能幫忙監測公共管線是否正常運作，並將重要補給品送往災區。運用無人機，鄉下地區的消費者也能擁有更便宜、更多樣化的快遞方式。在中國，網路零售商京東已經在使用無人機，偏遠山區的送貨時間，從數日縮減到短短幾分鐘，成本大幅削減。那還只是無人機與其他快遞技術的運用開端。京東執行長劉強東說，未來十年無人機與其他AI技術，將比過去一百年進化得更快。

貝佐斯在《六十分鐘》的訪問中談到，無人機技術尚在非常初步的階段，但他對無人機抱持樂觀態度，認為二〇一九年就能用無人機送貨。這一天一延再延，送貨無人機在美國還不普遍。二〇一八年，美國聯邦航空總署（Federal Aviation Administration，簡稱FAA）要求亞馬遜進行兩年半的試行計畫，以蒐集相關數據和了解無人機對空域的影響，亞馬遜的實施計畫因此必須放慢腳步。英國倫敦蓋威克機場在那一年，被民用無人機闖入，導致關閉數小時，說明了FAA的擔憂。但FAA正在逐步開放限制。二〇一九年四月，FAA允許Google母公司「字母公司」在維吉尼亞州測試無人機送貨服務，在美國開了先例。亞馬遜立刻跟上。

亞馬遜極盡所能加快無人機的運用腳步。亞馬遜無人機送貨服務部門（Amazon Prime Air）主管鮑伯・羅斯（BobRoth）正在開發交通管理系統，希望能讓無人機在四百英尺以下的空域，安全低空飛行。亞馬遜無人機送貨服務的辦公室設在西雅圖、以色列特拉維夫、英國劍橋和巴黎。羅斯與團隊成員正在打造一套完全自動化的系統（沒有航管員），讓無人機避開飛機、直升機和其他無人機。這套系統也能讓FAA追蹤無人機，在緊急事件發生時劃出禁飛區。

當無人機開始在空中頻繁出現，可以想見，亞馬遜將會受到當地團體的大力反擊。有些人擔心隱私問題——無人機的攝影機會不會用來監視大家？無人機製造商表示，攝影機的解析度很低，只能協助飛行和提升無人機運作品質。現在也許是這樣，但沒有人能保證，攝影機不會提高解析度和變得愛管閒事。

噪音是更令人擔憂的問題。二〇一七年NASA研究發現，無人機往來的高頻噪音，比交通繁忙的住宅區車流，嘈雜程度高出許多。當字母公司旗下飛翼公司（Wing），開始在澳洲坎培拉波尼森郊區，用無人機將熱咖啡和熱食在三分鐘內送至顧客手中，嗡嗡聲響引來人們反彈。加入波尼森反無人機團體（Bonython Against Drones，簡稱BAD）的當地居民簡恩．吉萊斯比（Jane Gillespie）表示，無人機呼嘯而過時聲音很大、頻率很高，有如「一級方程式賽車駛過」。這個反無人機社區團體向當地政府提出訴願，要求停止無人機送貨服務。吉萊斯比與其他BAD成員的反對不無道理。無人機的噪音實在可怕。但不足以構成停用無人機的理由：儘管許多選民提出申訴，坎培拉政府依然在二〇一九年初正式許可無人機送貨服務。

無人機支持者說大家只是還不習慣無人機的嘈雜聲響，但這麼說實在不具安撫效果。不難想像，在未來的反烏托邦社會，一批批引人煩躁的無人機將在許多郊區或鄉下地區劃破寧靜。受噪音所苦的美國人無法指望FAA幫他們解決問題。這個聯邦機構同時負責管理和促進民航空運。一旦FAA核准商用無人機——這件事很有可能發生——就沒有回頭路了。

不管是無人機、Scout 快遞機器人，還是和一般汽車相同大小的自駕貨車，自動駕駛送貨工具都比人類送貨員更符合經濟效益。這就表示，未來是自動駕駛貨車的天下，人類將必須習慣在馬路上往返的自駕送貨工具。剛開始，這些機器會帶來一些意想不到的怪事。在密西根州安娜堡的一項試行計畫中，福特油電自駕混合車 Fusion 將達美樂披薩送到郊區住宅門口。錄影畫面顯示，有些客人在收到披薩後，向這輛汽車道謝。我們很難理解怎麼會有人這麼做。也許他們害怕機器人大王接掌世界後，第一件事就是調閱以前的記錄檔，看看誰對機器人很好、誰對機器人不好。

亞馬遜在機器人技術、機器學習和自駕送貨領域具有專業能力，將帶領世界走向混合式零售，消費者將能在店面買東西和網路購物，也能兩者兼用。這是零售業的未來發展方向，亞馬遜在用科技威力徹底改變遊戲規則。亞馬遜轉型為混合零售商，不只能在新市場成長（例如食品雜貨業），還能進一步提升效率，籌集更多資金。麥肯錫說亞馬遜進攻自動駕駛車輛領域，將能省下一百多億美元，就是最好的例子。省下那一筆錢和其他類似成本，亞馬遜將擁有更多資本，為顧客壓低商品價格，打造和購買更多實體店面。或許，如傳言所說，亞馬遜甚至會買下塔吉特百貨（Target）——讓貝佐斯的ＡＩ飛輪愈轉愈快。

目前為止，美國只有一間公司，能在規模及智慧科技方面，與亞馬遜一較高下。

11 哥吉拉大戰摩斯拉

二〇一六年夏天，馬克・洛爾和許多創業家前輩一樣，發現公司缺少與亞馬遜較勁的火力。他經營的新創電商公司 Jet.com，向千禧世代消費者販售時尚高級品——例如：天然保養品牌「Yes to」的葡萄柚面膜和美國智慧型手錶品牌 Fitbit 的愛奧尼亞手錶——以毛利十億美元的銷售業績快速成長。洛爾和其他同業領導者明白零售業正在轉型，顧客體驗會沒有明確分野。光有實體店面，或是光有網路商店，都已不再足夠。成功的零售業者必須為顧客提供五花八門的實用選項——可以依照個人偏好，選擇在店面購物、上網訂購店面取貨，或在數日或數小時內，從快遞收到網購商品。這個概念存在好一陣子了，但實行起來困難至極。洛爾知道，提供混合式購物體驗必須擴大公司規模，需要龐大的資金。他從創投基金募得兩億兩千五百萬美元，但離所需金額差一大截，於是他找上亞馬遜的勁敵：沃爾瑪。

那年秋天，沃爾瑪以三十三億美元買下 Jet.com（以及洛爾）。當時，根據某些分析師的估算，Jet.com 價值十億美元，所以從某個角度來看，這筆交易包括用二十億美元買下洛爾。全球零售霸主沃爾瑪認為，洛爾擁有網路科技長才，能鬆動亞馬遜對電商領域的主宰。二〇一八年，亞馬遜占美國電商銷售額近四成，在電商市場，亞馬遜的規模是沃爾瑪的十倍。一名權威人士曾經嘲諷，說沃爾瑪收購時髦網路購物公司，就像陷入中年危機的中年男子花大錢植髮。

洛爾看中的是，沃爾瑪擁有追上亞馬遜所需要的規模和資金。總部設在阿肯色州本頓維的沃爾瑪，在全美各地擁有約四千七百間店面。Jet.com 能在這些店面的方圓十哩，接觸到百分之九十的美國人口。為了與亞馬遜尊榮免運競爭，沃爾瑪開始推出，購物金額滿三十五美元即可一日免運到府，不過，關鍵在沃爾瑪處處有店面。洛爾認為，這些店面可以變成巨大的在地倉庫，讓購物者網上訂購路邊取貨，或在訂購後幾小時內送過去。洛爾說：「我們在全美各地的商店，有一百二十萬名夥伴，能幫我們完成這項任務。如此一來，我們能在兩小時或當日，用比別人優惠的價格，送出生鮮食品、冷凍食品和一般商品。」沃爾瑪的顧客也可以在網路上訂購商品，然後開車到最近的超級商店免下車路邊取貨。科溫公司分析師指出，二〇一九年一月，約有百分之十一的沃爾瑪購物者使用路邊取貨服務。顧客直接開到超級商店，由員工將商品放進後車廂。

洛爾很清楚亞馬遜是怎樣的對手——先前提過，他曾在亞馬遜工作。二〇〇五年，他和威尼特・巴拉拉（Vinit Bharara）在紐澤西創立網路零售公司奎德西——英文名稱「Quidsi」來自拉丁字「quid」和「si」，意思是「如果……會怎樣」。奎德西旗下公司 Diapers.com 為苦惱的父母，提供隔日送達尿布或其他嬰兒用品的服務。創投公司給了這間公司五千萬美元的資金。兩位創辦人喜歡公司採獨立經營的風格。不過，在保有距離的情況下，他們也很欣賞貝佐斯的網路經營能力，並用日本人對武術大師的稱呼「老師」（sensei），來尊稱貝佐斯。

新手爸媽很愛 Diapers.com。二〇〇八年，奎德西的收益就成長到三億美元。根據布萊德・史東的《貝佐斯傳》所寫，奎德西引起貝佐斯的注意，亞馬遜開始大幅降低尿布價格，與 Diapers.com 削價競爭。洛爾和團隊成員曾經算過，發現亞馬遜在那三個月，為了做尿布生意，快要損失一億美元。洛爾與創業夥伴發現前途黯淡，於是開始與沃爾瑪和亞馬遜談收購。史東寫道，當貝佐斯知道沃爾瑪也有興趣時，亞馬遜的高階主管「更進一步施加壓力，威脅奎德西創辦人，說『老師』不到手不罷休，要是他們與沃爾瑪合作，將不惜把尿布的價格降到零元」。二〇一〇年，洛爾與創業夥伴不再抵抗，將奎德西以五億五千萬美元賣給了亞馬遜。回顧當時的交易，洛爾表示，他覺得不得不賣掉公司，主要不是因為亞馬遜打流血戰，而是因為當貝佐斯鎖定他的公司，投資人便不再提供資金，他們沒有與電商龍頭長期打價格戰的資本。

洛爾在亞馬遜的任期並不長久。根據交易條件，奎德西應該要是獨立於亞馬遜之外的公司，但亞馬遜最後吸收了這個事業體，Diapers.com 這個名稱也跟著消失了。

沃爾瑪收購 Jet.com 之後，執行長道格．麥克米倫（Doug McMillon）讓洛爾負責美國的電商事務，掌管沃爾瑪網站與 Jet.com，放手讓他打造具創業精神、能夠快速成長的網路事業，與亞馬遜的物流事業相互匹敵。另外，沃爾瑪執行長也想確保，面對前方的硬仗，洛爾能有好的薪資待遇。根據二〇一六年《女裝日報》（*Women's Wear Daily*）的調查，那一年洛爾成為零售、時尚、美妝業薪資最豐厚的高階主管，入袋一百四十萬美元的薪水和紅利，以及價值兩億四千兩百萬美元的股份。沃爾瑪支付這筆錢，希望這位前創業家能帶著沃爾瑪的商店、物流本領和雄厚資金，痛宰亞馬遜。

沃爾瑪最早從一九九九年開始在網路上販售物品，離貝佐斯創立亞馬遜不久。當時沃爾瑪投身網路的目的，是要為顧客創造混合式購物體驗。聽起來很熟悉嗎？在二〇一一年的一場分析師電話會議上，時任沃爾瑪網站執行長的喬爾・安德森（Joel Anderson）解釋，這項策略是要「建立多重購物管道」。意思是，沃爾瑪要利用網路拓展產品類別，為網路購物者提供商店出貨、隔日到府的服務，並提供三種免運方案——根據安德森的說法，分別是「快速、更快速、最快速」出貨服務。那樣的策略在當時，對沃爾瑪來說很合理，卻無法引起顧客共鳴，最後不了了之。

洛爾承認，沃爾瑪太晚打進網路零售這一塊，對科技的投資太少，所以有很多地方要趕上進度。與亞馬遜網站相較，沃爾瑪網站沒有五花八門的選擇、直覺化操作介面和友善顧客的功能。也沒有會員制，不像亞馬遜的尊榮會員能享有各項好處，例如看電影、看電視、看書、聽音樂和免費的兩日內到府服務。對沃爾瑪來說，網路形成典型的創業者矛盾——身為零售商，沃爾瑪要大舉進攻電商市場有難處，因為這麼做會衝擊實體店面的好生意。

洛爾準備與亞馬遜一戰，而沃爾瑪擁有一項傲人優勢：經營實體店面的專長——這是實現混合式零售的關鍵。正如亞馬遜積極建立實體店面王國，沃爾瑪也努力將吸引人的網路購物體驗，融入已經很強大的實體店面事業。沃爾瑪請來一批又一批的資料科學家，擴大沃爾瑪網站能購買到的商品類別，邀請小型零售業者在網站上賣東西，努力統合AI和機器學習技術來給顧客更好的購物體驗，並嘗試加快出貨速度。在美國，只有沃爾瑪有專業能力，口袋又夠深，能正面迎戰亞馬遜。

亞馬遜即將接掌世界的說法甚囂塵上，我們很容易忽略，沃爾瑪的規模幾乎是亞馬遜的兩倍。沃爾瑪在二〇一八年，營業額來到五千億美元，不僅是全球零售霸主，也是全世界最大的公司。沃爾瑪在美國擁有四千七百家店面，令亞馬遜的五百五十家店面相形失色，而且沃爾瑪海外還有六千家店面，亞馬遜只有一百家。沃爾瑪遙遙領先。問題是：沃爾瑪是否能快速轉型成混合式零售業者，不讓亞馬遜專美於前，削弱沃爾瑪在食品雜貨生意上的利潤？不管是誰，都會認為，沃爾瑪贏面很大，但華爾街不這麼看這一局。即便沃爾瑪的規模是亞馬遜的兩倍，沃爾瑪的二〇一九年股票市值，卻只有亞馬遜的一半。

沃爾瑪相信自己能用擅長手法——蠻橫搶奪零售生意——打敗亞馬遜，而且這次要加快腳步和大力仰仗智慧科技。洛爾說：「我們來談亞馬遜的成功之道。撇開科技，撇開他們的AWS雲端事業，撇開數位娛樂和所有大家談論的東西。最後會回歸到零售事業這個核心。」在洛爾的想法裡，那意味著，顧客想要的東西，都要有吸引人的價格，還要用可預料的方式快速到手。「很棒，因為那正是我們擅長的打法，就是物流和銷售。」

兩間龍頭公司將會起衝突，競爭非常激烈，但並不表示，一定要有人戰死沙場。亞馬遜和沃爾瑪都擁有專業能力、資本和強健的資產負債表，能夠轉型為混合式零售商。我們可以想像，在美國，亞馬遜和沃爾瑪成為兩大購物平臺，各自劃分勢力範圍。

洛爾解釋：「如果要我來猜事情會怎麼演變，我說到最後，亞馬遜主要占據沿海和城市地區，沃爾瑪則會占據中心地帶。目前大概就是這種態勢，亞馬遜在城市地區有優勢，沃爾瑪在美國中部占上風。」一般而言，沃爾瑪比亞馬遜的價格更優惠——對賣東西給鄉下地區中低所得購物者來說很有利。而且沃爾瑪的商店和倉庫，比亞馬遜的倉庫更靠近這些顧客；亞馬遜的倉庫位置通常比較靠近大城市。所以，在美國中部某些地方，亞馬遜要把當地居民經常訂購的物品送過去，時間花得比較久。

別忘了，沃爾瑪在紐約市沒有店面（但沃爾瑪在二〇一九年宣布，要在布隆克斯建造倉庫，以利商品出貨）。全食超市在紐約有十三間店面。兩間公司都有豐富的品項，有能力快速出貨，已在美國各地插旗——其他零售商想要和他們競爭並不容易。在國際上，這場競賽局面就不一樣了。你可以把幾家零售業龍頭想像成殖民勢力，將世界分割成不同的勢力範圍。阿里巴巴和京東會是中國最普遍的平臺。亞馬遜在歐洲最普遍，其中特易購或許會占據英國，家樂福占據法國，施瓦茨集團（Schwarz Group）或奧樂齊超市（Aldi）占據德國。亞馬遜、阿里巴巴、沃爾瑪會在擁有十三億消費者的印度掀起大戰。

儘管無界線零售被人們講得天花亂墜，但二〇一九年，只有一小部分的購物者在網路上買食品雜貨。要讓網路上訂購的食物完好無缺地送到顧客手中，比其他物品困難得多。前一章討論過，蔬果、魚類、肉類和其他易腐商品，保存期限較短；有些東西放在倉庫裡，容易碰傷或壞掉。沃爾瑪比亞馬遜更有優勢的一點是，沃爾瑪能利用為數眾多、規模較大的商店，將生鮮雜貨比全食超市更快送到較遠的地方。而且沃爾瑪超級商店為數眾多、存貨周轉率高，表示沃爾瑪比較不會有剩食的問題——對零售商來說，剩食很棘手。

沃爾瑪超級商店本身有賺錢，所以當顧客從網路上訂購雜貨，雜費已經涵蓋在成本裡面。新鮮直達和亞馬遜生鮮等公司，將食品雜貨存放於倉庫，再從倉庫送到顧客家裡，就必須收取雜費，形成成本劣勢。洛爾說：「店內人潮和送貨到府結合有神奇力量。」在他的願景裡，未來的商店將有一塊小區域，供顧客在店內購物，店面後方則有廣大的倉儲空間，為網絡訂單出貨，或提供路邊取貨服務。但那樣並沒有讓亞馬遜停止加碼。先前提過，傳聞中亞馬遜將打造全國性的食品雜貨連鎖店，商品樣式比全食超市多，價格比全食超市低——這間連鎖店將正面迎戰沃爾瑪。

儘管沃爾瑪和亞馬遜競爭激烈，雙雙投入重本，但在家庭食品雜貨這一塊，它們都還有很長的路要走。其中一個難題是，網路購物者很難弄清楚他們買的是什麼。顧客逛全食超市網站，看見商品小照片，有價格、大小和重量資訊，但購物者可能會搞錯。有一次我從全食超市訂了一小盒看起來像涼拌高麗菜沙拉的東西，結果送來一個很大的塑膠盒，裡面裝著「綜合」涼拌高麗菜，內容物有高麗菜和紅蘿蔔絲，但沒有美乃滋或其他醬料。誰知道是這樣？我很確定，全食超市會為這起烏龍事件補償我，但誰會想為了修正，大費周章聯絡他們？全食超市會針對購物者發展出一條學習曲線。最後，商店系統會更清楚某個人的偏好。也許在未來，Alexa 會告訴我：「你確定要訂購綜合涼拌高麗菜嗎？那只是一大盒沒有味道的高麗菜和紅蘿蔔絲喔。」

兩間公司都想辦法，透過 AI 和機器學習，來減少混淆的狀況。亞馬遜在這方面具有優勢。多年來，有上億名消費者在亞馬遜網站上購物，亞馬遜因此得知他們的購物習慣。像沃爾瑪這樣的實體店面零售商太晚進軍電商，沒有如此深入的資料。沃爾瑪近來在紐約試推捷黑計畫（JetBlack），希望能藉此扭轉局面。捷黑的顧客繳交六百美元年費入會，可從沃爾瑪、Gucci、蒂芙尼、露露檸檬（Lululemon）等商家訂購五花八門的品項，同時享受產品推薦和當日快速到貨服務。沃爾瑪員工會到家裡拜訪捷黑會員，問他們喜歡和不喜歡的地方，深入了解他們的購物習慣，等會員下次上網買東西，沃爾瑪就會知道，他們想要的是半加侖的地平線（Horizon）有機低脂牛奶。洛爾說，顧客上網購物時，有八成機率購買推薦商品。

捷黑的概念，不是要讓沃爾瑪逐一拜訪顧客，重點在於，幫沃爾瑪深入了解顧客習慣，將習慣轉換成ＡＩ演算法。系統會日益自動化。洛爾說：「這是長遠計畫。概念在未來不會有人類互動。只有了解你的機器，它知道你要什麼、喜歡什麼。」等到演算法發展到那麼厲害，語音購物將會是更適當和簡便的購物方式。儘管如此，在語音辨識技術改良上，亞馬遜超前沃爾瑪好幾光年。Alexa 等智慧型裝置在全世界快速擴散，在這場競賽中大幅領先。沃爾瑪透過 Google 個人助理進行語音購物，與顧客之間相隔一層，比較難蒐集到珍貴的購物資料。

沃爾瑪也像亞馬遜，努力疏通食品雜貨運送的最後一哩路。從事零售的沃爾瑪，與科技公司百度、Waymo、Udelv 合作開發自駕貨車。在自動駕駛貨車真正上路前，沃爾瑪會持續改良現有出貨系統。二〇一九年沃爾瑪推出計畫，由商店員工直接將食品雜貨放入顧客的冰箱。送貨員身上配戴攝影機，在顧客門口的智慧型電子鎖上，輸入僅一次有效的密碼，走進屋內，將保鮮不易的食物（例如：牛奶、冰淇淋、水果、蔬菜）放入冰箱。為防止竊盜或破壞財物，顧客可使用手機應用程式，從錄影轉播或實況轉播，看著送貨員進屋，將雜貨袋放入冰箱。起初，消費者不在家，不會願意讓陌生人進入家裡，但不少人會習慣，就像有些屋主已經習慣在 Airbnb 上，告訴陌生人如何進入屋子。目前為止，沃爾瑪沒有接到投訴，不過，總有一天，會有凶惡的羅威納犬對陌生送貨員表達不歡迎。

洛爾相信，將食品雜貨直接放入冰箱能節省成本。沃爾瑪將不必再用保冷箱包裝牛奶和冰淇淋，而且沃爾瑪將在送貨時間上擁有更多彈性。沃爾瑪經常遇到的問題是，大家都希望在下午四點到晚上八點收貨，也就是他們下班回到家的時間。採用新系統，沃爾瑪就能在主人不在家時送貨到府，如此一來，沃爾瑪可以用更符合邏輯的方式，將包裹分批，縮短路程和節省時間。二〇一九年，這項計畫只在一個市場進行測試。洛爾說：「但我們有宏大的計畫，這是未來趨勢。我們會先吸引勇於率先嘗試的人，然後再擴大規模。」

沃爾瑪和亞馬遜掀起大戰，用混合式購物瓜分美國零售市場，其他零售業者看樣子前途渺茫。但有一群精神可嘉的零售商正在找尋方法，以迂迴戰術智取商業巨擘。

12 無懼亞馬遜的公司

只要開門做生意，就有顧客進來購物，這樣的時代已經過去了。零售業者陷入生存大戰，激烈辯論什麼才是商店的本質。是行銷平臺嗎？是讓人遊逛的地方？還是讓人網購取貨的地點？二〇一九年《紐約客》有一篇漫畫，畫著一對年輕夫妻兩手空空走出店門，總結了商家的尷尬處境。男子對女子說：「他們露出希望我們不會直接在網路上買的樣子，看了讓我心裡感到暖暖的。」

對許多一個模子刻出來的零售商來說，情況就是這麼嚴酷。但是比起不正面迎擊，那些試著超越亞馬遜的商家，還是能有光明的未來。如果在商品種類、低價、快速出貨方面，業者無法與亞馬遜競爭，就必須以其他方式做出區隔。要找出亞馬遜難以抗衡的策略。主軸是什麼？未來的零售商將把重點放在四大領域：一、運用數位科技，融入超棒的網購體驗，在店面營造不同凡響的購物體驗；二、提供精挑細選的獨家商品；三、大量投資科技，包括用心經營社群媒體；四、加碼投注於社會使命，讓顧客感覺前來購物是件好事。

我要在這一章介紹的公司，都掌握住其中一項原則，將生意經營得有聲有色。然而，從長遠來看，亞馬遜正如火如荼地入侵實體零售業，光是掌握其中一項策略，並不足以與其競爭。任何想在亞馬遜世界保持領先的人，都必須掌握其中二至三項，甚至四項全數掌握，因為亞馬遜必定會在它打造的實體店面王國，將這四項原則發揮得淋漓盡致。

有些公司，例如Nike和絲芙蘭（Sephora），已經順利統合網路與實體店面購物體驗，讓顧客的消費經驗更有價值。有些公司，例如威廉思索諾瑪，則是販售其他地方找不到的高級炊具和廚房器材。時尚精品零售商，例如「飾提取」、ASOS和露露思，用科技為顧客帶來亞馬遜所無法提供的獨特體驗。「飾提取」請來一群資料科學家。在科學家的幫助下，網購顧客挑到款式喜歡又合身的衣服，機率大幅提升。英國的ASOS用數位科技，鎖定了全世界愛好時尚的二十幾歲顧客，業績正快速成長。他們推出每日時尚與生活風格快報，精心策劃產品，努力與顧客建立感情連結。露露思善用

IG與其他社群媒體，培養出一大群熱愛露露思的粉絲。瓦爾比派克則是主打，消費者每購買一副眼鏡，就會捐一副眼鏡給開發中國家，並確保這項社會使命廣為人知，使業績蒸蒸日上。這些是獨門策略，但基本上都穩當。任何商家，若是不知該如何打造絕佳的網購與店面購物體驗，都可以參考。

與亞馬遜競爭，我們通常會去思考，什麼是亞馬遜不擅長的事？沒錯，這個電商龍頭商品五花八門、服務一流、價格吸引人、出貨迅速。但你可以這樣想：它是在適當時間、正確地點，將商品以高效率提供給顧客的機構。除了沃爾瑪和阿里巴巴，多數公司都難在價格和速度上贏過亞馬遜。而亞馬遜不在行的事，就是提高品牌辨識度——誰說得出亞馬遜的卡其服飾或中世紀風格家具叫什麼名字？——還有無法讓顧客感覺特別。亞馬遜規模龐大，想為廣大顧客群提供客製商品，或用心設計特別體驗，極可能會被自身重量壓垮。

有一間公司在亞馬遜森林發展得很好，就是奧勒岡州比佛頓鞋子服飾製造商Nike。Nike將店內購物體驗與網購串連，顧客能在虛實世界順利轉換。要做到這點，必須密切整合顧客的個人資料，管理範圍包括：在家網購、用智慧型手機網購、店面購物，以便打造高度個人化的消費經驗——二〇一八年，Nike在紐約第五大道推出頂尖旗艦店，就有這種能力。這不是一間單純的店面，Nike將其命名為「創新之家000」，用三個零來代表「原創」（origin）和起點；Nike表示，這是「適合紐約的旗艦店」。

這間占地約一千九百一十一坪的商店，共有六層樓；身穿實驗白袍的店員，在店裡匆忙穿梭，招呼顧客。Nike表示，在他們的概念裡，店員要了解當地顧客，掌握顧客的偏好和喜好變化。因此，Nike的第五大道商店有一層「快速購物專區」（Nike Speed Shop），用當地行銷資料和社群媒體的回饋資訊，來決定貨架陳列哪些商品，並依照附近購物者的需求補貨。商店裡有稱為「運動員」（athlete）的店員，為顧客提供詳盡的資訊和建議，也有數位顯示器提供參考數據，告知顧客在週末血拼的當地人士都買了哪些東西。Nike的會員制稱為「NikePlus」，購物者可用手機應用程式保留商品，要求放在商店的置物櫃，在方便前往的時間，到店裡試穿或取走。他們還可以用手機結帳，不必在櫃檯前大排長龍。

為了讓球鞋不只是一樣商品，Nike讓購物者可以打造個人化的球鞋，事先指定鞋面材質和鞋帶顏色，甚至可以將Nike勾勾做成天使翅膀。只有NikePlus會員能走進店內最高樓層「Nike專家營」（Nike Expert Studio）。這些顧客享有VIP待遇，包括獨家產品、個人造型課程、跑馬拉松的裝備建議。受到如此用心的關照和擁有多元選項，讓你覺得付兩百美元買一雙球鞋也很值得。目前為止，Nike的混合式策略效果不錯。至二〇一九年初，五年之內，Nike的股價比標準普爾五百指數（S&P 500）成長速度快了不只一倍。

體驗式零售的概念在於，商店應該要提供娛樂效果，或是呈顯出有格調的生活樣貌。這是未來趨勢，率先探索這個領域的並非只有Nike。加州鞋子服飾製造商Vans（范斯）不落人後，也在倫敦開了一間「Vans之家」。這間占地約八百四十三坪的商店提供娛樂空間，讓極限單車和滑板玩家在這裡交流、看電影、聽現場搖滾樂表演，還能在咖啡店喝杯提神飲料，報名參加街頭藝術家湯姆・紐曼（Tom Newman）開的繪畫課，學習怎麼用速寫的方式，畫出穿著Vans玩滑板的經典插畫，重返往日榮光。但最吸引人的還是水泥滑板坡道和碗池，Vans表示，場地設計出自滑板玩家之手，專門為滑板玩家量身打造。Vans之家的活動照片攻占ＩＧ、Tumblr和Facebook，將原有社群緊密結合，同時吸引新顧客踏進商店。

紐約市寢具製造商卡斯普（Casper）認為，他們不是在販售床墊，而是在販售一夜好眠。他們在店裡打造「睡夢天地」（Dreamery），裡面有九個膠囊空間，購物者可支付二十五美元，在裡面用卡斯普的床墊、床罩和枕頭小睡四十五分鐘——卡斯普說睡四十五分鐘剛剛好恢復精神，不會讓人醒來後腦袋昏沉。他們還提供睡袍、眼罩和耳塞。小睡片刻後，會有人帶顧客到休息室喝咖啡。當然，免不了要和業務員聊一聊。方式有效嗎？卡斯普表示，實施後頭三年，整體營收有所成長，營業額超過六億美元。

卡斯普、Nike和其他零售商，在店內為顧客創造具吸引力的購物體驗。不遠的將來，零售科技會變得更精密，進一步整合網路和實體店面的購物體驗。舉例來說，二〇一九年，新創臉辨識技術公司FaceFirst參加在拉斯維加斯舉辦的零售業大會「Shoptalk」，展示了一套在顧客進門時辨識臉部的新系統。商店以簡訊向顧客徵求同意後，店員可以下載顧客的購物紀錄，包括：來店次數、前一次店內停留時間、購買物品，以及官網購買清單。提供個人紀錄的顧客，可以獲得電子折價券或優惠價格。每次顧客走進店裡，攝影機辨識顧客身分，店員的手機會跳出購物紀錄。FaceFirst執行長彼得・崔普（Peter Trepp）在市場研究機構電子行銷人（eMarketer）的播客節目（podcast）表示，他正在和大型零售商合作，這些零售商發現，有百分之五十五的收益，來自百分之四的顧客。崔普說：「他們不知道那百分之四的顧客何時走進店裡。」臉部辨識技術有助於解決問題。

阿里巴巴已經在中國運用臉部辨識技術，來提高付款的便利性（個人應當擁有隱私權，這樣的假設，在中國幾乎不存在）——網路零售巨頭也能同時蒐集到珍貴的顧客資料。阿里巴巴附屬支付機構「螞蟻金服」，二〇一七年底推出「微笑支付」系統，可用來在杭州中國肯德基餐廳等商家付款。螞蟻金服投資百勝中國，而百勝中國擁有中國肯德基。新系統運作方式為：用餐者走向多媒體事務機，上面有大小類似冰箱的螢幕。用餐者滑動菜單，選擇炸雞、可樂或其他想吃的食物。付款時，顧客只要對螢幕中間的圓圈微笑。餐點費用會從用餐者的帳戶扣除。不用錢包，不用信用卡，不用現金，不用智慧型手機，肯德基餐點就這樣送到飢腸轆轆的顧客手中。

剛開始，大部分的人會排斥被攝影機檢視。二〇一八年研究機構「財富相關」（RichRelevance）針對購物者進行調查，發現百分之六十一的受訪者認為，被商店用臉部辨識系統查出身分，讓他們覺得「毛骨悚然」。恐懼來自兩個源頭。一個常見的抱怨原因，是商家可用臉部特徵辨識顧客身分，取得一堆個人資料，侵犯個人隱私。另外一層顧慮是系統不安全。網路騙子能從 Facebook 竊取某人的影像，拿給臉部辨識技術螢幕看，然後在肯德基吃免費大餐，甚至有可能，從銀行的自助提款機偷錢。

大多數的消費者最後會忘掉臉部辨識技術的隱私問題。可以說，幾乎每一個人，個人資料都被業者和政府掌握了。比起保險公司或雇主得知私人病史，業者下載個人的購物紀錄，邪惡程度不算什麼。一如多數新科技問世，臉部辨識技術的早期使用者，會告訴朋友有多方便，然後其他人紛紛跟著使用——例如：iPhone X 的使用者，很快就喜歡上臉部辨識解碼系統。

可以放心的是，臉部辨識應該會比其他付款方式來得安全。信用卡號碼、駕照資訊、護照都有可能被偷或忘記，因此發生身分遭竊，每年造成數十億美元的損失。其實你很難騙過臉部辨識支付系統。阿里巴巴為了測試系統，在肯德基連鎖店讓一名年輕中國女性戴金色假髮化濃妝，和另外四名戴粉紅色和藍色假髮的相似女性站在一起。攝影機每次都挑選出正確的對象。至於故意從 Facebook 偷照片來用，這套系統會用 3D 攝影機分辨那是真人還是平面影像。攝影機也設定成會觀察生命跡象，例如眨眼睛或轉頭。假如這樣還對它沒信心，用餐者可以在領取肯德基炸雞桶的時候，輸入手機號碼多加一層保障。汽車鑰匙、家門鑰匙和電腦密碼很快都會被臉部辨識系統取代。等到那天到來，桌面檔案裡記錄的一堆難記又惱人的銀行密碼、有線電視帳單密碼、購物帳戶密碼，統統都可以扔進垃圾桶了。

體驗式零售將有助於吸引顧客前往商店，而臉部辨識技術這類新興科技，能幫零售業者，在顧客上門時，深度追蹤並提供更棒的服務。但那不表示傳統零售商可以忽略網路銷售這一塊。有些實體店面零售商的產品很適合網路販售，例如奢侈商品、訂製服飾、高級家具和廚具，若能直接在網路上販售，將對生意大有助益。你現在可以在亞馬遜網站上，從第三方賣家那裡，以兩千七百二十六美元，購入卡地亞坦克系列男款不鏽鋼腕錶。但是，購買奢侈品有部分重點在購物時的感受，坦白說，在販售二・九九美元佩恩牌（Penn）網球的網站，購買奢侈品牌的手錶，能有多開心？在那個賣卡地亞手錶的亞馬遜頁面上，相關說明很少，未詳細解釋手錶的運作原理和血統，無法和其他卡地亞手錶對照。但顧客在亞馬遜網站購買，比卡地亞官網便宜五十四美元。另外就是，我們並不清楚，獨立賣家是否從卡地亞取得授權，合法在亞馬遜或其他網站販售手錶。會是仿冒品嗎？或者，可能是水貨，從製造商流出來，沒有保固？

卡地亞母公司瑞士奢侈品牌歷峰集團，為全球最富有的消費者提供優質產品，聲譽卓著。現在，他們努力讓購買奢侈品成為更具價值的購物體驗——並將亞馬遜阻擋在外。歷峰集團旗下品牌，除了卡地亞，還有萬國錶（IWC）、萬寶龍、梵克雅寶（Van Cleef & Arpels）。豪奢店面大都設在紐約、巴黎、東京、上海的大街。但歷峰集團發現，有錢人的購物習慣正在改變。近來，時間緊迫的金字塔頂端希望購物快速方便，在智慧型手機螢幕上點一下就行了。為了因應市場變化，二〇一八年，歷峰集團宣布增加對高檔網路零售事業的投資，以三十四億美元，完全收購時尚奢侈品網路零售商伍克斯奈特阿波特（Yoox Net-a-Porter，簡稱YNAP）。YNAP擁有並經營網路零售公司波特女士（Net-a-Porter）、波特先生（Mr Porter）、暢貨網（the Outnet）和伍克斯（Yoox），並且經營超過三十個奢侈品牌電商網站，包括史黛拉麥卡尼（Stella McCartney）、杜嘉班納（Dolce & Gabbana）和蔻依（Chloé）。

歷峰集團重金投資科技、物流和網路行銷，顯示電商在奢侈品市場日益重要。根據貝恩管理顧問公司（Bain & Company）所做的調查，奢侈品的網路銷售額在二〇一七年提升百分之二十四，現在占整體市場的百分之九。貝恩公司預估，奢侈品的占比，會在二〇二五年時提升至百分之二十五。歷峰集團主席約翰・魯伯特（Johann Rupert）說：「踏出新的一步表示我們要讓歷峰更有存在感，而且會把焦點放在數位銷售管道。要滿足奢侈品消費者的需求，數位管道至關重要。」

當然，貝佐斯不會白白讓這些奢侈品製造商擴大網路事業。亞馬遜已大舉投資高檔時尚產業，在布魯克林、東京、新德里和英國哈克斯頓，開設大型時尚攝影工作室。除此之外，也開始推出時尚服飾，贊助政商名流齊聚的盛大活動，例如：大都會藝術博物館慈善晚宴（Met Ball）。亞馬遜也為網站打造了「華麗的門面」，吸引尋找高檔品牌的顧客。近來，亞馬遜和邁阿密熱火隊得分後衛韋德（Dwyane Wade）達成交易，讓韋德在亞馬遜網站上，販售他的高檔運動服飾和球鞋精品。但亞馬遜網站上商品樣式繁多、整體而言偏低價位檔次，貝佐斯要成功營造客製化的奢侈品購買體驗會有困難。最後，奢侈品零售商可以在網路上復刻與富麗堂皇的店面同樣奢華尊寵的體驗，讓顧客擁有亞馬遜所無法給予的獨一無二感，與亞馬遜做出區隔，贏過亞馬遜。

亞馬遜是有上億種產品沒錯，但那並不表示購物者什麼都買得到。另外一種與這頭網路巨獸抗衡的辦法，就是提供通常很難找的特殊高級商品，取悅顧客。威廉思索諾瑪就是藉由這麼做，在二〇一七年成為美國排名第十三的網路商家。

如果你在亞馬遜上輸入「鍋具」，第一樣出現的東西是售價四十三．九九美元的十五件弗瑞米牌（Vremi）不沾炊具組——是的，那是一整套。有兩千兩百二十七名留言者給了這套炊具四．五星。物美價廉！你到威廉思索諾瑪的網站，同樣輸入「鍋具」，網頁會顯示畢耶牌（de Buyer）的 Prima Matera 系列燉銅鍋，零售價八百美元。這只湯鍋由一八一〇年成立的法國公司製造。關鍵在於威廉思索諾瑪掌控這款商品的存貨，確保大部分只在自家通路，以獨家品牌銷售。

有些顧客會直接買下四十三．九九美元的炊具組，但對獨一無二高級商品感興趣的顧客，就不太會在亞馬遜網站購買。威廉思索諾瑪以穩紮穩打的網路零售方式，為自己做出區隔，從網路創造一半以上的收益，並且蒐集六千萬名顧客的資料。他們稱實體商店為「品牌告示板」，實體商店擺放華美奪目的商品，有助於推動網路業績，在網路上創造比店面可觀許多的利潤。

精選客製產品也能幫助零售商避免落入亞馬遜有名的價格流血戰。換句話說，要和亞馬遜在價格上競爭，有一種方法，就是不要在價格上競爭。箱桶之家執行長妮拉・蒙哥馬利（Neela Montgomery）銘記這項原則，將店面現代化並重金投資社群媒體，努力讓高檔德國家具連鎖事業更上層樓。亞馬遜在網路上賣家具，這麼做的還有其他零售商，例如威費爾（Wayfair）和囤貨網（Overstock）。但蒙哥馬利相信，只要她能專注提供精美設計及良好顧客服務，以此創造美好購物體驗，能比其他零售商多收一點錢。蒙哥馬利在接受《華爾街日報》採訪時解釋：「顧客告訴我們，他們真的很重視這點，對我們有深切期許，希望享受別出心裁的服務，與更加個人化的體驗。」這種以顧客為念的想法，讓蒙哥馬利成功經營事業。

箱桶之家能開比較高的價格，原因在於，他們有百分之九十五是獨家產品，顧客看見特別的東西，通常會願意多花錢。在紅酒杯、銀器這一塊，零售商必須提供有競爭力的價格，但蒙哥馬利說：「我們發現，我們一定要把焦點放在做出區隔和鼓勵顧客培養忠誠度，而不是壓低價格與其他業者競爭。」這間公司還有另外一個能開高價的原因，就是他們在全球設有一百二十五間店面，讓顧客能實際坐在家具上，實際觸摸布幔和地毯。箱桶之家的店面有設計專區，協助顧客打造想要的家具——這是亞馬遜所沒有的功能。網路家具零售商就是少了這項優勢，所以經常發生退貨的情形——假如顧客退了一套沙發，後續會衍生出很多麻煩——會讓不滿的顧客變多。

目前為止，蒙哥馬利的公式有效。二〇一七年箱桶之家的同期業績上升近百分之八。亞馬遜開始跳過零售商，直接找上製造商，大舉進軍市場時，像箱桶之家這樣的零售商，面臨更大的挑戰。貝佐斯現在為家具製造商提供精緻送貨服務，退貨簡便不囉嗦。家具製造商只要在亞馬遜網站販售，其他出貨事項、文書作業、複雜的退貨流程，統統交給電商龍頭亞馬遜。

另外還有一種方式，可避免和亞馬遜進入流血戰，就是販售經常需要人員協助的商品。消費性電子產品零售商百思買這樣的事業，不管怎麼看都應該早就被亞馬遜擊垮了。二〇〇〇年代初期，這間明尼蘇達公司在大賣場裡的商店客流量下滑，而且店內販售的電視、小型家電和電腦，大部分都能在亞馬遜網站上，以更便宜、出貨更快的方式買到。顧客到店面只看不買，零售業出現所謂的「展示間現象」（showrooming）。顧客會走進百思買看中一款電視機，然後回家上網用便宜的價錢訂購。百思買的業績和利潤因此大受影響。

二〇一二年至二〇一九年掌管百思買的執行長休伯特．喬利（Hubert Joly），聰明地用「重生藍」（Renew Blue）計策智取亞馬遜。這套策略結合改良過的網路購物體驗，店內則大幅調整為販售需要建議和安裝服務的產品，例如複雜的家庭劇院配線、家用Wi-Fi和保全系統。百思買的服務與安裝部門「怪客小組」（Geek Squad）會到家裡和辦公室，協助安裝這類複雜的產品。麥肯錫數位分析全球事務主管羅德尼．澤梅爾（Rodney Zemmel）說明零售業的整體處境：「你必須問自己：什麼是你能真正守得住的東西？什麼是你能讓商家或其他人依賴的東西？你提供的顧客體驗在品質上如何與他人競爭？」

百思買當然也要壓低價格與亞馬遜競爭。他們開始調整價格，提供免費運送和店取服務。他們用來降低開銷的方法是在店裡設置其他店面。Google、微軟、三星和其他消費性電子產品製造商，都在百思買的店面設置精品專櫃，百思買得以降低零售空間的成本。二〇一六年初起算，那三年，百思買的股價翻了不只一倍——遠超出標準普爾五百指數的表現。

箱桶之家、威廉思索諾瑪、百思買、歷峰，在純網路銷售和純店面銷售之間，找出平衡的方法。這套公式能在未來成為制勝之道。但如果這些公司和其他公司想要追上亞馬遜，就一定要提升科技方面的專業能力。亞馬遜的科技長才眾所周知：它有友善顧客的平臺，讓購物流程更快、更簡單、更直覺。隨著亞馬遜加快ＡＩ飛輪的轉動速度，進一步掌控網路購物，想要一較高下的零售商，基本上，必須成為科技公司，而且要有正確心態——明白演算法是王道。關鍵在於：以獨一無二的品牌結合科技優勢。

將科技發揮得淋漓盡致的公司，有巴黎奢侈品龍頭「酩悅・軒尼詩－路易・威登集團」（ＬＶＭＨ）旗下的絲芙蘭。二〇一七年，這間化妝品零售商市占率擴大，收益成長創下歷史新高。絲芙蘭總部設在舊金山，和它做鄰居的公司有推特、Salesforce.com和Uber。它是美妝零售商，也是一間科技公司。

絲芙蘭不斷嘗試用各種科技系統來取悅顧客。全美各地超過一千一百間絲芙蘭店面，都有一套「色彩ＩＱ測驗」（Color IQ）數位服務軟體，會先掃描購物者的臉孔，再根據對方膚況，計算出最適合的口紅、粉餅、眼線、粉底液色調。最適合的彩妝組合出爐後，會存進資料庫，方便顧客從網路上訂購更多商品。絲芙蘭還建立網路社群「美妝達人社團」（Beauty Insider Community），絲芙蘭忠誠計畫成員可以在裡面分享評語、照片和看到產品推薦。絲芙蘭在 Facebook 放上互動式產品目錄，為粉絲提供資訊。甚至推出絲芙蘭虛擬試妝應用程式（Sephora Virtual Artist），讓顧客在智慧型手機上，透過 3D 實境模擬，看美妝產品畫在臉上的效果。3D 影像就像看鏡子，會隨臉部動作移動。購物者透過程式試用不同產品，跟著老師一步步提升化妝技巧。絲芙蘭多方運用科技，結合實體和網路店面，創造完美銜接的體驗。

絲芙蘭擁有而亞馬遜沒有的關鍵優勢，在於絲芙蘭能利用演算法，將顧客留在自己的應用程式和網站上。如此一來，這間美妝公司便擁有需要的資料，為顧客推薦適當的產品，而且保證是自家產品。至於亞馬遜或在亞馬遜網站賣美妝產品的第三方業者呢？它們不得不和亞馬遜網站出現的其他品牌競爭。

另外一間找出辦法智取亞馬遜的零售商，是在網路上販售女性服飾的「飾提取」。二〇一一年，卡翠娜・雷克（Katrina Lake）正在就讀哈佛商學院，在麻州劍橋的自家公寓創立了自己的公司。這間公司在二〇一七年底上市，市值二十億美元。祕訣是什麼？她運用資料，為網路購物者提供親力親為的服務，令亞馬遜望塵莫及。

賣衣服從來就不是簡單的生意，又有亞馬遜如此強勁的對手。二〇一八年，摩根士丹利表示，亞馬遜將掌握近一成的美國服裝市場，打敗沃爾瑪和塔吉特，成為美國最大服飾零售商。亞馬遜有難以匹敵的多樣化商品、超優惠的價格和簡便的退貨方式，那一年，許多零售商——例如梅西百貨（Macy's）、諾德斯特龍百貨（Nordstrom）、潘尼百貨（JCPenney）——的實際銷售額都下降了，唯有亞馬遜以兩位數的速度成長。你很難在價格和款式上單獨和亞馬遜競爭，而且顧客服務也絕對是亞馬遜的強項。但是，即便以顧客為念是貝佐斯經濟學的關鍵原則，亞馬遜所無法辦到的，就是創造高度個人化的顧客體驗，與顧客產生共鳴。一位私募基金高階主管告訴我：「在傳統零售界，我們會談論商家的眼光。有眼光的商家能預測時尚。亞馬遜不是。你打開亞馬遜的網頁去看，好醜。貝佐斯談論以顧客為念時，範圍很狹隘。他的重點在實惠，不是時尚，也不是親力親為的服務。」確實如此。以亞馬遜的營運規模來說，他們不可能請一堆人，為顧客提供個人化的建議，這樣不符經濟成本。

這樣的缺陷，為各種產業不分大小的企業創造了好機會，可以用來做出區隔。雷克發現，只提供一般購物體驗的零售商將無法成功。於是她率先推動大量客製化與品牌忠誠度兩相結合的銷售策略。她做過研究，得知不是每個消費者都喜歡到店面購物，他們不喜歡在數百件衣服裡找出喜歡的品項。研究結果也顯示，很多人覺得網路購物很無聊。她告訴《洛杉磯時報》：「身為消費者，你不會想在一百萬條牛仔褲裡挑選。你只想要穿在你身上好看又合身的那條。這裡面有很大的商機。市場上沒有消費者想要的購物模式。」雷克決定用一套像Uber那樣客製化的新服務，來填補市場空缺。

「飾提取」的運作模式如下：顧客詳細填寫資料檔（包括預算、衣物尺寸、喜歡的風格、顏色、品牌，以及衣物的穿著場合等），然後每個月、每兩個月或每一季收到一盒商品，裡面有五件衣服、鞋子或首飾。這些商品由「飾提取」的造型師人工挑選，他們會用顧客檔案裡的資訊，找出最有可能讓顧客喜歡的服飾。不論顧客購買哪一種商品，「飾提取」都收取一盒二十美元的服務費。客戶可以留下她們喜歡的商品，不想要的直接退回去就行了。

雷克的祕密武器是同時運用資料分析技術（她有一百位電腦科學家員工），以及受過良好訓練的時尚顧問，由這些顧問人工挑選服飾，提高顧客喜歡訂購商品的機率。雷克接受市場觀察網站（MarketWatch）採訪說：「基本上我們提供的是個人化。舉例來說，我們的資料會顯示，這位客戶留下這條丹寧褲的機率是百分之五十。」

亞馬遜比不上「飾提取」提供的高度個人化體驗。推動亞馬遜商業模式的是演算法，不是人類。目標是盡可能從零售方程式裡減少人力，讓成本維持在低檔。那樣的空缺，給了「飾提取」優勢。雷克致力於讓顧客在購物時，不論手中預算多少，都有智慧資料分析的協助——這在實體店面不符經濟效益，在網路上實行也不容易，而像亞馬遜這種規模大、售價低廉的網路業者，更是不可能。雷克的公式為「飾提取」帶來可觀的成長。這間舊金山公司在二〇一八年會計年度創下十二億美元的業績，雇用約三千五百位全職或兼職的造型師，以滿足顧客的品味需求。

一如所有與亞馬遜競爭的創業家和企業領袖，雷克發現貝佐斯不會坐以待斃。二〇一八年初，電商龍頭亞馬遜推出新服務「亞馬遜衣櫃」（Prime Wardrobe），讓顧客在購買前先試穿衣服。（聽起來很熟悉嗎？）顧客可以訂好幾樣商品，之後再決定哪些留下、哪些退還。亞馬遜衣櫃服務還包括「Echo 造型師」（Echo Look），顧客可以利用搭載 Alexa 的相機，為服裝拍攝照片或影片，從各種角度觀看衣服效果，並將影像分享給朋友，問他們哪些商品適合、哪些不適合穿去重要會議或即將來臨的約會日。

有亞馬遜緊追在後，「飾提取」必須加把勁了，而他們也正在努力。「飾提取」不斷重新投資事業，請來更多資料科學家，改善演算法，並擴張到新市場（例如英國）。二〇一八年，「飾提取」的新顧客增加了三百萬。

另外一間找出方法不落亞馬遜陷阱的小公司是露露思。創辦人是一對母女檔，名叫黛博拉・坎農（Debra Cannon）與柯琳・溫特（Colleen Winter）。網站上以經濟實惠的價格販售波西米亞風女款上衣、麂皮懶人鞋、粉紅色亮片長洋裝，品項琳瑯滿目應有盡有。溫特說：「你去亞馬遜搜尋黑色洋裝，可能會看見一萬種選項。我們的商品經過精挑細選，在顧客需要的時候，提供令他們滿意的商品。我們提供一致的品牌經驗。如果顧客訂購的是『S號』，他們知道衣服會很合身。」露露思總部設在加州，在全世界七十六個國家販售商品，目標客群主要放在追求時尚的青少年男女和千禧世代。但重點在，露露思有敏銳的社群媒體策略幫忙推動成長，在二〇一八年，吸引到一億兩千萬美元的創投資金。

溫特明白，若零售商想要從亞馬遜的陰影下掙脫出來，就要到顧客最常出沒的地方接觸他們，讓購物變得更方便、更有趣。意思是對社群媒體趨勢瞭若指掌，跟著顧客快速轉換到不同的平臺，並確保公司的使用者介面對顧客來說極為友善。以溫特的例子來說，她知道自己的顧客是千禧世代，這群人主要在IG上社交——以及購物。

溫特有上千位具社群影響力的「大使」，替她在網路上傳達服飾訊息。有些人收取酬勞為露露思寫網路文章，有些人單純是熱情的品牌粉絲，喜歡張貼最新流行資訊。露露思大使在Pinterest和IG之類的網站張貼美照和留言，加強品牌知曉度和吸引新顧客。有用嗎？溫特說，這是藝術，不是科學。她的確會計算付多少錢請人貼文，看這樣能收到多少個「讚」和留言，但那無法呈現全貌。溫特說，社群媒體很難用每天新增多少個讚來量化成效。「如果我們每天發十五則 IG 貼文，能收到什麼回報？相信就對了，因為長遠來看是有收穫的。」她說「#Lulus」在 IG 上成為熱門的零售主題標籤，熱門標籤還有「#Chanel」和「#Gucci」。如露露思行銷副總裁諾薇．薩德勒（Noelle Sadler）告訴《廣告週刊》（*Adweek*）：「露露思的顧客有非常多是從口耳相傳得知我們的品牌——包括直接聽朋友說和社群媒體傳播——而 IG 一直都是認識我們的重要管道。」薩德勒表示，IG 使用者點開貼文認識露露思以後，有近百分之三十三的人會進一步瀏覽官網，能帶來生意。二〇一九年，露露思有一百三十萬名追蹤者。

露露思善加利用 IG 的新功能，零售商能直接將商品賣給這個照片分享網站的八億名用戶。現在當用戶看到露露思精心設計的 IG 廣告，他們可以開始直接用 IG 程式購物。他們可以點開「查看商品」（tap to view）的圖示，了解更多細節和價格資訊，然後點選「在網站上查看」（Shop Now）購買露露思的商品。

亞馬遜有很多特點，但它最缺乏的就是社會良知。亞馬遜一直被人批評倉庫工作環境不佳，而且拖了很久才承諾，會讓規模可觀、大量消耗能源的伺服器農場降到零碳排放。新創公司瓦爾比派克認為，在亞馬遜的世界裡，他們的生存之道就是迎合人們的善良天性。自從二〇一〇年創辦以來，追求時尚的眼鏡製造商瓦爾比派克，已經賣出超過一百萬副眼鏡。他們每賣一副，就會捐一副給開發中國家的貧窮人士。（亞馬遜有賣驗光眼鏡，但顧客要把眼鏡拿給驗光師做鏡片。）

什麼樣的商業模式會把產品送人？創辦人尼爾．布魯蒙索（Neil Blumenthal）和大衛．吉爾博（David Gilboa）告訴我，這是聰明的商業模式，因為投入社會使命有助於提升品牌形象及顧客服務。瓦爾比派克生產販售高品質的眼鏡，售價大約一百美元，比傳統眼鏡便宜很多。他們能做到這點，靠的是自己生產眼鏡，在網路上大量銷售，除去了經手驗配行就十倍起跳的價格成本。瓦爾比派克以一流的顧客服務和酷炫有型的店面聞名，這間紐約公司在二〇一八年募得三億美元的資本，市值十八億美元。

由於社群媒體具有說服大眾的力量，而且社會意識抬頭的千禧世代對企業有所期待，所以每一間公司都必須提升自己的企業價值。瓦爾比派克從創辦之初便深諳這個道理。這間公司不只要賺錢，還要讓社會更好，符合顧客的期待。這讓他們比亞馬遜更有優勢，雖然亞馬遜正在扭轉社會和環境方面的名聲，但亞馬遜並未在這些議題樹立強烈形象。

瓦爾比派克的創辦人在賓州大學念商學院，在餐桌邊聊起了經營眼鏡公司的點子。大衛．吉爾博弄丟一副眼鏡，不敢相信竟然要花七百美元買新眼鏡。他找朋友尼爾．布魯蒙索討論，不知做便宜的時尚眼鏡這門生意可不可行。

從一開始，社會慈善就包含在他們的商業計畫。布魯蒙索告訴我：「我們的社會使命從頭到尾都不是附加物。我們的核心想法是建立一種組織，讓我們在早晨鬧鐘響起時，不會只想翻身關掉鬧鈴。」

但創業家要如何不受干擾，專心為世界帶來好的影響呢？他們的首要任務是建立以利害關係人為中心的商業模式，意思是，公司的服務對象包括顧客、投資人和一般社會大眾。瓦爾比派克為顧客提供價格實惠的眼鏡和優質服務，並賺取利潤讓投資人高興。

此外，瓦爾比派克透過社會使命，建立動力十足的工作團隊，由他們提供一流的店面和網路服務——這是瓦爾比派克的金字招牌。布魯蒙索說：「最大的好處是在員工身上，我們能吸引世界上最有才華、熱情洋溢的員工。」為了延續工作熱誠，瓦爾比派克會送工作滿三年的員工到開發中國家，讓他們親眼瞧一瞧，送出去的眼鏡為貧窮人士帶來哪些改變。

布魯蒙索說：「我們最期待的就是，我們想要向世界證明，我們可以擴大事業規模，同時做對世界有益的事，不必把成本加在產品上。」從瓦爾比派克的業績成長來看，顯然消費者對他們的社會使命和熱情洋溢的員工有所回應。他們找到了與亞馬遜競爭的好方法，並且令世界更美好。

這一章介紹的每一間公司都有自己的關鍵優勢。Nike、Vans、卡斯普結合了吸引消費者的網購體驗，打造出一流的店內消費經驗。威廉思索諾瑪和箱桶之家提供精挑細選的產品。絲芙蘭、飾提取、露露思走在零售科技和社群媒體的尖端。瓦爾比派克從明確有力的社會使命創造利潤。

顯然在這些策略當中，有很多主要是適合零售商的策略，但對其他將要承受亞馬遜攻擊的產業來說，也具有參考價值。保健、銀行和廣告產業體質脆弱。屬於這些產業的公司，若能了解貝佐斯經濟學的運作方式會很有用，因為亞馬遜很快也會以低廉價格、一流服務和強大的ＡＩ飛輪，征服他們的領域。

這件事會來得比多數人的想像還要快。

13 脫韁野「馬」

某個秋高氣爽的日子，我來到麥迪遜大道，要在外交關係協會（Council on Foreign Relations）的大樓裡和一位同事見面。他在全球最大且堪稱最有影響力的麥肯錫顧問公司擔任董事總經理。我朋友說的話，全球最有分量的幾位執行長都聽得進去。我長期耕耘新聞報導，也寫過幾本商業書籍，很清楚有哪些位高權重的人在引領時代精神。我們兩個走路聊天時，一致同意近來最熱門的話題就是亞馬遜。執行長們、高階主管們、投資者們，三句不離這個電商巨頭帶來威脅，將要吞掉市場，彷彿一場五級颶風。服飾、食品雜貨、消費性電子產品、媒體、雲端、保健、運輸都在其狂掃範圍。金融界可能是下一個。貝佐斯要進軍我的產業了，我該怎麼辦？我們沒辦法跟他打價格戰。我們比不上亞馬遜的速度、沒有那麼深的口袋，也沒有從 A 字咧嘴笑到 Z 字的鮮明標誌*。我們要怎麼讓公司無懼於亞馬遜？不管走到哪裡，都有被亞馬遜嚇得半死的公司。

我一面走路，一面問我的麥肯錫同事，他有沒有興趣寫一本怎麼和亞馬遜競爭的書。他回答我，說麥肯錫砸大錢給客戶相關建議，為什麼要免費把祕訣說出去？

正如那次和朋友的對話所顯示，有一群顧問在提供建議，教其他公司如何與亞馬遜競爭。為何有如此多業界領袖視亞馬遜為威脅？畢竟，這間公司是成就傲人的電商公司，沒錯，但它對其他產業了解嗎？

那些不怕亞馬遜的人——是還不怕而已——認為過往有許多公司跨界經營卻紛紛失敗。一九六〇年代和一九七〇年代的企業集團——例如：哈洛德・季寧（Harold Geneen）執掌，曾在八十國擁有三百五十間公司的國際電話電報公司（International Telephone & Telegraph，簡稱ＩＴＴ）；查爾斯・布盧多恩（Charles Bluhdorn）的「吞噬公司」海灣與西方工業集團（Gulf andWestern）——剛開始，這些集團在一兩個產業閃閃發光，最後卻被自己的重量給壓垮。不論執行長本人能力多強，都沒有一位執行長能處理如此龐大的集團。截然不同的市場、顧客和技術，讓事情變得太複雜。除此之外，起初事業結合帶來簡省和效率，到頭來，卻因為複雜的官僚主義侵蝕組織，導致企業集團失去焦點，而喪失初衷。

至少，大家是這樣說的。

說到這裡，我們幾乎可以聽見，被貝佐斯威脅的業界領袖同聲喘了口大氣，但先別鬆懈太快。亞馬遜在一件事情上與眾不同。除了全食超市，亞馬遜並沒有收購其他產業的大公司試圖經營。亞馬遜是在新的產業培養事業，偶爾拿點小錢（不超過十億美元）進行策略性收購，買下亞馬遜需要的人才或技術，好讓侵略部隊繼續進攻。想一想網路遊戲平臺 Twitch、數位門鈴新創公司 Ring、網路藥局 PillPack。不管需要多久，亞馬遜都有耐心和資本，等待新事業成功。亞馬遜願意為新事業虧好幾年的錢，而且華爾街願意讓亞馬遜這麼做。不管亞馬遜把目標放在哪個領域，都有辦法把價格刻意維持在低檔，直到吸引夠多顧客成為業界龍頭為止。這些從貝佐斯經濟學教科書擷取出來的戰略，成功應用到許多產業。

亞馬遜的競爭者對這種策略最擔心的是，貝佐斯向來很會挑選顛覆產業所需要的技術。這幾年來，貝佐斯早就用個人名義投資 Google、Uber、推特、Airbnb 和朱諾治療（Juno Therapeutics）。另外一項擔憂則是，亞馬遜有無與倫比的科技火力，可以用於入

＊譯注：在英文裡，從 A 到 Z 也代表應有盡有。

侵任何產業。亞馬遜能掃描網站上的交易，得知潛在顧客身分以及顧客的需求和習慣，做得比其他公司都更成功。一旦亞馬遜將目標鎖定某個經濟部門，它就能運用由龐大顧客資料推動的ＡＩ飛輪，開始慢慢轉動，以超越顧客期待的水準，吸引更多顧客上門，進而賺取公司需要的利潤，以更低的價格提供更棒的產品和服務，不斷吸引更多顧客上門——讓飛輪愈轉愈快。

這就是亞馬遜一九九五年創立時對書市做的事情。連鎖書店因此進入價格流血戰，最後沒有繼續打下去的本錢，讓亞馬遜成為美國最主要的書商。然後亞馬遜認為讀者想要更方便的閱讀方式，便在二〇〇七年推出了 Kindle。經過幾年的虧損和幾次錯誤的起頭，亞馬遜終於掌握了八成的電子閱讀器市場，往消費性電子產品公司邁進。搭載 Alexa 功能的 Echo 音箱是亞馬遜近期最暢銷的產品。亞馬遜以幾乎接近虧損、至多打平的價格販售，讓 Echo 音箱在全世界獨占鰲頭。現在，這間網路零售商將觸角伸到智慧型居家產品市場，生產自己的 Wi-Fi 微波爐、時鐘和監視攝影機，而且品項不斷擴充。二〇一八年初，亞馬遜甚至入股組合式房屋製造商，顯示亞馬遜有一天可能會蓋出，屋內以亞馬遜不斷擴充的智慧型家電品項做為房子的主要特色。在這方面，亞馬遜已經與美國規模最大的建商萊納房屋（Lennar）達成協議，將 Alexa 事先裝設在所有新房子裡。

亞馬遜還有一種入侵產業的方式，就是把他們在內部運作得很好的技術提供給其他公司。亞馬遜在網路上賣書，因此培養出強大的電腦運算能力。何不將這種能力提供給其他公司呢？二〇〇六年AWS誕生。花了十年打造網路能力，亞馬遜發現，他們發展出經營電腦基礎設施和資料中心的核心能力，可以將雲端服務以實惠價格提供給顧客。今天，AWS是世界上最大的雲端運算公司，遙遙領先其他公司。再來，AWS的人也非常擅長AI和機器學習，何不將那樣的知識以吸引人的價格，販售給顧客呢？負責AWS機器學習的斯瓦米．西瓦蘇巴曼尼恩說：「我們把這二十年來在亞馬遜習得的專業能力，統統打包起來提供給顧客。」亞馬遜的機器學習服務事業現在提供工具，協助其他公司開發語音及臉部辨識技術、語音轉換文字技術和其他機器學習技能。AWS提供了一小部分的工具，但這一塊成長速度很快。

這些事情大家都耳熟能詳了。關鍵問題在於：貝佐斯的目標接下來放在哪個產業？想像一下，如果有個程式，能篩選出亞馬遜雷達上的新目標。這個想像中的演算法會產生一份產業清單，這些產業有某些弱點，亞馬遜能輕易攻破——例如：產品賣給大眾市場、服務平庸、產品或服務價格昂貴。貝佐斯曾經嘲諷地說：「你的利潤就是我的機會。」第一次篩選完畢後，演算法會再次篩選，挑出或多或少能被ＡＩ打敗的產業。例如：昂貴的人力（和思考工作）能被聰明的機器取代的事業。

和上述條件最相符的就是廣告、保健、銀行和保險業。亞馬遜已經採取初步行動，伸入這些經濟部門，顯示這些產業已被亞馬遜注意到——雖然保密到家的亞馬遜，並未針對這些行動表示意見。重工業製造公司（例如：空中巴士、波音飛機、紐克鋼鐵）可以不必緊張。高度仰賴人類接觸的公司（例如：餐飲、居家照護服務），技術性要求高的工作（例如：法律事務所、策略顧問公司），也都可以放下心來。其他人則要小心了。

在亞馬遜入侵的產業之中，最有成效的就是廣告業。只要進入亞馬遜網站，就會看見一堆贊助產品的廣告出現在頁面上方——這些數位廣告鼓吹購物者購買氣炸鍋，或樣子千篇一律的連帽運動衫。但亞馬遜並非一直這樣做。貝佐斯多年來堅持要時時取悅顧客，所以亞馬遜以前總是小心翼翼，不願在網站上擺廣告，怕會惹惱顧客或讓他們眼花撩亂。這個鐵律已經改變了。全球電商事業負責人傑夫．威爾克這樣說：「剛開始我們一次賣一樣東西，每筆交易賺一點錢。我們將全副心力放在確實提供一流的購物體驗，我們擔心置入廣告可能會讓顧客從購物體驗分心。我們一步一步慢慢來。我們嘗試找出適當的刊登位置，對顧客有幫助，製造商和品牌也想投標……這幾年，我們剛好找到了真的有效的刊登位置。讓我們事半功倍。我們對廣告的想法是，若對顧客或銷售過程有益，何樂而不為？」

威爾克的話，讓亞馬遜突襲廣告業的舉動看起來很有節制，只是從給顧客想要的東西，自然而然發展出一項事業。事實上亞馬遜下定決心，以其一貫使用的數位專業與貫徹力，顛覆價值三千兩百七十億美元的全球數位廣告市場。目標是誰？有 Google、Facebook、阿里巴巴——掌握全球市場三分之二的三間公司。二〇一〇年代中期，亞馬遜幾乎沒有從網站賺取廣告收益。亞馬遜找出辦法，既能出售網站版面，又不會趕跑顧客，開始進軍廣告業，在二〇一八年，創造高達一百億美元的廣告收益。但在價值一千兩百九十億美元的美國數位廣告市場，亞馬遜排在第三名，遠遠落後前方的 Google 和 Facebook，光是 Google 和 Facebook 就吃下近三分之二的數位廣告市場。但亞馬遜的廣告收益成長快速。二〇一九年，朱尼普研究公司（Juniper Research）報告預測，二〇二三年，亞馬遜的廣告收益將達到四百億美元之譜。而且，亞馬遜已經為了經營零售生意，花錢建造規模可觀的伺服器農場，賺進大筆廣告收益指日可待，廣告將會成為賺錢事業。摩根士丹利在二〇一九年估算，亞馬遜的廣告事業價值約一千兩百五十億美元，超越 Nike 和ＩＢＭ的股票市值，所以廣告很有可能成為亞馬遜的第三根支柱，另外兩大事業則是電商和雲端運算。

亞馬遜對顧客瞭若指掌，這點大部分的行銷業者都只能望洋興嘆。亞馬遜記錄上一個月誰買過湯姆牌（Tom）牙膏、誰喜歡 Nike 多過 Reebok、顧客住在哪裡——亞馬遜當然有顧客的送貨地址——他們在 Prime 影音上看了什麼、在 Prime 音樂上聽了什麼、從替小孩買的玩具判斷小孩年紀多大，諸如此類的資訊。亞馬遜能從這些資料了解顧客想要什麼。因此，有一半以上的購物者會到亞馬遜找東西，而不像以前先到 Google 搜尋。這樣的轉變，一點都不意外。

但比起對手，亞馬遜的最大優勢在於，能在購物者想買東西時，接觸到這些人。Google 能根據人們的搜尋紀錄，找出可能想買網球鞋的人。但是這些人會不會只是想查如何加強反手拍技巧，沒有想買鞋子呢？廣告商能從 Facebook 接觸到：可能正在社群網站聊美國公開賽，或費德勒（Roger Federer）發球技巧的人。雖然科技巨頭 Google 和 Facebook 神通廣大，卻很難追蹤哪些人看了廣告後實際購買產品、哪些人沒買。而亞馬遜能針對真正在找網球鞋的人，投放網球鞋廣告。他們也有技術，能追蹤廣告是否化為實際業績。有一家廣告商發現，亞馬遜購物者點進廣告頁面後，有百分之二十購買產品；在廣告界，這個比率平均只有百分之一。

亞馬遜在美國打造廣告事業，同時著眼於掌握國際廣告市場。在中國，東方版亞馬遜「阿里巴巴」，已經建立了強勁的廣告事業。根據研究機構電子行銷人的資料，二〇一八年，阿里巴巴的中國零售事業，拿下兩百二十億美元的數位廣告營收，約占中國市場三分之一。雖然亞馬遜在二〇一九年宣布關閉中國的亞馬遜網站，但亞馬遜將進軍歐洲和印度等地，在全球廣告市場與阿里巴巴激烈交鋒。重點在亞馬遜有龐大規模、科技專業知識和死忠顧客，有能力主導全球廣告市場。亞馬遜廣告遲早會達到關鍵多數，開始對競爭者形成強大壓力。

雖然廣告市場是亞馬遜成長最快速的新事業，但長期來看，廣告擺在亞馬遜另一項發展事業旁邊，也相形失色——亞馬遜正在徹底翻轉保健業。

約翰・杜爾（John Doerr）是全球首屈一指的創業投資家。身為沙山路（Sand Hill Road）巨頭凱鵬華盈投資公司的合夥人，杜爾很早就入股 Google 與亞馬遜。他在一九九五年至二〇一〇年間擔任亞馬遜董事，還是貝佐斯的朋友。二〇一八年底，《富比士》在紐約市舉辦以保健為主題的會議，杜爾在會中發表驚人預測。被問到保健業被亞馬遜入侵時，他說：「亞馬遜從一億兩千萬名尊榮會員累積出驚人資產。想像一下，若貝佐斯推出 Prime 健康服務（Prime Health）會如何。我相信他會這麼做。」

杜爾話中有話。創業投資家們沒有挖到詳細資訊，但根據亞馬遜在這個領域的初步嘗試，不難想像，Prime 健康服務能為顧客提供處方藥品、居家照護產品，還能存取健康記錄，讓醫師和護理師遠端監控患者情況。這讓保健業的領導者紛紛緊張起來。二〇一八年，反應數據研究公司（Reaction Data）針對保健業的高階主管進行調查，問他們產業的新加入者是誰衝擊最大。約百分之五十九回答亞馬遜。接下來，百分之十四回答蘋果公司（有監測個人健康狀態的 iWatch）。其他可能入侵者，比率都只有個位數。

同份調查發現，百分之二十九的保健業高階主管相信，遠距醫療將對產業造成最大衝擊，其次是人工智慧（百分之二十）。兩樣都是亞馬遜極擅長的領域。亞馬遜是ＡＩ技術龍頭，而且他們有 Alexa，在與附螢幕的 Echo Show 裝置結合後，非常適合透過網路，提供居家照護服務。亞馬遜還有另一項優勢。信任是保健業的關鍵——誰會想要把人生幸福交給不可靠的業者——而亞馬遜是最受美國人信任的公司。

在我寫這本書的時候，亞馬遜還沒有宣布要將 Prime 健康服務提供給一般大眾，但早期跡象指出亞馬遜在朝此方向前進，目標放在三兆五千億美元的美國保健市場，甚至是更可觀的全球市場。除了在二〇一八年收購網路連鎖藥局 PillPack，亞馬遜也在二〇一八年底與阿卡迪亞集團（Arcadia Group）達成協議，將以「選擇」（Choice）為品牌，推出一系列居家保健產品——包括血壓壓脈帶和血糖監測儀——在亞馬遜網站上獨家販售。亞馬遜這幾年已經在四十七州，取得販售醫療用品的執照。亞馬遜計議長遠，正在與西雅圖福瑞德哈金森癌症研究中心（Fred Hutchinson Cancer Research Center）合作，用機器學習技術幫忙預防和治療癌症。

要真正改變僵化的保健業不會是件容易的事，貝佐斯比很多人都清楚這點。這幾年來，亞馬遜試著打進去，卻成效不彰。一九九〇年代晚期，亞馬遜入股 Drugstore.com，貝佐斯成為 Drugstore.com 的董事，但這間網路藥局供應商被賣給了沃爾格林公司，沃爾格林公司最後關門大吉。亞馬遜喜歡用低廉的成本快速行動，但藥品事業完全相反，面臨著法規限制、各州執照規定及其他阻礙。再說了，將藥品送到顧客手中是很複雜的事。例如，有些藥品需要冷藏或使用隔熱包裝，提高成本和複雜度。保健業本身是個錯綜複雜的網絡，醫院、供應商、藥物供給管理商、保險業者、醫師簽有長期合約，像亞馬遜這樣的局外人很難打進去。

儘管成功機率不高，貝佐斯依然決定加碼投資保健業。亞馬遜物流事業日漸精密，口袋也愈來愈深——除此之外，如果亞馬遜想要保持快速成長的步調，就需要進軍新的市場。貝佐斯的第一步，是在二〇一四年請來曾經掌管 Google X 實驗室的伊朗移民巴巴克．帕維茲（Babak Parviz）；Google X 實驗室是一間享譽業界的研究機構，負責各種天馬行空的計畫，包括用風箏進行風力發電、Google 眼鏡虛擬實境頭戴裝置、自動駕駛汽車（這項計畫最後發展成字母公司旗下子公司「Waymo」），現在 Google X 實驗室隸屬於字母公司，更名為「X 公司」。一如在 Google 工作，帕維茲在亞馬遜的「大挑戰」創新實驗室（Grand Challenge）同樣要執行目標長遠的任務，發揮創意解決世界級難題。X 實驗室的員工招募公告上，引用了天文學家卡爾．薩根（Carl Sagan）的話：「某個地方，某樣了不起的事物，正等待我們發掘。」帕維茲最感興趣的領域就是保健。

是的，大挑戰實驗室有宏大的使命，但有趣的是，帕維茲的下屬有很多曾在保健業有豐富資歷，顯示團隊會聚焦於此。包括：源自史丹佛大學的保健方案新創公司「斯凱醫療」（Skye Health）共同創辦人亞當．席格（Adam Siegel）；在微軟工作二十多年，後來成為基因體學新創公司「人類長壽」（Human Longevity）首席資料科學家的大衛．海克曼（David Heckerman）；共同創辦兩家醫療保健公司的化學博士道格拉斯．威柏（DouglasWeibel）。帕維茲有十二名下屬，半數有醫療背景。

帕維茲與亞馬遜的雲端服務事業體 AWS 合作，推動一項代號「赫拉」（Hera）的計畫，目的在提升醫療紀錄的準確度，使其容易取得。舉例來說，他們用 AI 整理患者的就醫歷史。這些實驗室第一項推出的產品是一套軟體，它能整理員工的醫療保健紀錄，查出錯誤的編碼、不正確的紀錄和患者資訊。軟體的主要客戶是想要精確評估保險對象的醫療保險業者。

亞馬遜還有一個很不錯的商機，就是開發手機程式，輕鬆查詢醫療紀錄。今天，美國的醫療紀錄主要儲存在兩大軟體系統：Epic 和 Cerner（塞納）。有些患者資料並不正確，大部分是單獨存放——醫生、醫院、患者都無法從一個地方輕易取得所有資訊。任何想要花時間，將醫療紀錄從一位醫生轉移給另一位醫生，都知道那有多麻煩。醫生抱怨，要花超多時間輸入資料、在資料庫裡搜尋特定的檢驗結果或家族病史——耗掉這些讓人受不了的時間，可以拿去為患者好好看診。只要曾經坐在診察室，看著醫生眼睛黏在電腦螢幕上，就很清楚這是什麼惱人的狀況。

這些醫療資料要能容易存取，但美國與世界各國都有隱私規範，這麼做並不容易。但如果能有一個開放的保健平臺，就像蘋果的 iOS 和 Google 的安卓智慧型手機平臺開放給軟體開發商，那麼亞馬遜、Google、蘋果和許許多多具創業精神的新創公司，就能在保健業推動創新。

或許貝佐斯最艱難的挑戰會是打入美國的藥品界。二〇一七年五月，亞馬遜組成團隊，找方法投資這個一年四千億美元的產業。剛過一年沒多久，亞馬遜便宣布收購網路連鎖藥局PillPack。這家公司的特色是，他們會依照每日正確用藥量將藥品包裝起來提供給患者——對弄不清什麼時候該吃哪些藥的年長者特別實用。貝佐斯找來曾經幫Kindle電子閱讀器打開知名度的奈德・卡巴尼（Nader Kabbani），經營亞馬遜的新藥品事業——顯示亞馬遜希望這個領域能有新的思維。卡巴尼沒有保健業的背景，卻是資深的亞馬遜高階主管，深得貝佐斯信任。這項人事任命，凸顯出貝佐斯經濟學及其ＡＩ飛輪具有強大力量，貝佐斯可以挑選對產業所知不多的高階主管來管理亞馬遜旗下事業。二〇一一年，他曾指派葛雷格・哈特掌管Alexa計畫，即便哈特並沒有語音辨識技術或消費性電子產品的經驗。貝佐斯運用ＡＩ飛輪的鐵律——從顧客開始，想辦法降低成本，進而省下金錢用來開發新功能，吸引更多顧客，讓規模經濟再度降低成本，如此循環不已——讓Alexa超級成功。

PillPack和其他大藥局（例如：ＣＶＳ連鎖藥局、沃爾格林公司和沃爾瑪）比起來規模小多了。二〇一八年，PillPack營收為一億美元，而ＣＶＳ連鎖藥局的藥品銷售額就高達一千三百四十億美元。在這個階段，規模並非最重要的事。亞馬遜將收購案視為一種途徑，可讓尊榮會員習慣從亞馬遜購買保健產品。（二〇一九年初，亞馬遜開始發電子郵件給一些尊榮會員，希望他們趕快註冊 PillPack。）患者能受益於亞馬遜的當日送達服務，拿到他們需要的藥品，而且亞馬遜可以直接在全食超市，或聽說即將開張的低價雜貨連鎖店內設立藥局。

約在二〇一八年收購 PillPack 的同一時期，亞馬遜宣布加入波克夏海瑟威（傳奇投資人巴菲特的公司）以及由銀行業最具分量的執行長傑米・戴蒙（Jamie Dimon）主掌的摩根大通，共組非營利事業，並將其取名為「避風港」（Haven）。其概念在於重整美國的保健體系。組織執行長為阿圖・葛文德。要說誰最有可能好好整頓保健業，非葛文德莫屬。他是波士頓布萊根婦女醫院（Brigham and Women's Hospital）的權威外科醫師，寫過四本醫療保健暢銷書，包括進入美國國家圖書獎（National Book Award）決選名單的《一位外科醫師的修煉》（*Complications*）。他也長期替《紐約客》撰寫文章。二〇一八年秋天，他寫了一篇令人難忘的文章，標題為〈為何醫生討厭他們的電腦〉（Why Doctors Hate Their Computers）。文中主張，醫療保健相關軟體功能實在太差，讓醫生沮喪萬分，甚至想殺了自己。

亞馬遜、波克夏海瑟威和摩根大通共有一百二十萬名員工，「避風港」的任務是為這些員工提供更棒的保健服務，而且存取起來更方便、價格更能負擔得起。這個非營利組織不只扮演智庫角色。若避風港效果很好，長遠來看，將能幫這幾間大公司省下數億美元的保健成本。避風港不會說明它的策略，但保險龍頭聯合健康集團旗下臥騰公司（Optum）向美國聯邦法院控告避風港，以及避風港背後的三家大企業。這件訴訟案可讓我們看出端倪，一窺非營利組織避風港的使命。

臥騰公司提告，主張前高階主管大衛・史密斯（David Smith）在二〇一八年跳槽避風港屬違法行為。這間保險業龍頭公司指控史密斯攜走機密專有資訊，可能會使新東家獲利。史密斯否認指控。臥騰的訴狀裡寫著，避風港「若還不是競爭對手，也即將成為直接競爭者」。非要說的話，這句對避風港的描述，絕對透露出，主流保健保險業者對亞馬遜以任何形式進軍市場，感到無比焦慮。

聽證會文字紀錄可大概看出避風港的意圖。時任避風港營運長的傑克・史塔德（Jack Stoddard）在聽證會上表示，這門新創事業是要探索能否「在權益設計上重塑保險產業」。他說健康保險很複雜，員工對他們的保險內容一知半解。他還說，避風港會進行小測試，讓基層醫療取得更方便，讓慢性病用藥價格更便宜。這位營運長補充，避風港想要「讓醫生能更輕易為患者提供良好照顧，在患者身上多花時間，而不是減少診療時間」。我們能想像，臥騰公司高階主管擔心，亞馬遜會用強大的資料分析能力，找出怎樣才是最符合成本效益的治療方式、哪些醫生的治療成效比較好，並且打造出使用簡便的數位醫療工具，從臥騰公司那裡偷走病患。

對既有的保健巨頭來說（聯合健康集團、CVS連鎖藥局、沃爾格林公司等），亞馬遜究竟帶來多大的威脅？短期威脅並不大。保健業有其複雜性、管理法規和政治因素，不是那麼容易就能鬆動。而且保健人員經常要親自動手為患者進行局部治療。但那並不表示業界不會擔心。二〇一八年CVS連鎖藥局買下保險巨頭安泰人壽，有一部分就是為了因應亞馬遜進軍保健業。這間聯合公司目前為大約一億一千六百萬名美國人提供健康保險和藥物，並且努力重塑保健服務的提供方式。舉例來說，CVS連鎖藥局目前有一千一百間迷你診所，患者可在那裡接受基礎醫療服務和領取處方藥物。比起擁有一百二十萬名顧客的避風港，CVS連鎖藥局的五千萬名顧客，讓他們有更大的揮灑空間。一位不具名的CVS連鎖藥局主管告訴我，避風港基本上是「給兩個有錢人和為他們服務的銀行家玩的玩具」。

儘管有這些不利因素，而且在產業中深耕已久的公司，有砸數十億美元保護地盤的實力，從長遠來看，亞馬遜的確會是很大的威脅。但事情發展很有可能不若多數人所想像。與其將收購PillPack視為對藥品公司的直接挑釁，不如將這件事理解成特洛伊屠城記裡面的木馬，目的是要幫助亞馬遜成為遠距醫療界的領袖。簡單來說，「遠距醫療」的意思是，為身在家中、辦公室或任何地點的患者診療，並將藥品送至他們的所在地。不論海內外，亞馬遜都有可能在這個領域對保健業造成最強烈的衝擊。

不管是如杜爾預言名稱叫「Prime 健康服務」，還是叫其他名稱，亞馬遜健康服務會員制都有可能運用在超過三億名的全球亞馬遜顧客身上。亞馬遜有廣大的顧客資料庫，加上無與倫比的資料診斷技術及ＡＩ實力，有機會成為醫療服務與醫療採購的把關者。在某些情況下，亞馬遜可能不會取代ＣＶＳ連鎖藥局、聯合健康集團這類保健業龍頭，而是與它們合作。但這樣會影響到龍頭業者的利潤。正是這個原因，在亞馬遜宣布收購 PillPack 的那一天，保健業大型業者股價紛紛大幅下滑。

二〇一九年春天，亞馬遜宣布達到「醫療保險可攜與責任法」（Health Insurance Portability and Accountability Act，簡稱ＨＩＰＡＡ）的要求。ＨＩＰＡＡ是嚴格的聯邦醫療隱私法規，亞馬遜符合相關規範，顯示出，他們對成為遠距醫療提供者有達成目標的決心。這件事意味著，亞馬遜現在可以透過 Alexa，以及 Alexa 軟體的其他元件，傳遞敏感的患者資訊。目前為止有六間公司——包括保險業者信諾集團（Cigna）、糖尿病管理公司 Livongo Health 和其他三間大型醫療院所——開發出符合ＨＩＰＡＡ規範的 Alexa

應用程式，用途包括預約、出藥追蹤和顯示血糖檢測結果。

Prime 健康服務也許可以這樣運作：將 Prime 健康服務當做尊榮會員的附加功能，讓顧客支付年費註冊加入。之後，顧客（請將他們視為會員）能享用 Prime 健康服務，當中可能包括保健產品折扣價——從成藥、處方藥品、葡萄糖到血壓監測儀，應有盡有。會員會選擇註冊，允許亞馬遜存取他們的個人醫療紀錄。亞馬遜能用資料進行分析，並透過ＡＩ推薦簡單的對策，或某個疾病適合去找哪位醫生。假如會員使用網路血壓監測儀，測出很高的數據，亞馬遜不只能建議他去看醫生，還能告訴他哪些醫師收費低廉又擅長處理這種病症。避風港裡的患者與供應商攜手合作，能幫助患者在充足的資訊下做決策。

亞馬遜在二〇一九年秋天，為西雅圖的員工推出名為「亞馬遜虛擬診所」（Amazon Care）的應用程式，或許能從中看出這套系統的樣子。員工透過應用程式，可以聯絡能提供建議的護理師，可以安排醫生與護理師進行病情診斷視訊會議，可以取得治療方式或轉診，可以要求護理師到府檢測治療。應用程式還能用來買藥，讓藥品直接送到家裡。這類服務的未來商機很大。感覺情緒低落嗎？Alexa 可能會建議會員聯絡醫師。（亞馬遜已經為 Alexa 的吸鼻聲和咳嗽聲辨識技術申請專利，而且 Alexa 已經懂得提供急救建議。）當會員要求Alexa和亞馬遜推薦醫師（五星醫師！）預約看診時間，哪一天幾點幾分會存入會員的行事曆。到了約定時間，醫師會出現在螢幕上，檢視患者的病況。若會員喉嚨痛，鏈球菌快速檢測呈陽性反應——亞馬遜有賣三十二．四九美元的二十五項疾病檢測工具組——醫師可能會開立抗生素，並在幾小時內，由亞馬遜（當然）送到會員家裡。若是嚴重疾病，那就一定要到醫院診斷，但遠距會議能讓會員省下，只是因為喉嚨痛或小感冒，就跑到診所或急診去治病的高額開銷。

Prime健康服務這類服務應該會吸引數百萬人，因為健康保險不負擔的項目日漸增加，患者愈來愈關心醫療開支。民福基金會（Commonwealth Fund）調查發現，六十五歲以上的美國民眾，有三分之一表示他們不是不去看病，就是沒有按照處方拿藥，因為他們付不出買藥的錢。如果亞馬遜能像做電商生意那樣大幅降低醫療開支，將替會員省下可觀費用。

二〇一九年春天，有一則沒什麼人注意到、似乎不太重要的企業公告，也能幫助我們看出亞馬遜的走向。當時亞馬遜宣布，開始接受客戶使用健康儲蓄帳戶（Health Savings Account，簡稱HSA）的簽帳卡。根據美國聯邦法規，患者可以用HSA的稅前資金，支付核可的醫療開銷。這項舉動的意義，重要性遠遠超過亞馬遜為血壓檢測儀或護膝購物者提供其他便利措施。亞馬遜正在打造無所不包的生態系，裡面不只有購物、媒體、雲端運算、保健，還有享受各種服務所需要的支付方式。換言之，亞馬遜開始有銀行的樣子。

一般人不太會把亞馬遜看成金融服務機構，但貝佐斯在亞馬遜創立之初，便曾經心生一計，奠定在金融界舉足輕重的基調。貝佐斯成立亞馬遜幾年後，就開始尋找支撐公司成長的方法。

一九九七年初某一天，他在仔細思考電商常遇到的問題。很多購物者會在結帳的關卡直接放棄消費。貝佐斯發現，問題出在系統裡有太多阻礙。購物者必須停下來輸入信用卡資訊、帳單資訊和送貨地址，還要再三檢查，確認沒有填錯。那一年，貝佐斯成為「411號專利」的發明人，這項專利描述一套網路購物系統，而這套系統後來變成亞馬遜網站的「一鍵購買」（Buy now with 1-Click）按鈕。花了近六個月，以及三千五百小時的人力，這項功能在一九九七年九月上線。

亞馬遜很快就發現，一鍵購買按鈕大幅提升消費者完成購物的機率。這套軟體讓購物者不必思考就能買東西，在網路零售掀起革命。購物者非常喜歡一鍵購物的便利性，所以亞馬遜的註冊會員人數開始快速增加，每年累積數百萬名新會員。一鍵購物按鈕大受歡迎，連邦諾書店都推出自己的版本，叫作「快速通道」（Express Lane），亞馬遜因此提出了專利侵權告訴。訴訟案後來在庭外和解，和解條件不對外公開。兩家公司和解以後，蘋果公司從亞馬遜取得授權，將一鍵購買按鈕的技術用於 iTunes 商店。

除了吸引更多購物者，這項發明在亞馬遜的發展過程中，還扮演另一個較不明顯、卻同樣重要的角色：一鍵購買讓亞馬遜能儲存和蒐集個人的金融資料，包括信用卡號、地址，以及顧客花多少錢、買什麼和購物頻率。而且從事網路零售生意的亞馬遜，可以長期這麼做，因為這些顧客是永久註冊會員。雖然顧客用的是大銀行發出的信用卡，但亞馬遜能存取的金融資訊，來自一大群有錢又忠實的顧客。

亞馬遜不只掌握顧客的金融資訊，還有數百萬名在亞馬遜獨立賣家的資料。這件事代表，亞馬遜有發展借貸事業的大好機會。二〇一一年，貝佐斯決定開始為這些小商家提供貸款，讓他們擁有成長需要的資金。這項計畫名為「亞馬遜借貸」，成為推動亞馬遜ＡＩ飛輪的另一項重要元素。如果小商家有擴張需要的資金，亞馬遜網站就能有更多商品，吸引更多顧客，進而吸引更多商家。

借錢給信貸記錄不是很好的小公司風險很高，但亞馬遜設計演算法降低風險，演算法幾乎能即時掌握商家的銷售成長幅度、庫存周轉率和商品評價。如果那些指標數據開始停滯不前，或是負評數量開始增加，亞馬遜可以縮減賣家的信用額度。從借款人的角度來看，亞馬遜借貸不需要填寫冗長的表格，也不需要經過銀行經理的審核。突然有一天，賣家的亞馬遜帳戶頁面蹦出一個按鈕，問他們要不要借點錢。這顆由演算法掌控的按鈕，也有可能就那樣消失，讓需要借錢的賣家周轉不靈。就像我在前面章節提過，倫敦賣家約翰．摩根就這樣硬生生發現自己無法借錢。

就像亞馬遜的多數創舉，亞馬遜借貸剛開始發展很慢，後來大受歡迎。二〇一一年至二〇一五年，亞馬遜平均每年撥出約三億美元的小型企業貸款。接著貝佐斯開始大力推動亞馬遜借貸。到了二〇一七年，亞馬遜的每年借貸金額攀升至十億美元。超過兩萬家在亞馬遜市集賣東西的小型企業——不只美國市場，還有英國和日本的賣家——向亞馬遜借錢。亞馬遜市集副總裁皮尤許．納哈（Peeyush Nahar）表示，亞馬遜希望將業務擴大到所有亞馬遜市集營運的地方，例如加拿大和法國。借貸金額從一千美元到七十五萬美元不等。賣家說利息可能高到百分之十二。納哈在新聞稿裡寫道：「小型企業在我們的DNA裡。亞馬遜為小型企業提供資金，幫助他們在關鍵的成長階段擴大存貨數量與經營規模。我們明白，小型貸款影響至深。」

不難想像在不久的將來，亞馬遜有可能成為數位金融服務公司，提供支票帳戶、個人貸款、房貸，甚至保險。亞馬遜已經和摩根大通合作推出Visa信用卡了，而且正在擴大應用「亞馬遜支付」（Amazon Pay）。購物者可以用亞馬遜支付，向亞馬遜勢力範圍外的商家購買產品或服務。亞馬遜支付的運作方式很像PayPal、蘋果支付（Apple Pay）和Stripe支付，顧客用筆記型電腦或行動電話就能輕鬆付款。與Paypal的顧客數相比，亞馬遜的服務顧客人數很少，但是隨著亞馬遜尊榮會員發現，在其他地方用亞馬遜帳戶購物也很方便，例如加油站和餐廳，亞馬遜支付的成長速度正在加快。在此同時，有愈來愈多在亞馬遜賣東西的零售商使用亞馬遜支付，因為亞馬遜是個值得信任的名字。

亞馬遜追求的商業模式，在許多方面與螞蟻金服雷同。螞蟻金服隸屬於阿里巴巴，經營約十億用戶的全球最大手機支付服務「支付寶」。螞蟻金服的業務已經擴大到信用評分、財富管理、保險與借貸，甚至設有貨幣市場基金「餘額寶」。餘額寶在二〇一八年有兩千一百一十億美元的存款。二〇一八年十月CB洞見的報告指出，螞蟻金服股票市值達一千五百億美元，比高盛、摩根士丹利、西班牙桑坦德銀行（Banco Santander）、加拿大皇家銀行（Royal Bank of Canada）的市值都還要高。

亞馬遜很難打進中國的行動支付生意，因為螞蟻金服和擁有微信支付的騰訊，就掌握了百分之九十二的市場。但美國的行動支付系統發展比中國慢。研究機構電子行銷人指出，二〇一八年，僅四分之一的美國智慧型手機用戶使用行動支付系統在商店買東西，而中國有七成九的人使用行動支付。亞馬遜只在美國與行動及線上支付龍頭業者較勁，對象為 PayPal、Google 支付服務、蘋果支付。

對亞馬遜來說有個好消息，就是消費者似乎對網路銀行躍躍欲試。埃森哲顧問公司（Accenture）調查發現，全球消費者有七成會利用機器人理財顧問服務，來管理他們的銀行事務、保險和退休規劃。哈囉，Alexa，我的銀行戶頭餘額有多少？波士頓的貝恩管理顧問公司從調查中發現，年齡介於十八至二十四歲的美國人，將近四分之三表示，會從科技公司購買金融產品。同份調查指出，將錢的事交給科技公司，他們最信任亞馬遜——信任度超越蘋果和 Google。

成為金融巨擘的道路不會好走。舉例來說，要成為商業銀行，亞馬遜必須在美國海內外符合令人望之卻步的法令規定。比較有可能的情況是，亞馬遜會和一兩間大銀行合作，快速學到其中的竅門。二〇一八年三月《華爾街日報》報導，亞馬遜與摩根大通、第一資本（Capital One）等銀行業者洽談合作，讓亞馬遜推出支票帳戶。在這樣的安排下，由於顧客的存款放在大型銀行業者那裡（非亞馬遜），所以電商龍頭亞馬遜不必受銀行法規的管控。亞馬遜將成為消費銀行的光亮數位門面，由傳統金融機構在後面做吃力的工作。

根據貝恩公司在二〇一八年的報告〈銀行業的亞馬遜時刻〉（Banking's Amazon Moment）所描述，電子零售商亞馬遜除了向亞馬遜支票帳戶的合作銀行收取費用，還能直接從支票帳戶扣除顧客在亞馬遜網站購物的款項。如此一來，亞馬遜就不必再向信用卡公司支付高額費用。貝恩公司估計，光是美國一地，亞馬遜每年能省下超過兩億五千萬美元的信用卡手續費。貝恩公司的傑拉德・杜托特（Gerard du Toit）及亞倫・雀里斯（Aaron Cheris）預測，等電子零售商亞馬遜推出基本銀行服務，就「一定會逐步進軍其他金融產品，包括借貸、房貸、房地產、意外險、財富管理（從簡單的貨幣市場基金開始，持有更多資金）和壽險」。貝恩公司相信，到二〇二〇年代中期，亞馬遜會有七千萬名銀行顧客——媲美富國銀行（Wells Fargo）。

當一間公司比其他公司花更多錢從事研發，它就必須進行許多嘗試性的舉動。我們知道，亞馬遜正在大舉進攻廣告、保健、金融，但那只是開端。貝佐斯在其他經濟部門下了很多長期賭注，將來可能會發展成主要事業。

亞馬遜擴大廣告業務的同時，也在建立自己的電視串流服務——這一塊最後不但會是另一個具有價值的廣告銷售平臺，也有可能成為主要的獨立事業。亞馬遜還有電視盒，這個黑色的小盒子可以連接電視，串流顧客最喜歡的網路節目，與蘋果電視（Apple TV）、安卓電視（Android TV）、羅庫（Roku）等業者競爭，在這場競賽中，想辦法說服上百萬名有線電視觀眾剪掉電視線。觀眾可以透過亞馬遜電視盒，訂閱串流服務（例如Netflix、HBO Go、Hulu、ESPN+，當然還有亞馬遜Prime影音），在電視盒上收看各式各樣的節目。二〇一九年，亞馬遜電視盒在四個市場——美國、英國、德國、日本——提供三百二十個頻道。節目數量正在成長。除了達成協議串流美式足球聯盟《週四足球夜》，英國和德國的亞馬遜還提供歐洲體育臺（Eurosport），在二〇一八年，吸引三億八千六百萬名觀眾，觀看韓國冬季奧運賽事。亞馬遜掌管Prime影音的葛雷格．哈特說：「我們希望持續提供更多元化的內容，觀眾想看的常常是傳統有線電視頻道。」

亞馬遜的新事業不斷擴增。二〇一八年底，亞馬遜宣布生產自己的電腦晶片，加強雲端運算事業的軟硬體整合，節省經營成本。不難想像，再過不久亞馬遜就會開始將晶片賣給其他科技公司。就在那年，亞馬遜表示，他們與韓國汽車製造商現代公司合作，在亞馬遜網站上賣現代汽車。購物者可以比較車款、看評語，查看經銷商的庫存量，甚至在網路上預訂試乘體驗，車商會把汽車開到購物者家裡。這個數位展示間與其他汽車搜尋網站不同，現代汽車公司的官網植入亞馬遜網站——購物者不用另外打開經銷商的網頁，去查看購買資訊和預約試駕。現代汽車可以接觸到亞馬遜網站的三億名顧客，亞馬遜可以蒐集到汽車購買人的寶貴資料，也許有機會多賣一些汽車美容蠟。

時序進入二〇一九年，亞馬遜用七億美元投資電動皮卡與運動型休旅車製造商里維安。雖然電商龍頭已經與其他公司合作，將 Alexa 列為汽車的標準配備，並投資開發自動駕駛貨車，但這是亞馬遜首次直接投資電動汽車製造業。那年稍晚，貝佐斯宣布，亞馬遜訂購十萬輛里維安電動貨車——至今，沒有人的電動貨車訂單超越這個數字。電動貨車應該會在二〇二一年上路。大約與里維安投資案同一時期，科技媒體奇客線（GeekWire）披露，亞馬遜計畫發出三千兩百三十六顆衛星，為世界各地提供快速的網路速度。多讓數百萬人連上網路，當然對亞馬遜的電商和雲端事業有百利而無一害。

有些賭注——例如亞馬遜的創投事業部對組合屋公司的投資——似乎不是什麼好投資。亞馬遜說想要讓未來的智慧型住宅，擁有由 Alexa 驅動的安全系統、恆溫器和家電，但那真的需要包括牆壁和屋頂嗎？貝佐斯是這樣說的：「即便是最厲害的創新人士，也不一定每次都能一開始就看清走向，因為要有豐厚的回報，你必須做多數人不會做的事。所以，看看鏡子，問問自己，你同意批評你的人說的話嗎？如果不認同，去幫花園好好澆點水，別只看雜草。」

隨著亞馬遜進軍一個又一個產業，以ＡＩ飛輪累積愈來愈多的力量，它對社會和經濟的衝擊將前所未見。

14 對貝佐斯的抨擊

身為全世界最富有的人，貝佐斯變成了政治人物和媒體最喜歡攻擊的目標，但就在二〇一八年勞動節週末過後，上班族紛紛從假期回到自己的工作崗位，貝佐斯卻受到此生未見的重砲轟擊。他突然因為公司的薪資和工作環境，被人大肆批評。對他來說，最困擾的一點或許是，最嚴厲的抨擊來自左派政治人物——抱持自由主義的《華盛頓郵報》老闆，如何能夠料想得到？接下來的幾天和幾個星期，貝佐斯迅速回應，發揮不服輸的精神，採取一連串有如日本合氣道戰術的公關行動，不僅減輕傷害，也至少在某方面，將緊張不安的狀況轉變成對他有利的局勢——他的事業發展過程有許多這樣的例子。

開第一槍的是來自佛蒙特州的民主社會主義者伯尼・桑德斯（Bernie Sanders）參議

員。他攻擊亞馬遜執行長沒有善盡企業責任。二〇一八年九月五日，桑德斯提出「阻止貝佐斯法案」（Stop BEZOS Act），用意是藉由取消補助來遏止壞老闆的行徑。法案要求亞馬遜這類大公司，針對員工所享有的聯邦福利，例如醫療補助保險（Medicaid）或食物券，將這些計畫的大筆金錢還給政府。

兩天後媒體披露，有兩名ＡＩ研究人員發現，二〇一六年亞馬遜申請了一項將倉庫員工關在籠子裡，保護他們工作不受傷的專利。籠子也許能保護員工不受傷，但是研究人員在報告中嚴詞批評，表示亞馬遜的設計是「勞動異化（worker alienation）的最佳寫照，赤裸裸彰顯人類與機器的關係」。下一個星期，麻州參議員伊莉莎白・華倫（Elizabeth Warren）接著批評亞馬遜規模過大，有分拆的必要。

貝佐斯一定對如此強烈的譴責大惑不解，因為美國失業率在當時降到一九六〇年代以來的最低點，而且標準普爾五百指數也創下新高。儘管經濟面好消息頻傳，美國人卻依然對未來的就業市場焦慮——不只擔心自己，也擔心下一代的前途。二〇一七年美國文化與信仰組織（American Culture and Faith Institute）進行調查，發現十名美國成年人當中，有四名偏好社會主義，較不喜歡資本主義。美國的下一代，似乎對未來發展更不滿意。二〇一六年哈佛大學針對十八至二十九歲的年輕成年人口進行調查，發現有百分之五十八的人不支持資本主義。

不滿的原因不盡相同，有零工經濟興起、薪資停滯、二〇〇八年金融危機餘波盪漾，以及自動化威脅揮之不去。但也許最大問題在於，美國的貧富差距日益擴大。桑德斯推動「阻止貝佐斯法案」，發表聲明表示：「美國出現嚴重的所得與財富不均，前三名最富有的人所擁有的財產，超過所有底層人士的百分之五十，而新產生的所得，有百分之五十二落入頂端百分之一，美國人厭倦拿錢補貼這些億萬富豪，他們坐擁美國最賺錢的龍頭公司。」桑德斯說得有道理。想一想，二〇一九年初，貝佐斯、微軟的比爾．蓋茲、波克夏海瑟威的巴菲特、Facebook的馬克．祖克伯，四個人身家就高達三千五百七十億美元。就算他們發給美國男女老幼一人一張千元支票，都還是億萬富翁。

桑德斯說的所得不均，在《紐約時報》二〇一八年的文章中描繪得非常清楚。卡琳．史密斯（Karleen Smith）曾在華盛頓特區附近蘭德馬克購物中心（Landmark Mall）裡的梅西百貨擔任店員。目前住在梅西百貨改建成的遊民收容所。當時五十七歲的史密斯女士告訴《紐約時報》：「住進那幢建築感覺真奇怪。我以前在那裡工作，這就是生存。」已遭廢止的梅西百貨，現在擺了六十張床，住不起城市的人可以入住，有熱食可吃，有熱水澡可洗。

而且不是只有美國有貧富差距的問題。樂施會（Oxfam）的研究調查指出，全世界兩千兩百零八名億萬富翁，每年為自己賺進二十五億美元的財富，在此同時，全球有一半貧窮人口眼見淨資產逐漸縮水。社會頂層人口，財富卻多得驚人。二〇一八年全球最有錢的二十六個人，資產總額高達一．四兆美元——相當於三十八億貧窮人口的總資產。這種不平衡的現象在歐洲日益明顯。法國發生「黃背心」運動，抗議社會不公；而在英國，財富不均為脫歐推了一把。

隨著亞馬遜、阿里巴巴、字母公司和其他大型科技公司掌握更多力量，所得金字塔頂端的人口一定會累積更多財富。這些公司用ＡＩ來推動自動化——包括倉庫揀貨機器人、自動駕駛汽車、替我們打點購物與保健需求的 Alexa ——將會如本書所言，導致藍領工作減少。除此之外，少數善用ＡＩ飛輪的公司將會主宰世界，這些公司的創辦人和股東將從全球持續撈進更多不合比例的財富。

一九六〇年代和一九七〇年代，企業傾向於採取比較平衡的做法，不但考慮股東的需求，也考慮員工與社區的需求。一九八〇年代，卡爾．艾康（Carl Icahn）、維特．波斯納（Victor Posner）、布恩．皮肯斯（T. Boone Pickens）等企業掠奪者（corporate raider）出現，讓股東會及管理階層受到壓力，在經營公司的時候只考量股東的利益。從那時起，為股東盡量擴大公司報酬變成一種標準手法。今時今日，執行長們經常不惜一切——縮減研發、解雇員工、取消福利——也要每季創造營收，因為若是辦不到，行動派投資人就會找上別人。

不幸的是，隨著新一代實力強大的企業，在大數據和ＡＩ的推動下，掌握更多的主導權，這種以股東價值為核心的做法，將會更加嚴重。沒錯，股東的利益當然要納入考量，但是員工和公司所在社區的利益也要考慮。許多左派政治人物提供的解決辦法，說得容易，實行起來卻有困難：企業要付給員工更多錢，若企業無法支付足以維持生活的薪資，或無法創造符合社會需求的工作數量，政府便要接手處理。

亞馬遜當然是這場辯論中的焦點，而且從亞馬遜可以看出資本主義的走向。亞馬遜這幾年來付給員工的薪資水準，讓工會和自由派政治人物忿忿不平。他們認為，貝佐斯設下嚴苛的工作標準，卻執著於成本，剋扣一般員工的薪水。而且在某種程度上，他們說得沒錯。

那年夏天，為了推動「阻止貝佐斯法案」，桑德斯議員與共同起草人——激進的民主黨羅歐．卡納（Ro Khanna）加州議員——施加政治力道，透過演講和上電視，向大家解說為何亞馬遜和沃爾瑪這類大公司（美國兩大資方），應該要補償聯邦政府提供給企業員工的福利開支。桑德斯估算，食物券、醫療補助保險和其他聯邦政府提供給低薪勞工的福利，每年高達一千五百三十億美元。桑德斯參議員抨擊貝佐斯沒有付給員工應得薪資。他在一則推特貼文中寫下：「任何替世界富豪工作的人，都不該靠食物券度日。任何替每天賺兩億六千萬美元的人工作的人，都不該被迫睡在自己的車子裡。但亞馬遜就有這種事情。」

基本上，桑德斯參議員的用意是要透過「阻止貝佐斯法案」來向雇主課稅。一名在亞馬遜工作、年領兩萬美元薪水，撫養兩名孩子的單親家長，平均領取到兩千一百美元的食物券和七百七十美元的營養午餐補助金。假如這個家庭有醫療開支，聯邦政府負擔的醫療補助保險金額會提高。根據「阻止貝佐斯法案」，亞馬遜必須將這些錢還給聯邦政府。

就連某些右派政治人物也找上亞馬遜。不過他們抨擊亞馬遜的理由跟勞工的困境比較無關，而是因為亞馬遜揮霍納稅人辛苦賺來的錢。福斯新聞脫口秀主持人塔克・卡爾森（Tucker Carlson）在二〇一八年八月的廣播節目中表示：「亞馬遜的員工有很多人薪水超低，低到可以請領聯邦政府的補助金……貝佐斯沒有付給員工填飽肚子的錢，所以要用你的稅金來補足。」

貝佐斯予以反擊。二〇一八年八月，亞馬遜在部落格文章中反指桑德斯玩弄政治，讓大眾對亞馬遜員工的薪資產生誤解：「光是去年亞馬遜就創造了十三萬個新的工作機會，對此感到驕傲。美國亞馬遜物流中心的全職員工，包含現金、股票、激勵獎金，非加班時段的平均時薪，高於每小時十五美元。」比沃爾瑪或塔吉特百貨付給員工的薪水都高。

亞馬遜有六十四萬八千名全職和兼職員工，幾乎所有員工，都能依照工作時數領取津貼。未享有福利的員工，主要是在大節日出貨尖峰時期，臨時加入的十萬名季節性員工。我們可以理解，在聖誕節前後幾個月公司會有難處，需要招募臨時工大軍。其他十到十一個月，亞馬遜也要為他們負責嗎？尤其是，有些決定不工作、靠福利金維生的人？

「阻止貝佐斯法案」還有更大的問題。就是法案很可能傷害想幫助的對象。這項法案會讓亞馬遜比較不願意聘請聯邦福利計畫參與者，因為亞馬遜知道，如果員工又生小孩，或有高額醫療支出，符合醫療補助保險申請資格，亞馬遜的薪資成本會提高。可以想見，單親媽媽的雇用成本因相關法規暴增，面臨丟飯碗的風險，更需要政府為其慷慨解囊。經濟學家萊恩·伯恩（Ryan Bourne）在自由派的卡托研究所（Cato Institute）公共經濟學理解委員會擔任艾文夏夫（R. Evan Scharf）冠名主席。他主張：「這件事有好有壞，伯尼的法案讓社會福利領取者的薪資成本提高。在經濟學裡，某樣東西變貴了，你就會減少使用。」

但有時邏輯歸邏輯，政治歸政治。亞馬遜在政治思潮下成為眾矢之的。二〇一八年十月二日，貝佐斯宣布，三十五萬名領時薪的員工（包括季節性員工），全面適用十五美元的最低薪資，令批評者大吃一驚。如他在宣布調漲薪資時所言：「我們傾聽批評，對我們想要做的事深思熟慮，結論是我們要以身作則。我們對這項改變樂觀其成，也鼓勵競爭對手和其他大公司加入行列。」

其實在「阻止貝佐斯法案」披露的前幾個月，亞馬遜內部已在激烈辯論是否要為員工調薪。職權範圍含亞馬遜倉庫的全球營運部門資深副總裁戴夫．克拉克（Dave Clark）相信——撇除政治作秀不談——提高薪資能幫亞馬遜在資源有限的就業市場吸引並留任優秀員工。討論焦點在如何提高薪資——要逐步調整，還是一次到位。克拉克和其他高階主管向貝佐斯提出各種調薪方案，逐步調整薪資的計畫也包含在內。其中，要花最多錢、最激烈的選項，就是立即全面實施十五美元的最低薪資。喜歡大膽行動的貝佐斯立刻採納這個想法，毫不猶豫地要團隊盡快實施。一位參與會議的高階主管表示：

「傑夫很喜歡這個點子，因為如此一來，亞馬遜就會在薪資辯論中領先群雄，而不會只是誰的同路人。」

貝佐斯為員工調高薪水，當然在乎員工面臨的困境。這個世界需要有更多企業追隨他的做法。但我們也要知道，提高薪資同時也是成功的公關手法——別忘了這可是貝佐斯，全世界最好強的人士之一——這是讓競爭對手屈居劣勢的戰術。

對大部分的亞馬遜員工來說，調薪是件好事，但對某些人來說，調高到十五美元的時薪是有代價的。隨著薪資調漲，亞馬遜要取消客服中心和倉庫員工的限制型股票（restricted stock unit）*，以及倉庫員工的每月產能達標獎勵金。有些員工向媒體抱怨，調薪最多只能說是利弊相抵，有些人則是抱怨，實際上這項措施讓他們損失金錢。那些媒體報導傳到戴夫．克拉克的辦公室，他告訴底下的人，要找出計畫裡居於不利條件的員工，確保他們受到補償。

但對亞馬遜而言，這是傑出的一手。貝佐斯將員工時薪調高到每小時十五美元，化解了桑德斯對他的抨擊。桑德斯議員還稱讚貝佐斯的做法，希望其他公司共襄盛舉。這

* 譯注：限制型股票是公司激勵員工的手段，員工需滿一定任期或達成約定績效才能取得。

麼做也讓「阻止貝佐斯法案」被擱置一旁——不過，除非共和黨入主白宮和參議院，否則法案通過機率很低。

但很多人沒有看出來，時薪調到十五美元不只是高明的政治手腕，也是有很大的經濟效益——又是貝佐斯不計代價勝利的原則範例。沒錯，這麼做會讓亞馬遜每年增加高達十五億美元的勞動成本，但貝佐斯這麼做會讓對手亂了陣腳。亞馬遜調薪後應該能提升員工生產力，因為調薪有助於吸引並留任更有動力的傑出員工——讓身為網路零售商的亞馬遜，能夠繼續提供優質的顧客服務，這是亞馬遜的永恆聖杯。若亞馬遜提供十五美元的時薪，而對手提供十一美元，誰能請到最棒的員工？

貝佐斯給對手的折磨並未就此打住。亞馬遜用調薪來打持久戰。其他人還在想辦法維持低薪時，貝佐斯已經調整亞馬遜的商業模式，走在美國的調薪趨勢前頭。美國有許多州和城市已經開始提高最低薪資了。舉例來說，西雅圖和紐約市已經將最低薪資調到十五美元，加州則是立法通過，將在二〇二二年將最低薪資調升至十五美元。貝佐斯要確保他的商業模式能因應這項轉變。

二〇一八年，亞馬遜請了九十位向政府合法登記的說客，來支持亞馬遜推動目標，政策範圍包括反托拉斯法、稅負、無人機和勞工議題。非營利組織政治響應中心（Center for Responsive Politics）指出，該年度亞馬遜花了一千四百四十萬美元進行遊說。貝佐斯決定時薪全面調高到十五美元後，亞馬遜的說客開始施壓讓聯邦政府通過最低薪資法。若聯邦政府規定的最低薪資，從原先的七．二五美元時薪調升一倍多，來到十五美元，與網路零售商亞馬遜競爭的實體商店業者，將更加難以生存。擁有那樣的遊說實力，讓聯邦政府通過最低薪資法，不是不可能。卡托研究所的萊恩．伯恩表示：「我們可以想見，未來四到五年，最低薪資將大幅提升，若民主黨入主白宮更是如此。」

零售是不好經營、利潤又低的生意，對亞馬遜來說也不例外。但亞馬遜有許多利潤豐厚的事業，包括雲端技術、廣告和訂閱服務，因此亞馬遜能更輕鬆因應時薪調到十五美元造成的利潤損失。許多與亞馬遜在零售方面競爭的對手，沒有這些能替他們賺大錢的事業，也不像亞馬遜這麼會賺錢，將難以因應員工薪資大幅調升。

撇開桑德斯議員和貝佐斯的角力不談，亞馬遜基層員工對長遠未來的擔憂，當然不是薪水遠遠落後維持中產階級生活所需要的愜意水準（即便時薪來到十五美元，一年共計三萬一千美元的薪資，也難以達成目標），而是擔心工作可能被自動化取代。貝佐斯在這個議題上是支持科技的樂觀派。他相信，工作被自動化和ＡＩ取代後，經濟體會發展出新的工作。儘管如此，他的確偶爾會仔細思索，是否有必要以全民基本所得

（ＵＢＩ）來彌補失去的工作機會。基本上，ＵＢＩ的意思是由聯邦政府介入，付給所有美國人民基本薪資，來彌補科技對就業市場造成的破壞。

傾向自由主義的貝佐斯，還沒有下定決心推動ＵＢＩ。總的來說，他是沒有公開聲明政治傾向的社會激進主義者，不隨便提出公共倡議。這點讓他與其他科技巨擘意見相左，包括Facebook的馬克．祖克伯與共同創辦人克里斯．休斯（Chris Hughes）、特斯拉的伊隆．馬斯克（Elon Musk），以及創業投資家馬克．安卓森（Marc Andreessen）——他們都支持ＵＢＩ的概念。

ＵＢＩ只是在複雜的社會政治問題下，衍生出來的合理反應，旨在確保將來工作受科技衝擊的人，能有錢重新接受職業訓練，或是在無法受訓的情況下，以最低薪資維生。許多歐洲的西方國家已經在實施社會安全網制度了——雖然法國在二〇一八年與二〇一九年頻繁發生黃背心抗議活動，顯示在歐洲大陸的某些地區，安全網制度依然有缺陷。普遍來說，亞洲和南美洲的安全網沒有歐洲那麼穩固，當ＡＩ及自動化對就業市場造成強烈衝擊，當地政府會受嚴重影響，必須如法炮製美國的解決辦法。

在美國，大家提出各種ＵＢＩ計畫，但基本上，運作方式是讓每個國民——不論賺取多少錢——都能每個月領到一筆錢，不論薪水多少，都絕對有足以度日的金錢。華府流傳不同提案版本，各家智庫提出的ＵＢＩ金額，落在每月五百至一千美元。這不是什麼新觀念。包括金恩（Martin Luther King Jr.）博士和尼克森（Richard Nixon）總統在內，不同政治光譜上的知識分子和政治人物，都曾在過去支持類似的點子。今天美國則是想要藉由ＵＢＩ來消弭四千一百萬名美國人的貧窮狀態——目前美國衡量貧窮的標準為個人年收入未達一萬兩千美元——ＵＢＩ讓那些賺取最低薪資，或在零工經濟裡受苦的人，較能勉強度日。

ＵＢＩ至今尚未實現，原因在成本高昂。曾在柯林頓政府擔任勞工部長的柏克萊大學公共政策教授羅伯特・萊許（Robert Reich）算出，每個月發一千美元給所有美國人——是的包含億萬富翁，這樣政策才有感——每年大約要花納稅人三兆九千億美元，比目前的聯邦福利計畫多出一兆三千億美元，約等於聯邦預算的總額。從另外一個角度來看，這項計畫大約耗掉美國ＧＤＰ的百分之二十。要負擔這筆高額開支，必須對有錢人增稅，或是實施碳稅（carbon tax）、全國消費稅、機器人稅——或是以上全部徵收。

目前美國和歐洲都進入政治部落主義的時代，很難想像能獲得足夠的票數，推動大規模增稅和具有歷史意義的財富重分配。在美國，政治獻金法的結構是愈有錢的人愈有政治力量——能夠阻擋所得重分配。最佳例子就是石化燃料龍頭科氏工業集團（Koch

Industries）的億萬富翁兄弟檔大衛・科克（David Koch）與查爾斯・科克（Charles Koch）。二〇一九年八月大衛去世之前，兄弟倆總共在選舉年砸了數億美元，削弱政府對科氏集團的影響。

與馬克・祖克伯在大學時期共同創辦 Facebook，曾主掌《新共和》（*The New Republic*）雜誌的克里斯・休斯，在二〇一八年出版書籍《公平的機會：反思不平等與我們如何賺錢》（*Fair Shot: Rethinking Inequality and How We Earn*），主張實施有限度的基本所得制度，在政治上更能為人接受。年收入超過五萬美元的人，每個月能抵減五百美元的稅額。休斯告訴我，他的計畫成本只有一兆美元，與共和黨政府在二〇一八年通過的減稅政策相同，但這麼做能幫助人們有維持生計的最低收入，還能讓他們有機會受訓提升自己，他們會有錢請保母顧小孩，空出時間去上職業訓練課程，或有錢加油開車出門找新工作。他說：「我不喜歡平白無故給錢。人們要知道，努力工作就有美好的未來，只是現在還沒實現。想要改變就要重新訂立稅制。」

但是假如往後一、二十年勞工面臨就業危機，或許只有發展成熟的ＵＢＩ制度才能解決問題。未來主義者馬丁・福特（Martin Ford）表示：「最後不實施ＵＢＩ的成本會超過實施ＵＢＩ的成本。社會貧富不均破壞力非常強大，一定要採取行動。這對經濟來說或許不是件壞事。」如萊許所言：「我們幾乎可以這麼斷言，自動化程度提高會讓經濟體持續成長，讓UBI的成本更負擔得起。UBI能產生更多消費支出，刺激額外的經濟活動。貧窮減少，犯罪、監禁與其他剝奪權利所耗費的社會成本也會隨之減少。」

在二〇一八年勞動節過後，那段爭議不斷的日子，貝佐斯使出最後一記險招，使得亞馬遜及其引發的社會衝擊，種種批評聲浪終於煙消雲散。就在桑德斯、華倫（Elizabeth Warren）和福斯新聞接連抨擊貝佐斯之後，九月十三日，貝佐斯宣布他要捐贈二十億美元，幫忙徹底解決遊民問題和支持幼兒教育。這是他第一次捐這麼大一筆錢，雖然與他當時一千六百三十億美元的身家相比，還不到百分之二，但金額依然很可觀。

在此之前，慈善事業在貝佐斯的人生裡只不過是錦上添花。這位執行長曾經捐過數千萬美元，給西雅圖的福瑞德哈金森癌症研究中心，但以他的財富來說，只是九牛一毛。他的時間和精力多半花在亞馬遜、太空探索公司藍色起源，以及家人身上。貝佐斯不管做什麼，即使沒有比別人強，也一定要把事情做到好，從這點來看，他似乎是認為，捐出二十億美元之前那幾年，可以再為慈善多貢獻一點時間。

貝佐斯捐錢的時機點，很容易讓人覺得動機不純，只是要拿來抵擋桑德斯等人對他進行的政治攻擊。但我們也可以姑且相信，貝佐斯真的是好意。在政治人物接連重砲抨擊貝佐斯的前一年，貝佐斯就已經思忖著要捐出一大筆錢。他在二〇一七年六月的推特貼文裡寫道：「這則推文是要集思廣益。我在思考如何為慈善盡一份心。我喜歡做長遠打算，這和我平常的做事方法相反。」貝佐斯不會停止長遠思考，但他做出很大的讓步，選擇即時助人。

還有一件事站在貝佐斯這邊。就是貝佐斯的家人始終熱心助人，讓許多美國人滿足生活所需。貝佐斯的父母賈桂琳和麥可，在科羅拉多阿斯本設立了促進兒童教育的貝佐斯家族基金會（Bezos Family Foundation）。基金會有一項「轟隆計畫」（Vroom），在應用程式上，根據最新認知科學提供建議，提供超過一千種免費活動，讓家長和小朋友一起進行，促進兒童腦力發展。舉個例子：父母帶小孩出門時，可以指著真實世界的東西，告訴孩子哪些在書中讀過，或在電視上看過。

貝佐斯延續家族傳統，將二十億美元的「第一天基金」（Day 1 Fund），用於幫助有立即需要的人。基金將撥給為年輕家庭提供庇護和食物的組織及公民團體，並且資助低收入社區，協助打造非營利的蒙特梭利幼稚園體系。貝佐斯似乎非常投入這項計畫，他以一貫的韌性，致力於實踐目標。在二〇一八年九月公布慈善行動的那則推文裡，貝佐斯寫下使命宣言：「我們將採行推動亞馬遜的相同原則。其中最重要的就是真心誠意以顧客為念。『教育不是要將水桶倒滿，而是要點燃火苗。』而早日點燃火苗對任何兒童來說都是很大的助力。」

二〇一八年九月歷經風波，終於在貝佐斯投入慈善事業、最低時薪調至十五美元、亞馬遜遊說各州調高最低薪資後，讓政治抨擊力道暫緩。當時沒有人料想得到，五個月之後，亞馬遜宣布要在紐約市建造總部的事，引發一場劇烈風暴。

二〇一九年情人節，全國性媒體公開消息的前一個小時，紐約市長白思豪（Bill de Blasio）接到了來自亞馬遜全球企業事務部門主管傑伊．卡尼的電話。卡尼曾擔任《時代》雜誌記者，以及歐巴馬政府白宮新聞祕書。卡尼告訴震驚不已的紐約市長，亞馬遜決定放棄在長島市興建第二總部，可為當地帶來兩萬五千個就業機會的計畫。這座皇后區附近的新興城市，傍紐約東河而立，可在當地欣賞到曼哈頓的壯闊天際。卡尼在那通電話裡簡短地告知市長，亞馬遜已做出最終決定。積極爭取亞馬遜設立總部的白思豪，和卡尼通話後沒過多久，在推特上發文批評亞馬遜：「想在紐約立足得有兩把刷子。」

四個月前，白思豪和同為民主黨員的紐約州長古莫（Andrew Cuomo），與亞馬遜達成協議，由紐約州和地方政府提供約三十億美元的獎勵措施，吸引電商龍頭亞馬遜進駐紐約。這樣的獎勵措施，打敗了其他兩百七十八個想要靠亞馬遜帶來就業機會的城市。亞馬遜也在同一時期宣布，除了紐約，也會在北維吉尼亞設立總部。

亞馬遜和紐約協議告吹，強烈展現貝佐斯與公眾打交道的態度。而且我們也能從中看出，社會大眾並不了解，當亞馬遜對協議條件不滿會隨時退出。紐約總部位址宣布後，亞馬遜接連遭到新選出的進步派政治人物抵抗。其中包括形容自己是民主派社會主義者的亞歷珊卓・歐加修－寇提茲（Alexandria Ocasio-Cortez，支持者暱稱ＡＯＣ）眾議員。ＡＯＣ的選區鄰近長島市，她和一群當地政治人物指出，亞馬遜創造兩萬五千個工作機會，可以獲得三十億美元的抵稅額做為獎勵。（先不管亞馬遜能帶來好幾十億美元的稅收，金額大過三十億美元。）反對方表示，像貝佐斯這樣的億萬富翁不需要這筆錢。此外，反對方希望亞馬遜不要反對籌組工會，要補貼當地住宅、幫助重建腐壞的地鐵系統。在亞馬遜退出之前，紐約州參議會新任的民主黨領袖安卓雅・史都華－考辛斯（Andrea Stewart-Cousins），推舉選區包括長島市的自由派參議員麥可・喬尼爾斯（Michael Gianaris），加入有權否決亞馬遜總部設立協議的委員會，對整件事情更是沒有幫助。一向強力反對亞馬遜的喬尼爾斯，似乎鐵了心阻擋亞馬遜設立總部。他說：「像他們那樣闖進來接手社區，社區會死掉。」

基本上亞馬遜根本不需要面對像在紐約遭遇的紛擾。如主導亞馬遜第二總部計畫的卡尼所言：「我們退出不是因為覺得無法獲得許可，這點我們從不懷疑。我們知道我們有社會大眾的支持，我們相信古莫州長能兌現承諾。我們退出是因為不必如此難堪。」花好幾個月，甚至好幾年，試著安撫抱持敵意的政治人物，只會浪費亞馬遜的時間和資源，讓亞馬遜無法把注意力放在顧客身上。在亞馬遜眼裡，勉強配合工會的要求，只會導致商品價格提高，讓顧客蒙受損失；協助重建地鐵，則是只會浪費服務顧客的時間。另一項關鍵因素是亞馬遜始終不接受公眾檢驗。花上好幾十年，應付公開批評亞馬遜所有舉動的政治人物，不是亞馬遜的作風。對了解貝佐斯怎麼想的人來說，貝佐斯在紐約的總部設立協議中，當機立斷按下逃生彈射按鈕，並不令人意外。紐約市需要貝佐斯的程度，大過貝佐斯需要紐約市的程度。

儘管如此，亞馬遜的確可以更用心去向當地領袖說明經營哲學，多花一點時間傾聽對方的憂慮。亞馬遜沒有講清楚，AOC 等政治人物才會一下子就把亞馬遜看成另一間自私自利的貪婪大企業——把社區毀掉。亞馬遜無預警退出，更是讓政治人物鐵了心把社會弊端扣在亞馬遜頭上。想要一磚一瓦分拆亞馬遜的反托拉斯專家，人數還不多，但的確有增長之勢。

15 反托拉斯風潮興起

二〇一八年三月，川普總統在推特上大力抨擊亞馬遜，指責亞馬遜「讓上千家零售商倒閉」。相隔僅一年多，財政部長史蒂芬・梅努欽（Steven Mnuchin）就美國司法部針對科技巨頭進行反托拉斯調查一事，告訴消費者新聞與商業頻道（Consumer News and Business Channel，簡稱CNBC）：「我認為，若你仔細了解亞馬遜，雖然他們的確帶來好處，卻破壞全美各地的零售業，能與他們競爭的對手絕對不多。」當然，這件事可能只是總統和盟友對《華盛頓郵報》不斷寫主帥的負面報導感到惱怒，而川普當然知道，《華盛頓郵報》的老闆是貝佐斯。

討厭這間西雅圖公司的不只川普。愈來愈多批評者相信，亞馬遜已經變得過大和太有力量。美國沃爾瑪前執行長比爾・賽門（Bill Simon）說，亞馬遜應該要分拆。伊莉莎白・華倫參議員則是主張，像經濟大蕭條時代，強迫消費銀行與投資銀行分家的「格拉斯－史蒂格法」（Glass-Steagall Act），針對亞馬遜制訂法律。按照華倫的想法，政府要強迫亞馬遜拆成兩半，把網站從直接零售業務中獨立出來。亞馬遜的平臺除了銷售第三方賣家的產品，也販售自家產品。華倫說，相較於使用亞馬遜電商平臺的商家來說，亞馬遜擁有不公平的競爭優勢。可以想像成在ＮＢＡ籃球賽裡當球員，又兼任裁判。如果有一群第三方賣家業績很好，譬如綠色連帽運動衫的賣家，亞馬遜會知道這件事，然後生產自家的綠色運動衫，以更低廉的價格出售。她說：「選一種生意來做吧，你不能兩種都要。」

反貝佐斯運動在二〇一九年秋天生出一股新動力。當時眾議院司法委員會（House Judiciary Committee）的兩黨議員，都要求亞馬遜和其他大型科技公司，交出高階主管的通訊紀錄——理應包括貝佐斯的電子郵件——以及財務報表，並且提供競爭對手、市占率、併購案、關鍵商業決策等資訊。國會特別要求亞馬遜提供的資料包括：亞馬遜網站上的產品搜尋內容、亞馬遜尊榮會員訂價策略以及賣家費用。委員會主席傑羅德・納德勒（Jerrold Nadler）指出，此舉有助於委員會長期調查亞馬遜的舉動，並引述委員會的話，表示「愈來愈多證據顯示，有些企業在網路商務與通訊這一塊市占率太高」。

二〇一七年一月《耶魯法學期刊》（*Yale Law Journal*）刊登一篇文章，標題為〈亞馬遜的反托拉斯矛盾〉（Amazon's Antitrust Paradox），學術界也開始主張分拆亞馬遜。作者是二十九歲的耶魯法學院碩士生麗娜·卡恩（Lina Khan）。她提出，亞馬遜在許多市場實施掠奪性訂價，這麼做雖然對消費者有利，卻會排擠競爭。卡恩任職於華盛頓特區的自由派智庫「公開市場研究所」（Open Markets Institute）。她相信，當公司的規模太大、力量過高，將有能力遊說政府讓法規站在他們那邊，或從州政府獲得租稅減免，使教育和社會福利失去需要的基金，也有可能破壞社區；這種種行為，將使美國人失去基本自由。她在二〇一八年告訴《大西洋雜誌》：「在多數人的日常生活裡，和位高權重的人互動，對象不是國會議員，而是他們的上司。假如你每天出門賺錢都被當成農奴，你在民主生活中有什麼公民力（civic capability）可言？」由法學碩士生撰寫的法學論文，通常不太會受到注意，但卡恩的文章挑動敏感神經，下載次數高達十四萬五千次，簡直是法律界的賣座電影。

接著歐洲開始有人起來反對亞馬遜——這個在歐洲規模數一數二的網路零售商。二〇一九年中，歐盟開始正式調查亞馬遜是否有違反「反托拉斯」的情事。歐盟公平競爭委員（competition commissioner）瑪格麗特·韋斯特耶（Margrethe Vestager）曾成功控告Google違反公平競爭原則，引起世界關注而聲名大噪。她很肯定，亞馬遜針對顧客購物習慣蒐集大量資料，用來排除競爭。韋斯特耶委員的看法與華倫議員雷同，她認為，亞馬遜的所作所為涉及利益衝突，因為亞馬遜直接以零售的方式賣東西，又為自己和第三方賣家提供電商平臺。韋斯特耶委員的指控包括，亞馬遜不僅與第三方賣家競爭平臺上的最佳刊登位置，還蒐集與對手有關的珍貴資料，以此增加己方優勢。

但檢視證據後，會發現情況並非如此。在美國，你很難指控亞馬遜觸犯反托拉斯法。即使是在相關法律較嚴格的歐洲，控告亞馬遜阻撓競爭的案子也很難成立。或許不久的將來，亞馬遜和其他大型科技平臺，影響力將大到足以支配競爭條件、左右政府的決策，而且在最糟糕的情況中，還能限縮我們的自由。但是那一天還沒到來。

從書市、零售業到娛樂圈，亞馬遜的確顛覆了許多產業的商業模式，但亞馬遜並未違反美國當前的反托拉斯法規——至少目前看來沒有。像亞馬遜這樣的公司，對消費者有益，抑或有害，成為今日反托拉斯法的關鍵測試。這樣的思維源自一九七〇年代晚期，美國聯邦上訴法院（U.S. Circuit Court of Appeals）法官與芝加哥大學法學院法律學教授理查・波斯納（Richard Posner）撰寫《反托拉斯法》（*Antitrust Law*）一書，掀起滔天巨浪。在那之前，美國的反托拉斯法主要目的在達成兩項目標（有時互斥）：保護消費者不受獨占事業的統一訂價策略影響，以及保護「小型業者與有必要保護的人士」不受大型競爭者影響。波斯納的書則是聚焦於消費者福利，徹底翻轉反托拉斯的思維模式。根據波斯納的自由主義觀點，必須維護自由市場不受法規箝制，若公司運用獨占力量，以傷害消費者的方式提高價格，才要加以管控。這套自由派哲學在反托拉斯的圈子，稱作「神聖的芝加哥法學文本」（sacred Chicago texts）。「大」本身不是一件壞事，重點不在公司是否傷害對手，或讓競爭者經營不下去——這就是自由市場資本主義的運作方式。

亞馬遜從成立第一天起，就不斷努力提升消費者生活。亞馬遜用AI飛輪持續降低價格、加快出貨速度。亞馬遜為尊榮會員提供免費的電影、電視影集、音樂，以及全食超市的折扣優惠。消費者對亞馬遜的信任度，勝過其他美國品牌。假定亞馬遜傷害消費者，因此要求分拆亞馬遜，將是荒唐之舉。

以亞馬遜違反競爭原則要求分拆亞馬遜的人，也無法提出強而有力的證據，證明亞馬遜對小型業者的傷害大於對他們的幫助。亞馬遜比競爭者更有效率，因為這點懲罰它並不合理，尤其是，亞馬遜將省下來的錢用於為消費者提供更低的價格。曾經擔任歐巴馬政府經濟顧問的哈佛大學甘迺迪政府學院經濟學家傑森．佛曼（Jason Furman），專門研究企業對貧富不均、物價上漲和打擊創新的影響。目前，他認為亞馬遜可以過關，他相信，亞馬遜不該被分拆。「沃爾瑪想出改善供應鏈管理的方法，並擴大規模，亞馬遜也在網路上這麼做，經濟部門因此更集中，表示效率提升了，對經濟發展有益。」

為了了解美國和歐洲的政治人物和監管機構的擔憂，就讓我們來看看布克兄弟（Brooks Brothers）的例子。這個頂著光環的美國品牌，除了在官網 Brooksbrothers.com 賣衣服，也不得不在亞馬遜網站上販售——西雅圖電商龍頭掌握太多網路生意，讓商家不能忽視掉這一塊。亞馬遜的演算法會掃描自家網站，也很有可能會去檢視 Brooksbrothers.com 的情形，了解當前的暢銷商品為何。演算法一定有在某個時刻，注意到男款卡其褲很熱門，因為二〇一七年，亞馬遜開始以自家品牌「好服飾」（Goodthreads），生產販售男款卡其褲。

在亞馬遜網站上搜尋卡其褲，會發現亞馬遜的卡其褲出現在頁面頂端的黃金位置，根本找不到布克兄弟的商品。我花三十九美元買了一條亞馬遜出的卡其褲，然後穿給愛好時尚的兒子看。他不知道那是廉價的亞馬遜仿製褲，還說很好看。所以在這個例子中，亞馬遜的做法對消費者有利，對布克兄弟不利。現在，你到亞馬遜網站上搜尋布克兄弟，會跳出卡其褲下殺五十五美元到九十美元的網頁，與亞馬遜的商品競爭。法國人韋斯特耶說：「問題在資料。你有沒有用這些資料計算得知最新流行商品？人們想要什麼？消費者可以接受的價格落在哪？怎樣能刺激消費？」

這個嘛，雖然亞馬遜否認（很有可能是為了避免反托拉斯法審查），但他們似乎就是在這麼做。問題在於：這些資料是否讓亞馬遜擁有不公平的競爭優勢，能輕易打敗在亞馬遜平臺販售商品的零售業者？亞馬遜當然是不惜犧牲別人也要獲利，而且他們會與平臺上的第三方賣家激烈競爭。倫敦旅行包賣家約翰‧摩根一覺醒來發現，亞馬遜變成他的直接競爭者，這個口述故事是好例子。但沒有證據支持亞馬遜在零售業所向披靡的說法。

研究機構市場脈動（Marketplace Pulse）在二〇一九年，針對亞馬遜的自有品牌進行深度研究，結論是亞馬遜「沒有像許多人描述的那麼成功……這些品牌和上萬件商品沒有得到顧客的青睞」。亞馬遜發言人告訴市場脈動，「亞馬遜的自有品牌在整體銷售額占比不到百分之一」。許多大型零售商的自有品牌，都在整體銷售額中占比超過百分之二十五，實在是小巫見大巫」。在這樣的數據下，加上推出自有品牌是零售業的標準做法，你很難主張亞馬遜在蒐集資料，為自家產品創造網站上其他賣家所沒有的優勢，違反公平原則。

除了自有品牌，亞馬遜當然也販售很多其他商品，在這一塊，與使用亞馬遜電商平臺的第三方賣家激戰。可是，若亞馬遜像批評者所言擁有獨占力量，那麼在亞馬遜平臺上賣東西的商家，生意就做不下去了。而事情正好與此相反。貝佐斯注意到，有愈來愈多政治人物抨擊亞馬遜。先前提過，他在二〇一八年寫公開信給股東（於二〇一九年四月出版），指出第三方賣家的營業額，在亞馬遜網站占比百分之五十八。比十年前高出百分之三十。以中小型業者為主的商家，銷售額達一千六百億美元，而亞馬遜自己的營業額則是一千一百七十億美元（所謂的「第一方」賣家營業額）。如貝佐斯在信中所言：「直白地說，第三方賣家狠狠打趴了第一方賣家。」

亞馬遜全球政策與溝通主管傑伊．卡尼是這樣說的：「批評者喜歡指控亞馬遜摧毀中小型業者。那是嚴重的指控，根本沒有什麼證據支持。事實上，有上百萬名中小型業者在我們的商店賣東西，他們生意興隆。要說我們打擊第三方賣家，害他們倒閉，那我們也表現太差勁了——我們始終表現很差。那是因為事實與指控相反。」

那並不表示，在亞馬遜賣東西競爭不激烈、不是適者生存。只不過，超過兩百萬名透過亞馬遜在美國、歐洲、中國、日本、南美洲賣東西的業者，不但沒有凋零，反而欣欣向榮，你無法根據商家的經營狀況，當做分拆亞馬遜的理由。許多美國海內外沒有利用亞馬遜賣東西的小型業者，的確經營得很辛苦，但主要原因在於消費者喜好轉變，他們希望商品快速到貨，想要可以選擇線上購物、店面購物，或線上購物店面取貨。尚未轉型的小型業者無法生存下去。

根據當前的美國法律，分拆亞馬遜缺少可靠的論據，批評者最後會把矛頭指向從來沒有公司規模這麼大。分拆亞馬遜、阿里巴巴、字母公司、Facebook、推特以及其他平臺的理由，只是因為他們相信，這些公司力量太強大，威脅到國家主權。一六〇二年，荷蘭人用聯合東印度公司（United East India Company），在亞洲建立獨占貿易事業。一六六九年，聯合東印度公司成為全世界有史以來最有錢的私人公司。這門獨占事業，一直到一七九九年，其他殖民勢力對聯合東印度公司的力量和市場眼紅，出手攻擊，才導致聯合東印度公司以破產收尾。

亞馬遜等科技巨頭被指控擁有強大力量，上一次有企業力量能與其媲美，發生在鍍金時代（Gilded Age）。十九世紀末，J．D．洛克斐勒（J. D. Rockefeller）、J．P．摩根（J. P. Morgan）、安德魯．美隆（Andrew Mellon）等鉅子將旗下事業組成聯合企業，由同一個董事會掌控每一間公司的股票，有效保護他們的獨占事業，使其不受聯邦政府的反托拉斯法管控。這些聯合企業的律師主張，雖然董事會掌管的事業營運範圍包含美國各地，但控股公司本身總部設在單獨的州，由於董事主要管公司財務，並不涉及跨州商務，所以反托拉斯法對其莫可奈何。最高法院帶著顧慮，在一八九五年「美國訴奈特公司案」（United States v. E. C. Knight Co.）判決，同意了這樣的論述。

二十世紀初，J．D．洛克斐勒將標準石油公司（Standard Oil）打造成一頭巨獸，掌控美國百分之九十的煉油事業。安德魯．卡內基（Andrew Carnegie）將鋼鐵公司與另外九間公司合併，旗下員工高達一百萬人。鍍金時代權力最大的商業大亨J．P．摩根掌握聯合企業，旗下擁有數間銀行，以及西方聯合電報公司（Western Union Telegraph Company）、普爾曼汽車公司（Pullman Car Company）、安泰人壽、奇異公司（General Electric）、利蘭航運（Leyland Steamship Lines）和二十一家鐵路公司。當時《科利爾週刊》（*Collier's Weekly*）指出：「你可以從英國搭乘排班輪船和火車到中國，當中沒有任何一段路程，不在摩根先生的掌控。」

老羅斯福總統在當時遇到的難題，與現在主張「分拆亞馬遜」的人們遭遇到的難題類似。雖然鍍金時代的聯合企業正在積累強大的實力，但他們也在許多方面替消費者省荷包。愛德蒙．莫瑞斯（Edmund Morris）在大作《羅斯福傳》（*Theodore Rex*）指出，二十世紀初，美國經濟在聯合企業的帶頭下愈來愈好，標準石油公司的煤油已經連續降價三十年。莫瑞斯寫道：「美國再也不是一群自給自足的小團體，而是具有獨占特性的城市網，大公司集中經營自家事業，互相做生意：鋼鐵城、橡膠城、鹽城、服飾城、玉米城、銅城。」亞馬遜降低價格，並持續改善顧客服務品質，為經濟帶來類似效果。

最後羅斯福在總統任期內，舉出新的理由，將許多聯合企業拆散了。他說，洛克斐勒、摩根、美隆與其他人經營的聯合企業，力量太過強大，威脅到聯邦政府的主權。他在一九〇一年寫下：「我們愈來愈清楚，聯邦政府及整個國家（若有必要）要有權監督及管控自己扶植的大企業。」羅斯福擔心聯合企業會發展得太大、擁有過高的影響力，讓聯邦政府難以管控。一九〇三年，羅斯福說服國會通過分拆聯合企業的法案，但事後發現，洛克斐勒指示六名參議員全力阻擋法案。

今天，亞馬遜、字母公司、蘋果、Netflix、Facebook 對美國經濟和我們的生活有非常巨大的影響力。但與鍍金時代聯合企業無所不在的影響力相距甚遠。Facebook 和字母公司共掌握近百分之六十的網路廣告市場，但那只是美國整體廣告市場的四分之一，亞馬遜在這一塊以競爭者之姿快速成長。Netflix 在影音串流服務擁有百分之七十五的家庭訂閱戶，但包括亞馬遜、迪士尼、AT&T 等業者在內，競爭者眾。蘋果掌控約百分之四十的美國智慧型手機市場，但在全球市場僅占百分之十。

雖說亞馬遜掌控近百分之四十的美國網路零售生意，但網路零售只占美國零售業的百分之十——美國人花在購物的金錢，十元有九元還是流入實體店面。結果顧客還是喜歡在購買前，先試穿洋裝和鞋子，或是捏一捏哈密瓜，比較一下各款HD高畫質電視螢幕有何差異。所以亞馬遜只掌控百分之四的美國零售生意。以全球來說，落差更大。亞馬遜只掌控百分之一的全球零售生意。沃爾瑪和中國的三大巨頭阿里巴巴、騰訊、京東，這些強勁的競爭對手絕對不會讓亞馬遜輕易多賺一毛錢。

鍍金時代的聯合企業與今天的大型科技公司，雖然諷刺，但的確有個無法否認的相似之處，就是他們也能對經濟和社會有益。先不談隱私和駭客企圖影響選舉等問題，Facebook和字母公司幫助製造商和零售商，藉由鎖定廣告目標，讓行銷變得更有效率。蘋果公司創造的裝置，深得十億人所喜愛（至少大多數的人喜歡），而Netflix為一億用戶提供負擔得起的家庭娛樂。亞馬遜有琳瑯滿目的商品，出貨又快，深得消費者的心。

批評亞馬遜的人，只有一種合理的說法，就是亞馬遜（未來會）變得太大、太成功，有能力讓數以百計的企業倒閉，可以對政府呼風喚雨，取得租稅減免優惠，並將法律規定變得對自己有利。

這個論點的問題就是，顛覆永遠是——也永遠會是——資本主義的核心。如果亞馬遜的敵人想要的是：體系參與者相敬如賓、政府保護效率比較低落的公司、美國司法部當仲裁人，這麼想是他們的權利。但是，反亞馬遜的觀點可能會讓美國付出很大的代價。如此一來會扼殺創新。一九三〇年代，奧地利經濟學家熊彼得（Joseph Schumpeter）主張，資本主義的核心在於創造性破壞（creative destruction）——舊的東西要讓位給新的，才會有進步。歷史證實了他的觀點。汽車徹底消滅了四輪馬車製造者，手機徹底消滅有線電話，雲端運算正在取代企業資料中心，有機食品衝擊包裝食品龍頭通用磨坊（General Mills）和卡夫亨氏（Kraft Heinz）的生意。我們真的想回到駕駛馬車的世界嗎？撥打朋友的電話號碼，聽忙線的嘟嘟聲？只能吃卡夫亨氏的通心粉和起司？

因此，在可預見的未來，亞馬遜將依然是全球商業活動的強勁力量，對業界及社會造成嚴重影響——比許多人想像中更有破壞力。AI 飛輪將在一個又一個產業裡高速運轉，強迫既存者隨之改變，否則只有滅亡一途。科技能力薄弱的公司，將面臨去蕪存菁的壓力。上億個工作機會將被 AI 和自動化設備取代，新工作的數量無法完全遞補空缺。我們都必須習慣。因為分拆或約束亞馬遜、字母公司或阿里巴巴，無法阻止 AI 與自動化的浪潮。就算眼前這些科技巨頭不以其科技之力顛覆產業，也有他人取而代之。

儘管如此，亞馬遜批評者害怕的事情，很有可能會實現。亞馬遜的 AI 飛輪會變得無所不在和所向披靡，讓亞馬遜和其他類似的大型科技公司，有必要受到管控或分拆開來——理由是，不管景況為何，都讓人覺得太可怕。那一天還不會來得太快，但有可能發生。假如，智慧系統替生活做的決定愈來愈多，而我們無法理解、情況不合理，或智慧系統變得太強大，無人能與之抗衡，政府將要想辦法因應巨大的挑戰。

在此同時，工作及生活方式徹底翻新，全世界都要適應。這個方式，就叫「貝佐斯經濟學」。

16 從雙翼機到猛禽戰鬥機

這本書開頭講到，貝佐斯說亞馬遜有一天會關門大吉。我們很難想像，如亞馬遜這般財力雄厚、實力強大、集智慧科技於一身的公司，竟然有一天會衰退，更不用說倒閉了。但史上最精明的資本家都這樣說，還不認同他的話，那就太愚蠢了。沒錯，貝佐斯可能說得對。有一天，某些後起之秀會找出別的辦法，在網路上用更便宜的價格、更快的出貨速度，販售更棒的產品。或是有某個人開發出新科技，擊敗亞馬遜的雲端事業。或是貝佐斯進軍保健和金融業，將亞馬遜捲入一場「越戰」，在持久戰中消耗精力，最後戰死沙場。

就某方面而言，這些都不重要，因為即便亞馬遜倒閉了，這位全世界最富有的人已經催生貝佐斯經濟學——這種新的商業模式正在擴散到全球各地，將帶來深遠的影響，並在貝佐斯和亞馬遜消失後，持續影響全世界。貝佐斯經濟學是由ＡＩ飛輪驅動，融合以顧客為念、瘋狂創新和長期思維的強效藥。它是二十一世紀的商業模式，正在深刻改變我們的工作和生活型態。

與傳統公司相比，亞馬遜就像F-22猛禽隱形戰鬥機，在與第一次世界大戰的雙翼機進行空戰。雖然很多人都在大肆宣傳ＡＩ的好，但亞馬遜是第一間將機器學習廣泛整合進ＤＮＡ的公司。亞馬遜從一開始就是科技公司，不是書商，並且將實際的科技能力繼續帶入不同的產業。這臺以數據驅動的販賣機會思考，從自身錯誤學習和進步，再不斷即時重複這樣的循環。這是史上第一間公司，電腦能做的商業決策比人類還要多。貝佐斯創造出全世界最聰明的公司，而且它愈來愈聰明。

全球商業界終將劃分成兩大陣營：以自己的方式實行貝佐斯經濟學的公司，以及不仿效貝佐斯經濟學的公司。字母公司、Facebook、Netflix、阿里巴巴、京東、騰訊，憑藉資料蒐集與分析能力，持續以其經驗促使公司愈來愈聰明，為顧客提供更有吸引力的產品，打造出實力堅強、規模龐大的事業體。他們致力開發以ＡＩ驅動的科技，例如語音與臉部辨識技術、物聯網和機器人技術，創造出一套以自動化為本的商業模式。無法適應新世界的傳統業者，將會被這套模式輾壓。5G技術的誕生，將會取代現有的數位網路，差距只會拉得更大。專家預估，新一代網路的連結力，速度將比現有網路快一百倍。（在5G網路裡，兩小時的電影，只需幾秒鐘就能下載完成。）

對傳統公司來說，適應新世界不光是要請來一群資料科學家，風風火火地推動幾項計畫。想要將貝佐斯經濟學融入核心的公司，必須徹底重新改組。Nike運用AI和大數據，統合網路購物與令人嚮往的體驗式店面，就是最佳範例。就連小商店也有必要學習貝佐斯經濟學的法則，才能生存下去。「飾提取」的網路女性服飾事業建立在智慧科技上，讓演算法替他們找出顧客喜歡的流行款式。

貝佐斯經濟學對社會也有深遠的影響。有些大型科技公司在用假新聞四處製造事端、介入選舉和侵犯個人隱私。如蘋果公司執行長庫克所言：「如果你打造出一間製造混亂的工廠，那你就不能迴避製造混亂的責任。」全球貧富差距太過嚴重，美國和歐洲的政治人物找上亞馬遜和大型科技公司，當做責怪的對象。這些生財機器以超高效率為高層主管和股東創造財富，可能會引發更多民怨，很容易就會淪為監管機構抨擊的目標——或許有可能被強制分拆。

亞馬遜是否違反當前的反托拉斯法規，已經不是重點。歷史告訴我們，法律如何解讀，端看掌權者想如何解讀。因此我們不難想像，亞馬遜和其他科技巨頭有朝一日會被監管機構盯上。二〇一八年，印度為了促進競爭，通過法律禁止亞馬遜和沃爾瑪這類大型零售商在網站上販售自家產品，預示了往後將朝此趨勢發展。這項法規會不會讓其他市場依樣仿效？

亞馬遜和其他以ＡＩ驅動的科技巨頭，將會對就業市場產生什麼影響，會是更大的問題。

全世界會有非常多工作機會消失。沒錯，經濟最終會產生新的工作機會，取代某些消失的工作，但這一次變化之大，政府將不得不介入，提供就業訓練、最低薪資保障，甚至可能要實施全民基本所得制。

全球社會面臨的關鍵問題在於，亞馬遜和其他大型科技公司，已在零售、搜尋、媒體，以及即將在其他產業（例如：保健和金融業），為顧客帶來便利性，而人們因此付出的代價是否值得。截至目前為止，這些龍頭公司都在快速成長，答案是肯定的。畢竟，顧客喜歡他們的產品和服務。

因此，至少在短期內，你不得不習慣這件事。亞馬遜會繼續營運，貝佐斯經濟學的ＡＩ飛輪將快上加快。

致謝

訴說像亞馬遜如此龐大、複雜而又不斷演變的故事，需要眾人的努力。史奎布納出版社（Scribner）的編輯瑞克・霍根（Rick Horgan），在這段日子為了我，將時間精力熱情投入計畫，是位難能可貴的好編輯。撰寫《貝佐斯經濟學》期間，瑞克經常提供亞馬遜的最新消息、不斷挑戰我的想法，並為我指引新方向。我們大聊亞馬遜如何在各方面入侵生活，我很享受談話過程。衷心感謝他在每個階段對我悉心指引。也謝謝史奎布納出版社的成員，有南恩・葛拉翰（Nan Graham）、布萊恩・貝菲格里歐（Brian Belfiglio）和柯林・哈里森（Colin Harrison），他們從一開始就深信計畫會成功，提供了令所有寫作者欣羨的豐富資源，幫助這本書贏在起跑點。

先前，出版計畫尚未在我心底成形，經紀人陶德・薛施特（Todd Shuster）敦促我寫出提案，後來成為本書骨幹。沒有陶德的大力推動和遠見，這本書無法實現。也感謝艾維塔斯創意管理（Aevitas Creative Management）的每位成員，謝謝賈斯汀・布羅凱特（Justin Brouckaert）和艾瑞卡・鮑曼（Erica Bauman）的協助。

我發現，撰寫亞馬遜相關書籍的好處是，大家都想談論這個話題。我充分利用這項優點，與許多朋友和同事討論。他們熱情地聆聽我的想法，並且給予我寶貴的意見回饋。我要謝謝艾瑪・克勒曼（Emma Clurman）、漢克・吉爾曼（Hank Gilman）、彼得・希爾迪克－史密斯、里克・柯克蘭、夏綠蒂・梅爾森、湯米・奈森（Tommy Nathan）、彼得・佩卓（Peter Petre）、茱蒂・西蒙斯（Judi Simmons）和羅德尼・澤梅爾。另外感謝《財星》雜誌的朋友和同事：亞當・拉辛斯基（Adam Lashinsky）、克里夫・李福（Cliff Leaf）、布萊恩・歐齊夫（Brian O'Keefe）。他們讓我參考《財星》雜誌的報導，深入了解Alexa。撰寫Alexa那一章時，他們的真知灼見令我受惠良多。我也要感謝布萊德・史東寫出《貝佐斯傳》，此書精巧地描繪亞馬遜的早期歷史，對研究亞馬遜多所助益。

本書內容涉及不同產業與國家，事實查核人員湯姆・卡利根（Tom Colligan）認真盡責地細細查證，真是救星。

我最該好好感謝的是我的家人：卡洛琳（Caroline）、保羅（Paul）和舒茲（Suz）、蘇菲亞（Sophia）和艾力克斯（Alex）。兩年來，他們忍受我在晚餐中大聊亞馬遜，欣然聽我發表數小時的意見，沒有翻太多次白眼。少了他們的熱情、機智和好脾氣，我不可能盡筆於此。我要特別感謝我的妻子與摯友卡洛琳。她給我支持，以真知灼見和犀利耳力，為我修改語氣和用字遣詞，令本書錦上添花。

注釋

前言

021 **貝佐斯在員工大會上：**"Jeff Bezos on Why It's Always Day 1 at Amazon"，亞馬遜張貼於 YouTube 的影片，二〇一七年四月十九日，https://www.youtube.com/watch?time_continue=8&v=fTwXS2H_iJo。

021 **貝佐斯說了：**Jeff Haden, "20 Years Ago, Jeff Bezos Said This 1 Thing Separates People Who Achieve Lasting Success from Those Who Don't," *Inc.*, November 6, 2017.

022 **貝佐斯在書中所言：**Brad Stone, *The Everything Store: Jeff Bezos and the Age of Amazon* (New York: Back Bay Books, 2013), 12.（中文版《貝佐斯傳：從電商之王到物聯網中樞，亞馬遜成功的關鍵》，天下文化，二〇一六年）

024 **艾佛遜和他的團隊在那二十年致力於：**Jim Collins, *Good to Great* (New York: HarperBusiness, 2001), 177.（中文版《從A到A+：企業從優秀到卓越的奧祕》，二〇〇二年）

025 **有鑑於此，為了開發和升級**：Avery Hartmans, “Amazon Has 10,000 Employees Dedicated to Alexa—Here Are Some of the Areas They’re Working On,” *Business Insider*, January 22, 2019.

026 **研究機構CB洞見（CB Insights）在二〇一八年**：“The 7 Industries Amazon Could Disrupt Next,” CB Insights, https://www.cbinsights.com/research/report/amazon-disruption-industries/.

027 **二〇一九那一年，他創辦的公司**：Matt Day and Spencer Soper, “Amazon U.S. Online Market Share Estimate Cut to 38% from 47%,” Bloomberg.com, June 13, 2019.

028 **高盛的消費金融業務馬庫斯（Marcus）銀行負責人哈里特・泰爾沃（Harit Talwar）**：「2019 Fortune Brainstorm Finance」大會演講內容，Montauk, New York.

028 **就像亞馬遜能在**：Mike Isaac, “Which Tech Company Is Uber Most Like? Its Answer May Surprise You,” *New York Times*, April 28, 2019.

030 **上面有各式各樣、琳瑯滿目**：“How Many Products Does Amazon Sell Worldwide,” ScrapeHero, October 2017, https://www.scrapehero.com/how-many-products-does-amazon-sell-worldwide-october-2017/.

030 **亞馬遜在美國始終位列**：“Rankings per Brand: Amazon,” Ranking the Brands, https://www.rankingthebrands.com/Brand-detail.aspx?brandID=85.

031 **二〇一九年，亞馬遜市集（Amazon Marketplace）有來自一百三十國**：Jeff Bezos，二〇一八年致股東信，二〇一九年四月十一日。

031 **亞馬遜表示，二〇一八年**：“Small Business Means Big Opportunity,” 2019 Amazon SMB Impact Re-

port, https://d39w7f4ix9f5s9.cloudfront.net/61/3b/1f0c2cd24f37bd0e3794c284cd2f/2019-amazon-smb-impact-report.pdf.

032 **除了這些**：Richard Rubin, "Does Amazon Really Pay No Taxes? Here's the Complicated Answer," *Wall Street Journal*, June 14, 2019.

第1章 貝佐斯經濟學

036 **據估計在世界各地**：“150 Amazing Amazon Statistics, Facts, and History (2019)," Business Statistics, DMR, https://expandedramblings.com/index.php/amazon-statistics/.

037 **二〇一七年聖誕假期**：Courtney Reagan, "More Than 75 Percent of US Online Consumers Shop on Amazon Most of the Time," CNBC, December 19, 2017.

038 **參與民調的共和黨人士**：“2018 American Institutional Confidence Poll," Baker Center for Leadership, https://bakercenter.georgetown.edu/aicpoll/.

038 **這或許能解釋**：Scott Galloway, *The Four: The Hidden DNA of Amazon, Apple, Facebook, and Google* (New York: Portfolio/Penguin,2017), 14.

038 **竟有高達百分之四十四的人**：“How America's Largest Living Generation Shops Amazon," Max Borges Agency, https://www.maxborgesagency.com/how-americas-largest-living-generation-shops-amazon/#slide-2/.

038 **廣告業巨頭WPP集團（Wire & Plastic Products Group, WPP Group）旗下資料研究公司**：Martin Guo, “2019 BrandZ Top 100 Most Valuable Global Brands Report,” November 6, 2019, https://cn-en.kantar.com/business/brands/2019/2019-brandz-top-100-most-valuable-global-brands-report/.

039 **亞馬遜太令人上癮**：Karen Webster, “How Much of The Consumer’s Paycheck Goes to Amazon?,” PYMNTS.com, October 15, 2018.

040 **阿洛諾維茲認為**：Nona Willis Aronowitz, “Hate Amazon? Try Living Without It,” *New York Times*, December 8, 2018.

040 **他告訴《華爾街日報》**：Khadeeja Safdar and Laura Stevens, “Amazon Bans Customers for Too Many Returns,” *Wall Street Journal*, May 23, 2018.

041 **「只要有人對貼文或照片按讚、留言」**：Simon Parkin, “Has Dopamine Got Us Hooked on Tech?,” *The Guardian*, March 4, 2018, https://www.theguardian.com/technology/2018/mar/04/has-dopamine-got-us-hooked-on-tech-facebook-apps-addiction.

041 **「我們以為自己能掌控科技」**：Nellie Bowles, “A Dark Consensus About Screens and Kids Begins to Emerge in Silicon Valley,” *New York Times*, October 26, 2018.

042 **麥斯伯格思公關公司針對千禧世代與Z世代**：“How America’s Largest Living Generation Shops Amazon.”

043 **亞馬遜及網站上數百萬第三方零售賣家**：“How Many Products Does Amazon Sell?,” ScrapeHero, Jan-

uary 2018, https://www.scrapehero.com/many-products-amazon-sell-january-2018/.

043 深入亞馬遜網站的馬里亞納海溝：Jason Notte, "25 Bizarre Products Sold on Amazon You Need to Know About," *The Street*, July 19, 2017.

044 一名顧客提出忠告：Brandt Ranj, "7 Crazily Heavy Things That Ship for Free on Amazon," *Business Insider*, March 21, 2016.

044 二〇一六年，亞馬遜擁有：Jason Del Rey, "Surprise! Amazon Now Sells More Than 70 of Its Own Private-Label Brands: The Biggest Push Has Come in the Clothing Category," *Vox*, April 7, 2018.

044 二〇一八年，亞馬遜的自有品牌增加到：Jessica Tyler, "Amazon Sells More Than 80 Private Brands," *Business Insider*, October 8, 2018.

045 預估將在二〇二三年來到：Nathaniel Meyersohn, "Who Needs Brand Names? Now Amazon Makes the Stuff It Sells," CNN Business, October 8, 2018.

046 她發現，口味選項較少的試吃者：Alina Tugend, "Too Many Choices: A Problem That Can Paralyze," *New York Times*, February 26, 2010.

047 任天堂歐美版迷你紅白機：Steven Musil, "Amazon Prime Customers Bought 2 Billion Items with One-Day Delivery in 2018," CNET, December 2, 2018.

047 從該名顧客按下購買鍵：Ben Popper, "Amazon's Drone Delivery Launches in the UK," *The Verge*, December 14, 2016.

047 **二〇一八年底，亞馬遜宣布在沃斯堡聯盟機場（Fort Worth Alliance Airport）**：Rebecca Ungarino, "Amazon Is Building an Air Hub in Texas—and That Means More Bad News for FedEx and UPS, Morgan Stanley Says," *Business Insider*, December 16, 2018.

048 **摩根士丹利（Morgan Stanley）隨之調降**：Michael Larkin, "These Are the Latest Stocks to Sink on a Potential Amazon Threat," *Investor Business Daily*, December 4, 2018.

048 **亞馬遜想要快速出貨**："Amazon Global Fulfillment Center Network," MWPVL International, December 2018, http://www.mwpvl.com/html/amazon_com.html.

048 **二〇一九年初，亞馬遜在克里夫蘭**："Why Amazon Is Gobbling Up Failed Malls," *Wall Street Journal*, May 6, 2019, https://www.wsj.com/video/why-amazon-is-gobbling-up-failed-malls/FC3559FE-945E-447C-8837-151C31D69127.html.

048 **我們很難精確掌握亞馬遜配銷網絡**："An Amazon Puzzle: How Many Parcels Does It Ship, How Much Does It Cost, and Who Delivers What Share?," *Save the Post Office*, July 29, 2018.

049 **華爾街分析師預言**：Rani Molla, "Amazon's Cashierless Go Stores Could Be a $4 Billion Business by 2021, New Research Suggests," *Vox*, January 4, 2019.

050 **製作了許許多多的原創電視節目**："*The Marvelous Mrs. Maisel*: Awards," IMDb, https://www.imdb.com/title/tt5788792/awards.

050 **二〇一九年，亞馬遜花了近七十億美元**：Eugene Kim, "Amazon on Pace to Spend $7 Billion on Video

and Music Content This Year, According to New Disclosure," CNBC, April 26, 2019.

050 **比不上 Netflix 砸下的重金**：Todd Spangler, "Netflix Spent $12 Billion on Content in 2018," *Variety*, January 18, 2019.

051 **亞馬遜音樂副總裁史蒂夫・布姆（Steve Boom）**：Micah Singelton, "Amazon Is Taking a More Simplistic Approach to Music Streaming. And It Isn't Alone," *The Verge*, April 25, 2017.

第2章 全世界最富有的人

055 **他經營亞馬遜錙銖必較**："10 Most Expensive Things Owned by Jeff Bezos"，Mr. Luxury 張貼於 YouTube 影片，二〇一八年十二月十七日，https://www.youtube.com/watch?v=G-IwSI1cDrM。

055 **最近一次，是在二〇一九年中**：Vivian Marino, "Luxury Sales Spike as Buyers Rush to Avoid Higher Mansion Taxes," *New York Times*, July 5, 2019.

056 **他在網路上將自己塑造成**：貝佐斯 IG 照片，https://www.instagram.com/p/BhkcyHpn_J1/?utm_source=ig_embed。

056 **他和結縭二十五年**：Aine Cain and Paige Leskin, "A Look Inside the Marriage of the Richest Couple in History, Jeff and MacKenzie Bezos—Who Met Before Amazon Started, Were Married for 25 Years, and Are Now Getting Divorced," *Business Insider*, July 6, 2019.

058 **貝佐斯並非一直都叫**："Jeff Bezos Talks Amazon, Blue Origin, Family, and Wealth"，Axel Springer 執

行長 Mathias Döpfner 訪問貝佐斯的影片（4:51），張貼於 YouTube，二〇一八年五月五日，https://www.youtube.com/watch?v=SCpgKvZB_VQ。

058 **當時爸爸泰德（Ted）剛從高中畢業**：Stone, *The Everything Store*, 140–42.

058 **泰德的單輪車表演工作**：同前注，142。

058 **貝佐斯從此不曾見過生父**：同前注，321–24。

059 **史東找出喬根森之後**：Laura Collins, "Amazon Founder Jeff Bezos's Ailing Biological Father Pleads to See Him," *Daily Mail*, November 17, 2018.

059 **喬根森在二〇一五年三月十六日與世長辭**：Kim Janssen, "Who Was Jeff Bezos' Tenuous Personal Tie to Chicago?," *Chicago Tribune*, February 20, 2018.

059 **賈桂琳和喬根森離婚後**：Stone, *The Everything Store*,143–46.

060 **貝佐斯似乎從外公**："Jeff Bezos Talks Amazon, Blue Origin, Family, and Wealth"，影片資料（5:00）。

060 **貝佐斯後來回想四歲時**：同前注，（6:00）。

061 **貝佐斯的外祖父是**：Chip Bayers, "The Inner Bezos," *Wired*, March 1, 1999.

061 **傑斯也在後來稱為**：Christian Davenport, *The Space Barons* (New York: PublicAffairs, 2018), 59–62.

061 **DARPA 有一項任務**：同前注，60–61。

062 **貝佐斯說，在農場度過夏天**：Mark Liebovich, "Child Prodigy, Online Pioneer," *Washington Post*, September 3, 2000.

062 **這門生意對亞馬遜**：Mimi Montgomery, "Here Are the Floor Plans for Jeff Bezos's $23 Million DC Home," *Washingtonian*, April 22, 2018.

062 **二〇一八年底，四百五十名亞馬遜員工**：Anonymous Amazon employee, "I'm an Amazon Employee. My Company Shouldn't Sell Facial Recognition Tech to Police," Medium, October 16, 2018; Christopher Carbone, "450 Amazon Employees Protest Facial Recognition Software Being Sold to the Police," Fox News, October 18, 2018.

062 **貝佐斯沒有公開回應**："Jeff Bezos Speaks at Wired 25 Summit," CBS News，張貼於YouTube，二〇一八年十月十八日，https://www.youtube.com/watch?v=cFyhp1kjbbQ。

063 **貝佐斯對軍方採取友好態度**：Mallory Locklear, "Google Pledges to Hold Off on Selling Facial Recognition Technology," *Engadget*, December 13, 2018.

063 **二〇一八年底美國公民自由聯盟**：Brian Barrett, "Lawmakers Can't Ignore Facial Recognition's Bias Anymore," *Wired*, July 26, 2018.

063 **一九七四年，貝佐斯十歲時**：Jeff Bezos, "We Are What We Choose"，普林斯頓大學畢業典禮演講，二〇一〇年五月三十日。

064 **在農場時，傑斯老爹幾乎每件事**：貝佐斯及馬克・貝佐斯（Mark Bezos）的Summit LA17座談內容，二〇一七年十一月十四日。

064 **貝佐斯甚至幫外公**：David M. Rubenstein 與貝佐斯的談話內容，the Economic Club, Washington,

D.C., September 13, 2018, https://www.economicclub.org/events/jeff-bezos.

065 **要當足智多謀的人**：Summit LA17 座談內容，二〇一七年十一月十四日。

065 **貝佐斯在蒙特梭利學校念書時**：Rubenstein 與貝佐斯的談話內容，二〇一八年九月十三日。

065 **貝佐斯念六年級時**：Julie Ray, *Turning On Bright Minds: A Parent Looks at Gifted Education in Texas* (Houston: Prologues, 1977).

065 **以第一名之姿從高中畢業後**：Alan Deutchman, "Inside the Mind of Jeff Bezos," Fast Company, August 1, 2004, https://www.fastcompany.com/50541/inside-mind-jeff-bezos-4.

066 **貝佐斯抵達紐約不久**：Summit LA17 座談內容，二〇一七年十一月十四日。

066 **他在麥肯琪身上找到了這個女子**：Stone, *The Everything Store*, 22, 34, 39.

066 **他讓他們在四歲時用刀子**：Summit LA17 座談內容，二〇一七年十一月十四日。

066 **這名曾在福斯電視網**：Alexia Fernandez, "Who Is Lauren Sanchez? All About the Former News Anchor Dating Billionaire Jeff Bezos," *People*, January 9, 2019.

067 **貝佐斯早期在紐約工作**：Robin Wigglesworth, "DE Shaw: Inside Manhattan's 'Silicon Valley' Hedge Fund," *Financial Times*, March 26, 2019.

067 **有一天貝佐斯發現**：Stone, *The Everything Store*, 25.

067 **一九九四年貝佐斯決定成立亞馬遜時**：Summit LA17 座談內容，二〇一七年十一月十四日。

068 **貝佐斯掙扎了好幾天**：同前注。

069 **一九九七年，亞馬遜成立兩年**：James Marcus, *Amazonia: Five Years at the Epicenter of the Dot.com Juggernaut* (New York: New Press, 2004), 100–3.

070 **亞馬遜創立初期某年聖誕假期**：Stone, *The Everything Store*, 73.

070 **二〇〇〇年代後期**：同前注，299。

071 **貝佐斯馬上採用這項策略**：Summit LA17 座談內容，二〇一七年十一月十四日。

071 **「推動事情的關鍵在於」**：同前注。

第3章 我們信仰上帝，凡人皆攜數據而來

073 **二〇〇〇年代初期的亞馬遜網頁**：Liebovich, "Child Prodigy, Online Pioneer."

074 **亞馬遜的某些主管辦公室**：Eugene Kim, "One Phrase That Perfectly Captures Amazon's Crazy Obsession with Numbers," *Business Insider*, October 19, 2015.

074 **負責AWS的安迪·傑西**：Gregory T. Huang, "Out of Bezos's Shadow: 7 Startup Secrets from Amazon's Andy Jassy," Xconomy, May 9, 2013, https://xconomy.com/boston/2013/05/09/out-of-bezoss-shadow-7-startup-secrets-from-amazons-andy-jassy/.

076 **然後，某一天他出現在會議上**：Marcus, *Amazonia*, 51.

080 **第一批Echo音箱出貨時**：Joshua Brustein, "The Real Story of How Amazon Built the Echo," Bloomberg.com, April 19, 2016.

082 **我很高興 S-team 的成員**：Eugene Kim, "Jeff Bezos' New 'Shadow' Advisor at Amazon Is a Female Executive of Chinese Descent," CNBC, November 20, 2018.

082 **亞馬遜創立初期**：Stone, *The Everything Store*, 216.

083 **傑西從二〇〇三年到二〇〇四年**：Max Nisen, "Jeff Bezos Runs the Most Intense Mentorship Program in Tech," *Business Insider*, October 17, 2013.

085 **要是有人沒有準備好或想要蒙混過關**：Stone, *The Everything Store*, 177.

086 **幾年後他離開亞馬遜**：Sarah Nassauer, "Wal-Mart to Acquire Jet.com for $3.3 Billion in Cash, Stock," *Wall Street Journal*, August 8, 2016.

087 **大家都知道，蘋果電腦的賈伯斯**：Ira Flatow 訪問 Walter Isaacson 的內容，" 'Steve Jobs': Profiling an Ingenious Perfectionist," *Talk of the Nation*, NPR, November 11, 2011.

088 **二〇一五年，《紐約時報》大篇幅報導**：Jodi Kantor and David Streitfeld, "Inside Amazon: Wrestling Big Ideas in a Bruising Workplace," *New York Times*, August 15, 2015.

088 **貝佐斯創辦亞馬遜的時候**：Marcus, *Amazonia*, 17.

090 **他們都是傑出的科技人才**：Evan Osnos, "Can Mark Zuckerberg Fix Facebook Before It Breaks Democracy?," *The New Yorker*, September 10, 2018.

090 **如比爾・蓋茲告訴《紐約客》**：同前注。

第4章 從一萬年的角度思考

093 **這個沉靜的邊陲地帶**：“Geographic Identifiers: 2010 Census Summary File 1 (G001): Van Horn town, Texas,” U.S. Census Bureau, American Factfinder, 2015, https://factfinder.census.gov/faces/nav/jsf/pages/community_facts.xhtml?src=bkmk.

093 **就是北邊有**：“Three-Peat for Bezos,” The Land Report, June 21, 2016.

094 **二〇一四年，貝佐斯告訴《商業內幕》（*Business Insider*）**：Henry Blodget, “I Asked Jeff Bezos the Tough Questions—No Profits, the Book Controversies, the Phone Flop—and He Showed Why Amazon Is Such a Huge Success,” *Business Insider*, December 14, 2014.

095 **「如果每件事都要在兩三年內」**：Summit LA17 座談內容，二〇一七年十一月十四日。

095 **如貝佐斯所言**：同前注。

095 **二〇〇三年亞馬遜員工到**：Leslie Hook, “Person of the Year: Amazon Web Service's Andy Jassy,” *Financial Times*, March 17, 2016.

096 **二〇一九年中，投資研究公司**：Yun Li, “Amazon Could Surge 35% with AWS Worth More Than $500 Billion, Analyst Says,” CNBC, May 28, 2019.

097 **二〇一四年，亞馬遜推出**：Ben Fox Rubin and Roger Cheng, “Fire Phone One Year Later: Why Amazon's Smartphone Flamed Out,” CNET, July 24, 2015.

097 **這支手機始終沒有獲得大眾青睞**：同前注。

097 **儘管亞馬遜遭受一連串痛苦的損失**：亞馬遜二〇一五年股東信。

098 **「我在亞馬遜網路公司有過數十億的失敗經驗」**：Blodget, "I Asked Jeff Bezos the Tough Questions."

100 **為了替投注長期避險**：Sean Sullivan, "The Politics of Jeff Bezos," *Washington Post*, August 7, 2013.

100 **二〇一八年，他捐一千萬美元**：Rachel Siegel, Michelle Ye Hee Lee, and John Wagner, "Jeff Bezos Donates $10 Million to Veteran-Focused Super PAC in First Major Political Venture," *Washington Post*, September 5, 2018.

101 **他在二〇一六年的訪問中，告訴查理・羅斯（Charlie Rose）**：Charlie Rose, "A Conversation with Amazon's Founder and Chief Executive Officer, Jeff Bezos," 影片資料，CharlieRose.com, October 27, 2016.

101 **他的好友，也就是《華盛頓郵報》前老闆**：Rubenstein與貝佐斯的談話內容，二〇一八年九月十三日。

101 **亞馬遜收購以後**：同前注。

101 **令《華盛頓郵報》員工欣慰的是**：Dade Hayes, "Jeff Bezos Has Never Meddled with Washington Post Coverage, Editor Marty Baron Affirms," Deadline, June 6, 2019.

101 **二〇〇三年，亞馬遜撐過**：Saul Hansel, "Amazon Cuts Its Loss as Sales Increase," *New York Times*, July 23, 2003.

102 **對貝佐斯而言，這不只是有錢人的閒暇嗜好**：Summit LA17座談內容，二〇一七年十一月十四日。

102 **他承諾每年出售**：Irene Klotz, "Bezos Is Selling $1 Billion of Amazon Stock a Year to Fund Rocket Ven-

ture," Reuters, April 5, 2017.

102 **貝佐斯說：**「在外太空」：貝佐斯及馬克・貝佐斯（Mark Bezos）的 Summit LA17 座談內容，二〇一七年十一月。

103 **二〇一八年，藍色起源接下美國空軍的合約：** Samantha Masunaga, "Blue Origin Wins $500-Million Air Force Contract for Development of New Glenn Rocket," *Los Angeles Times*, October 10, 2018.

103 **藍色起源還對外表示：** Eric M. Johnson, "Exclusive: Jeff Bezos Plans to Charge at Least $200,000 for Space Rides—Sources," Reuters, July12, 2018.

103 **二〇一九年春天：** Kenneth Chang, "Jeff Bezos Unveils Blue Origin's Vision for Space, and a Moon Lander," *New York Times*, May 9, 2019.

103 **萬年鐘坐落：** Kevin Kelly, "Clock in the Mountain," 部落格資料，The Long Now Foundation, n.d., http://longnow.org/clock/.

104 **鐘面會設在：**同前注。

第5章　加快人工智慧的飛輪

108 **後來他想出亞馬遜這個名字：** Stone, *The Everything Store*, 35.

108 **為了讓日子過得開心一些：**同前注，50。

110 **他在二〇〇二年針對軟體發展業務：**同前注，169。

112 **二〇〇〇年至二〇〇五年，那斯達克證交所**：Olivia Oran, "5 Dot-Com Busts: Where They Are Today," *The Street*, March 9, 2011.

112 **股市崩盤前夕**：Jacqueline Doherty, "Amazon.bomb: Investors Are Beginning to Realize That This Storybook Stock Has Problems," Barron's, updated May 31, 1999.

112 **亞馬遜在削減成本**：Stone, *The Everything Store*, 103–4.

115 **我提醒大家，以顧客為念不單是**：Summit LA17 座談內容，二〇一七年十一月十四日。

116 **彭博社記者賈斯汀・福克斯（Justin Fox）挖出**：Justin Fox, "Amazon, the Biggest R&D Spender, Does Not Believe in R&D," Bloomberg View, April 12, 2018.

117 **此時貝佐斯依然能夠說服華爾街繼續挺**："Amazon's Quarterly Net Profit," 圖表資料，Atlas/Factset, https://www.theatlas.com/charts/BJjuqbWLz.

117 **亞馬遜的重大創新**：Rubin and Cheng, "Fire Phone One Year Later."

118 **我知道，如果我工作做得很起勁**：Summit LA17 座談內容，二〇一七年十一月十四日。

120 **因此威爾克不是聘請**：Stone, *The Everything Store*, 163.

122 **因此，網際網路資料中心（IDC）**："IDC Survey Finds Artificial Intelligence to Be a Priority for Organizations, but Few Have Implemented an Enterprise-Wide Strategy," Business Wire, July 8, 2019.

123 **今天，亞馬遜約有百分之三十五**：Stephen Cohn and Matthew W. Granade, "Models Will Run the World," *Wall Street Journal*, August 19, 2018.

125 **這說明了為何在美國**：Entry Level Data Scientist Salaries, Glassdoor, https://www.glassdoor.com/Salaries/entry-level-data-scientist-salary-SRCH_KO0,26.htm.

125 **Facebook 的演算法不斷改良**："Number of Monthly Active Facebook Users Worldwide as of 2nd Quarter 2019 (in Millions)," Statista, 2019, https://www.statista.com/statistics/264810/number-of-monthly-active-facebook-users-worldwide/.

126 **二〇一九年，英國健保局宣布**：Haroon Siddique, "NHS Teams Up with Amazon to Bring Alexa to Patients," *The Guardian*, July 9, 2019.

126 **如中國騰訊公司創辦人馬化騰所言**："Tencent's Founder on the Future of the Chinese Internet," *Washington Post*, November 26, 2018.

127 **二〇一六、二〇一七，這兩年**：Vishal Kumar, "Big Data Facts," Analytics Week, March 26, 2017, https://analyticsweek.com/content/big-data-facts/.

127 **研究機構 IDC 預測**：David Reinsel, John Gantz, and John Rydning, "The Digitization of the World—from Edge to Core," white paper, IDC, November 2018.

第6章　日日奮發，自強精進

129 **「小發明」科技網站（Gizmodo）**：Kashmir Hill, "I Tried to Block Amazon from My Life, It Was Impossible," Gizmodo, January 22, 2019.

132 **後來亞馬遜就推出了超省錢免運費服務（Super Saver Shipping）**：Stone, *The Everything Store*, 129.

132 **他告訴《沃克斯》（*Vox*）：「我向大家拋出問題」**：Jason Del Rey, "The Making of Amazon Prime, the Internet's Most Successful and Devastating Membership Program," *Vox*, May 3, 2019, https://www.vox.com/recode/2019/5/3/18511544/amazon-prime-oral-history-jeff-bezos-one-day-shipping.

133 **亞馬遜的其他員工則表示**：Stone, *The Everything Store*, 186.

133 **不管是誰想的**：Del Rey, "The Making of Amazon Prime."

133 **當時，亞馬遜的快速出貨服務**：同前注。

134 **為了因應強大的亞馬遜尊榮會員制**：Adam Levy, "Walmart's $98 Delivery Subscription Could Take on Amazon and Target," The Motley Fool, September 14, 2019.

134 **在中國，阿里巴巴旗下**：Hilary Milnes, "Alibaba's Tmall Woos Luxury Brands to Sell to Its Invite-Only Loyalty Club for Big Spenders," *Digiday*, April 17, 2018.

137 **二〇一七年貝佐斯致股東信**：亞馬遜二〇一七年股東信，頁1。

137 **事情真的就是這樣**：Consumer Intelligence Research Partners (CIRP), https://www.fool.com/investing/2017/10/20/amazon-prime-has-nearly-as-many-subscribers-as-cab.aspx.

138 **貝佐斯曾經這樣總結**：Video, Summit LA17 座談內容，二〇一七年十一月十四日。

139 **Prime 影音串流服務也花錢吸引**：Andrew Liptak, "Westworld Creators Jonathan Nolan and Lisa Joy Have Signed On with Amazon Studios," *The Verge*, April 5, 2019.

140 二〇一八年，**路透社拿到**：Jeffrey Dastin, "Amazon's Internal Numbers on Prime Video, Revealed," Reuters, March 15, 2018.

140 **文件還指出**：Peter Kafka, "Netflix Is Finally Sharing (Some of) Its Audience Numbers for Its TV Shows and Movies," Recode, January 17, 2019.

第7章　迷人的語音助理 Alexa

145 **人類對會講話的機器著迷**：William of Malmesbury, *Chronicle of the Kings of England*, Bk. II, Ch. x, 181, c. 1125.

145 一九五〇年代，**貝爾實驗室**：Melanie Pinola, "Speech Recognition Through the Decades," *PC World*, November 2, 2011.

146 **大約同時期**：Andrew Myers, "Stanford's John McCarthy, Seminal Figure of Artificial Intelligence, Dies at 84," *Stanford Report*, October 25, 2011.

146 一九八〇年代：Pinola, "Speech Recognition Through the Decades."

146 **有一套以「龍」（Dragon）命名的軟體**：同前注。

146 二〇一〇年**電腦運算技術**：Bianca Bosker, "Siri Rising: The Inside Story of Siri's Origins—and Why She Could Overshadow the iPhone," *Huffington Post*, December 6, 2017.

148 **Alexa 和 Echo** 大受歡迎：亞馬遜二〇一八年股東信，二〇一九年四月十一日。一億個搭載 Alexa 的裝置，由亞馬遜及其他廠商所生產。二〇一九年八月，亞馬遜在美國售出五千三百萬件智慧裝置，市占率七成。

148 **亞馬遜的裝置實在太受歡迎**：Dieter Bohn, "Amazon Says 100 Million Alexa Devices Have Been Sold: What's Next?," *The Verge*, January4, 2019.

148 **二〇一九年，從阿爾巴尼亞到尚比亞**：Bret Kinsella, "60 Percent of Smart Speaker Owners Use Them 4 Times Per Day or More," Voicebot.AI, July 12, 2017. Voicebot.AI 的報導文章引述了「若此則彼」（IFTTT）公司的研究數據，即加權平均後，Alexa 每天回答五個問題。我將五個問題，乘上一億臺銷售量，得出「五億」這個數字。

148 **Alexa 會播放音樂**：Brian Dumaine, "It Might Get Loud," *Fortune*, November 2018.

149 **要是這樣，你還懷疑**：Avery Hartmans, "Amazon Has 10,000 Employees Dedicated to Alexa—Here Are Some of the Areas They're Working On," *Business Insider*, January 22, 2019.

150 **掌管 Google 個人助理產品與設計的副總裁尼克・福克斯（Nick Fox）表示**：Dumaine, "It Might Get Loud."

153 **根據「消費者情報研究夥伴」（Consumer Intelligence Research Partners）的資料**："Amazon Echo, Google Home Creating Smart Homes," Consumer Intelligence Research Partners, September 25, 2017.

156 **O C & C 策略顧問研究公司預測**："Voice Shopping Set to Jump to $40 Billion by 2022, Rising from $2 Billion Today," OC&C Strategy Consultants, Cision PR Newswire, February 28, 2018.

158 **阿里巴巴研究機構**：Karen Hao, "Alibaba Already Has a Voice Assistant Way Better Than Google's," *MIT Review*, December 4, 2018.

159 **二〇一八年五月，亞馬遜陰錯陽差**：Niraj Chokshi, "Is Alexa Listening? Amazon Echo Sent Out Recording of Couple's Conversation," *New York Times*, May 25, 2018.

160 **二〇一八年底，有一名德國顧客**：Jennings Brown, "The Amazon Alexa Eavesdropping Nightmare Came True," *Gizmodo*, December 20, 2018.

160 **二〇一七年，有個住在達拉斯的六歲女童**：Jennifer Earl, "6-Year-Old Orders $160 Dollhouse,4 Pounds of Cookies with Amazon's Echo Dot," CBS, January 5, 2017.

161 **語言學家約翰・麥克霍特（John McWhorter）**：John McWhorter, "Txting is Killing Language, JL!!!," TED Talk 2013.

第8章 在黑暗中運作的倉庫

163 **與大約六十五萬名亞馬遜員工相比**：J. Clement, "Number of Full-Time Facebook Employees from 2007 to 2018," Statista, August 14, 2019, https://www.statista.com/statistics/273563/number-of-facebook-employees/.

164 **二〇二三年，全球將會有**："Growth of the Internet of Things and in the Number of Connected Devices Is Driven by Emerging Applications and Business Models, and Supported by Standardization and Fall-

ing Device Costs," Internet of Things Forecast, Ericsson.com, https://www.ericsson.com/en/mobility-report/internet-of-things-forecast.

164 一九一三年，亨利・福特證明：“Celebrating the Moving Assembly Line in Pictures," Ford Media Center, September 12, 2013, https://media.ford.com/content/fordmedia/fna/us/en/features/celebrating-the-moving-assembly-line-in-pictures.html.

165 一九六一年，一間名叫「快捷半導體」（**Fairchild Semiconductor**）：David Laws, "Fairchild Semiconductor: The 60th Anniversary of a Silicon Valley Legend," Computer History Museum, September 19, 2017.

165 一九八九年，電腦科學家提姆・柏納斯－李（**Tim Berners-Lee**）：“World Wide Web," *Encyclopaedia Britannica*, https://www.britannica.com/topic/World-Wide-Web.

166 麥肯錫顧問公司（**McKinsey**）預估：James Manyika et al., "Jobs Lost, Jobs Gained: What the Future of Work Will Mean for Jobs, Skills and Wages," McKinsey Global Institute, November 2017.

167 麥肯錫也隨即點明：James Manyika and Kevin Sneader, "AI, Automation, and the Future of Work: Ten Things to Solve For," McKinsey Global Institute, June 2018.

167 牛津大學的丹尼爾・薩斯金（**Daniel Susskind**）：Geoff Colvin, "How Automation Is Cutting into Workers' Share of Economic Output," *Fortune*, July 8, 2019.

168 亞馬遜在二〇一二年：Evelyn M. Rusli, "Amazon.com to Acquire Manufacturer of Robotics," *New York*

Times, March 19, 2012.

169 **據估計，使用這些機器的亞馬遜倉庫**：Ananya Bhattacharya, "Amazon Is Just Beginning to Use Robots in Its Warehouses and They're Already Making a Huge Difference," Quartz, June 17, 2016.

169 **即使安裝了這些機器人**：Author interview with Amazon's Ashley Robinson, April 29, 2019.

174 **英國作家詹姆士．布拉德渥斯（James Bloodworth）**：James Bloodworth, "I Worked in an Amazon Warehouse. Bernie Sanders Is Right to Target Them," *The Guardian*, September 17, 2018.

174 **他描述那樣的工作場所**：同前注。

178 二〇一八年，**歐卡多在英格蘭安德沃**："A 360° Tour of Ocado's Andover CFC3 Automated Warehouse," Orcado Technology video, posted on YouTube May 10, 2018, https://www.youtube.com/watch?v=JMUNI4UrNpM.

178 **隔柵底下放有**：James Vincent, "Welcome to the Automated Warehouse of the Future," *The Verge*, May 8, 2018.

178 二〇一九年二月，**機器人充電站**："Ocado Warehouse Fire in Andover Started by Electrical Fault," BBC News, April 29, 2019.

179 **交易公開當天**：Naomi Rovnick, "Ocado Profits Dip as Costs of Robot Warehouses Climb," *Financial Times*, July 10, 2018.

179 **京東是中國數一數二的網路零售商**：Craig Smith, "65 JD Facts and Statistics," DMR Business Statis-

tics, https://expandedramblings.com/index.php/by-the-numbers-15-amazing-jd-com-stats/.

179 **二〇一七年啟用的京東倉庫**：“JD.com Fully Automated Warehouse in Shanghai,” JD.com, Inc., video, posted on YouTube November 10, 2017, https://www.youtube.com/watch?v=RFV8IkY52iY.

179 **那是因為，這座大約**：Steve LeVine, “In China, a Picture of How Warehouse Jobs Can Vanish,” Axios, June 13, 2018.

180 **「卡特曼」（Cartman）機器人勝出**：Evan Ackerman, “Aussies Win Amazon Robotics Challenge,” IEEE Spectrum, August 2, 2017.

184 **美國有三百六十萬名收銀員**：“Cashiers,” *Occupational Outlook Handbook*, Bureau of Labor Statistics, U.S. Department of Labor, https://www.bls.gov/ooh/sales/cashiers.htm.

184 **這份報告在一九六四年三月**：Martin Ford, “How We’ll Earn Money in a Future Without Jobs,” TED Talk, April 2017, https://www.ted.com/talks/martin_ford_how_we_ll_earn_money_in_a_future_without_jobs.

185 **想想看吧，二〇二〇年將有**：“Robots Double Worldwide by 2020,” 新聞稿資料，International Federation of Robotics, May 30, 2018, https://ifr.org/ifr-press-releases/news/robots-double-worldwide-by-2020.

185 **這對工廠和倉庫的工人來說**：“Related to: Data Industry,” American Trucking Associations, https://www.trucking.org/News_and_Information_Reports_Industry_Data.aspx.（編按：頁面已不存在）

185 **在飯店業**：Vibhuti Sharma and Arunima Banerjee, "Amazon's Alexa Will Now Butler at Marriott Hotels," Reuters, June 19, 2018, https://www.reuters.com/article/us-amazon-com-marriott-intnl/amazons-alexa-will-now-butler-at-marriott-hotels-idUSKBN1JF16P.

186 **史丹佛大學研究人員**：Taylor Kubota, "Stanford Algorithm Can Diagnose Pneumonia Better than Radiologists," Stanford News, November 15, 2017, https://news.stanford.edu/2017/11/15/algorithm-outperforms-radiologists-diagnosing-pneumonia/.

186 **德意志銀行執行長**：Laura Noonan, Patrick Jenkins, and Olaf Storbeck, "Deutsche Bank Chief Hints at Thousands of Job Losses, "*Financial Times*, November 8, 2017.

186 **二〇一七年，騰訊新聞撰稿機器人**：Tony Ma, "Tencent's Founder on the Future of the Chinese Internet," *Washington Post*, November 26, 2018.

186 **這套軟體能擷取**：Bartu Kaleagasi, "A New AI Can Write Music as Well as a Human Composer: The Future of Art Hangs in the Balance," Futurism, March 9, 2017.

第9章　與魔鬼共舞

192 **二〇一八年三月，川普總統在推特**：Donald Trump, "I have stated my concerns with Amazon long before the Election ...,"@realDonaldTrump, Twitter.com, March 29, 2018, https://twitter.com/realDonaldTrump/status/979326715272065024?ref_src=twsrc%5Etfw%7Ctwcamp%5Etweetembed%7Ctwterm

%5E979326715272065024.

193 美國的小型業者家數："2018 Small Business Profile: United States," U.S. Small Business Administration, https://www.sba.gov/sites/default/files/advocacy/2018-Small-Business-Profiles-US.pdf.

194 業者不只要和亞馬遜競爭："Marketplaces Year in Review 2018,"Marketplace Pulse, https://www.marketplacepulse.com/marketplaces-year-in-review-2018#amazonsellersfunnel.

194 亞馬遜在為自己辯護時："Small Business Means Big Opportunity."

194 說這些賣家：Adam Levy, "Amazon's Third-Party Marketplace Is Worth Twice as Much as Its Own Retail Operations," The Motley Fool, March 7, 2019.

196 有一段時間，約九成：Kevin Roose, "Inside the Home of Instant Pot, the Kitchen Gadget That Spawned a Religion," *New York Times*, December 17, 2017.

197 二〇一八年底，亞馬遜開始：Eugene Kim, "Amazon Has Been Promoting Its Own Products at the Bottom of Competitors' Listings," CNBC, October 2, 2018.

198 演算法似乎也會鼓勵：Julia Angwin and Surya Mattu, "Amazon Says It Puts Customers First. But Its Pricing Algorithm Doesn't," ProPublica, September 20, 2016.

199 亞馬遜任意停權：Natasha Lomas, "Amazon Amends Seller Terms Worldwide After German Antitrust Action," Techcrunch, July 20, 2019.

201 亞馬遜有一項「龍舟計畫」：Chris Pereira, "A Look at Dragon Boat: Amazon's Plan to Disrupt the

"Shipping Industry," SupplyChain 24/7, October 18, 2016.

201 **二〇一八年的時候，約有三分之一**：Chad Rubin, "Is It Time to Copy Chinese Sellers? Eight Tips for Amazon Sellers," Web Retailer, February 19, 2018, https://www.webretailer.com/lean-commerce/chinese-sellers-amazon/.

203 **這些被賣出去的資料**：Jon Emont, Laura Stevens, and Robert McMillan, "Amazon Investigates Employees Leaking Data for Bribes," *Wall Street Journal*, September 16, 2018.

203 **美國聯邦貿易委員會（FTC）接到申訴**：*Federal Trade Commission v. Cure Encapsulations, Inc .and Naftula Jacobowitz*, United States District Court, Eastern District of New York, February 19, 2019, https://www.ftc.gov/system/files/documents/cases/quality_encapsulations_complaint_2-26-19.pdf.

204 **亞馬遜曾經對接案寫假評論的人**：Kaitlyn Tiffany, "Fake Amazon Reviews Have Been a Problem for a Long Time. Now the FTC Is Finally Cracking Down," *Vox*, February 27, 2019.

206 **田納西有一家人**：Alana Semuels, "Amazon May Have a Counterfeit Problem," *The Atlantic*, April 20, 2018.

第10章　無人機之歌：機器人遊戲

210 **以全球來說規模更大**："Total Retail Sales Worldwide from 2015 to 2020 (in Trillion U.S. Dollars)," 圖表資料，eMarketer, https://www.emarketer.com/Chart/Total-Retail-Sales-Worldwide-2015-2020-tril-

lions-change/194243.

211 傳統零售正在經歷：“Our History,” Walmart, https://corporate.walmart.com/our-story/our-history.

211 二〇一八年，專門防範詐欺：“Same-Day Delivery For Retailers,” Dropoff, https://www.dropoff.com/same-day-delivery-matters.

213 二〇一九年，許多知名零售商：Karen Bennett, “These Dying Retail Stores Will Go Bankrupt in 2019,” Cheat Sheet, January 30, 2019.

214 亞馬遜在紐約：Jon Caramancia, “The Amazon Warehouse Comes to SoHo,” *New York Times*, November 28, 2018.

214 若彭博社報導說得沒錯：Rani Molla, “Amazon’s Cashierless Go Stores Could Be a $4 Billion Business by 2021, New Research Suggests,” *Vox*, January 4, 2019.

214 網路銷售只占：Jennifer Smith, “Inside FreshDirect’s Big Bet to Win the Home-Delivery Fight,” *Wall Street Journal*, July 18, 2018.

215 目前沃爾瑪是美國的雜貨業之王：“Grocery Store Sales in the United States from 1992 to 2017 (in Billion U.S. Dollars),” Statista, August 26, 2019, https://www.statista.com/statistics/197621/annual-grocery-store-sales-in-the-us-since-1992/.

215 亞馬遜接手時：Tracy Leigh Hazzard, “Why Did Bezos Do It? An Inside Look at Whole Foods and Amazon,” *Inc.*, September 28, 2018.

216 據估計，二〇一八年亞馬遜的全球出貨量：“An Amazon Puzzle.”

216 根據花旗集團的說法：Greg Bensinger and Laura Stevens, “Amazon’s Newest Ambition: Competing Directly with UPS and FedEx,” *Wall Street Journal*, September 27, 2016.

216 在噴射貨機方面：“About FedEx: Express Fact Sheet,” FedEx.com, https://about.van.fedex.com/our-story/company-structure/express-fact-sheet.

217 二〇一八年底的一場投資人電話會議：Ethel Jiang, “FedEx: We Aren’t Afraid of Amazon,” *Business Insider*, December 19, 2018.

217 聯邦快遞在二〇一九年：Paul Ziobro and Dana Mattioli, “FedEx to End Ground Deliveries for Amazon,” W*all Street Journal*, August 7, 2019.

217 事實上，聯邦快遞：Rich Duprey, “FedEx Finally Admits Amazon Is a Rival to Be Reckoned With,” The Motley Fool, August 5, 2019.

218 有些顧客抱怨品質不佳：Dennis Green, “Amazon’s Struggles with Its Fresh Grocery Service Show a Huge Liability for Prime,” *Business Insider*, July 1, 2018.

218 二〇一八年，評量顧客滿意度：“Wegmans, H-E-B, and Publix Earn Top Customer Experience Ratings for Supermarkets, According to Temkin Group,” Cision, PR News Wire, April 5, 2018.

220 而且這份工作不好做：Alana Semuels, “I Delivered Packages for Amazon and It Was a Nightmare,” *The Atlantic*, June 25, 2018.

220 二〇一八年，《商業內幕》報導：Hayley Peterson, " 'Someone Is Going to Die in This Truck': Amazon Drivers and Managers Describe Harrowing Deliveries Inside Trucks with 'Bald Tires,' Broken Mirrors, and Faulty Brakes," *Business Insider*, September 21, 2018.

221 大約就在那個時候：Hayley Peterson, "More Than 200 Delivery Drivers Are Suing Amazon over Claims of Missing Wages," *Business Insider*, September 13, 2018.

221 亞馬遜說他們會：Hayley Peterson, "Leaked Email Reveals Amazon Is Changing How Delivery Drivers Are Paid Following Reports of Missing Wages," *Business Insider*, October 2, 2018.

222 麥肯錫顧問公司預估：Martin Joerss, Jürgen Schröder, Florian Neuhaus, Christoph Klink, and Florian Mann, "Parcel Delivery: Future of the Last Mile," McKinsey, September 15, 2016.

222 二〇一六年，亞馬遜為一套系統：專利編號：US 9,547,986 B1，美國專利局。

222 亞馬遜與豐田合作："Amazon Rides Along with Toyota's Delivery Alliance for Self-Driving Cars," Bloomberg News, January 8, 2018.

223 福特也在同一年稍晚：Emma Newburger, "Ford Invests $500 Million in Electric Truck Maker Rivian," CNBC, April 24, 2019.

223 亞馬遜當然不是："46 Corporations Working on Autonomous Vehicles," CB Insights, September 4, 2018.

224 接著，Udelv 與沃爾瑪合作："Announcing Our Walmart Partnership," Udelv blog, January 8, 2018.

224 二〇一九年，一間名為 Nuro 的新創公司：Russell Redman, "Kroger Goes Live with Self-Driving De-

livery Vehicles," Supermarket News, December 18, 2018.

226 二〇一三年貝佐斯：“Amazon's CEO Jeff Bezos Unveils Flying Delivery Drones on '60 Minutes,' ” Charlie Rose, *60 Minutes*, YouTube 影片，February 28, 2013, https://www.youtube.com/watch?v=F-bq6gQVLhWE.

227 **那還只是無人機**：“How e-Commerce Giant JD.com Uses Drones to Deliver to Far-Out Areas in China,” CNBC, June18, 2017, https://www.cnbc.com/video/2017/06/18/how-e-commerce-giant-jd-com-uses-drones-to-deliver-to-far-out-areas-in-china.html.

227 **二〇一八年，美國聯邦航空總署（Federal Aviation Administration，簡稱FAA）**：Jessica Brown, “Why Your Pizza May Never Be Delivered by Drone,” BBC News, December 14, 2018.

227 **亞馬遜無人機送貨服務部門（Amazon Prime Air）主管鮑伯・羅斯（Bob Roth）**：Day One Staff, “Another New Frontier for Prime Air,” *Dayone* blog, Amazon.com, January 18, 2019.

228 **二〇一七年NASA研究發現**：Andrew Christian and Randolph Cabell, “Initial Investigation into the Psychoacoustic Properties of Small Unmanned Aerial System Noise,” NASA Langley Research Center, March 2018.

228 **這個反無人機社區團體**：“See This Drone Deliver Coffee and Divide an Australian Suburb,” video, *Daily Telegraph*, December 26, 2018.

228 **但不足以構成**：Jake Kanter, “Google Just Beat Amazon to Launching One of the First Drone Delivery

"Services," *Business Insider*, April 9, 2019.

229 **在密西根州安娜堡**：Rachel Metz, "Apparently, People Say 'Thank You' to Self-Driving Pizza Delivery Vehicles," *MIT Review*, January 10, 2018.

第11章　哥吉拉大戰摩斯拉

232 **當時，根據某些分析師的估算**：Miriam Gottfried, "Jet.com Is No Amazon Killer for Wal-Mart," *Wall Street Journal*, August 3, 2016.

232 **二〇一八年，亞馬遜占美國電商**："U.S. Ecommerce 2019," eMarketer, June 27, 2019, https://www.emarketer.com/content/us-ecommerce-2019.

233 **科溫公司分析師指出**：April Berthene, "My Four Takeaways from NRF 2019," Digital Commerce, January 28, 2019.

233 **創投公司給了這間公司**：Stone, *The Everything Store*, 296.

233 **史東寫道，當貝佐斯知道**：同前注，299。

234 **根據二〇一六年《女裝日報》（*Women's Wear Daily*）的調查**：Kathryn Hopkins, "EXCLUSIVE: Retail's Highest-Paid Executive Has Just Sold His Modest New Jersey Home," *Women's Wear Daily*, November 3, 2017.

234 **在二〇一一年的一場分析師電話會議上**："Wal-Mart Stores Inc.—Shareholder/Analyst Call," Seeking

Alpha, October 12, 2011, https://seekingalpha.com/article/300141-wal-mart-stores-inc-shareholder-analyst-call?part=single.

236 **沃爾瑪在二〇一八年**：二〇一八年財星全球五百大企業名單，http://fortune.com/global500/list/。

第12章　無懼亞馬遜的公司

243 **二〇一九年《紐約客》有一篇漫畫**：Kim Warp 漫畫，*The New Yorker*, March 11, 2019, 48.

247 **至二〇一九年初，五年之內**：Benjamin Rains, "Nike (NKE) Q3 Earnings Preview: North America, China, Footwear & More," Zacks.com, March 7, 2019.

247 **加州鞋子服飾製造商 Vans（范斯）**："7 Case Studies That Prove Experiential Retail Is the Future," Retail Trends, *Storefront Magazine*, 2017, https://www.thestorefront.com/mag/7-case-studies-prove-experiential-retail-future/.

247 **紐約市寢具製造商卡斯普（Casper）**：Pamela Danziger, "Casper Has Figured Out How to Sell More Mattresses: Sleep Before You Buy," *Forbes*, July 12, 2018.

248 **卡斯普表示**：Alex Wilhelm, "How Quickly Is Casper's Revenue Growing?," Crunchbase, January 19, 2018.

248 **FaceFirst 執行長**："Facial Recognition in Retail," podcast, eMarketer, March 6, 2019.

249 **阿里巴巴附屬支付機構**：John Russell, "Alibaba Debuts 'Smile to Pay' Facial Recognition Payments at

KFC in China," September 4, 2017, https://techcrunch.com/2017/09/03/alibaba-debuts-smile-to-pay/.

249 **二〇一八年研究機構「財富相關」(RichRelevance)**：“Creepy or Cool 2018: 4th Annual RichRelevance Study,” RichRelevance, June 20, 2018.

250 **信用卡號碼**：“Facts + Statistics: Identity Theft and Cybercrime,” Insurance Information Institute, https://www.iii.org/fact-statistic/facts-statistics-identity-theft-and-cybercrime.

252 **貝恩公司預估**：“Global Personal Luxury Goods Market Returns to Healthy Growth, Reaching a Fresh High of € 262 Billion in 2017,” *Business Insider*, October 25, 2017.

252 **「踏出新的一步表示」**：歷峰集團新聞稿，二〇一八年一月二十二日。

253 **威廉思索諾瑪就是**：Arthur Zaczkiewicz, “Amazon, Wal-Mart Lead Top 25 E-commerce Retail List,” *Women's Wear Daily*, March 7, 2016.

254 **威廉思索諾瑪以穩紮穩打**：Khadeeja Safdar, “Why Crate and Barrel's CEO Isn't Worried About Amazon,” *Wall Street Journal*, March 20, 2018.

254 **他們稱實體商店為**：Avi Salzman, “Retailer Williams-Sonoma Is ‘Amazon Proof,’ ” *Barron's*, June 11, 2016.

254 **在紅酒杯、銀器這一塊**：同前注。

256 **百思買的業績**：Panos Mourdoukoutas, “Best Buy Is Still in Business—and Thriving,” *Forbes*, March 2, 2019.

258 **二〇一八年，摩根士丹利表示**：Lauren Thomas, "Amazon's 100 Million Prime Members Will Help It Become the No. 1 Apparel Retailer in the US," CNBC, April 19, 2018.

260 **她告訴《洛杉磯時報》**：Tracey Lien, "Stitch Fix Founder Katrina Lake Built One of the Few Successful E-Commerce Subscription Services," *Los Angeles Times*, June 9, 2017.

260 **雷克接受市場觀察網站（MarketWatch）採訪**：Tren Griffin, "Opinion: 7 Business Rules from Stitch Fix's CEO That Don't All Come in a Box," MarketWatch, November 25, 2017.

262 **但重點在，露露思**：Samar Marwan, "Mother-Daughter Duo Raise $120 Million for Their Fast-Fashion Brand Lulus," *Forbes*, May 16, 2018.

263 **如露露思行銷副總裁諾薇・薩德勒（Noelle Sadler）**：Kimberlee Morrison, "How Instagram Is Growing Its Social Shopping Efforts," *Adweek*, April 7, 2017, https://www.adweek.com/digital/how-instagram-is-growing-its-social-shopping-efforts/.

第13章　脫韁野「馬」

268 **一九六〇年代和一九七〇年代的企業集團**：Jeffrey Cane, "ITT, the Ever-Shrinking Conglomerate," *New York Times*, January 12, 2011.

269 **亞馬遜的競爭者對這種策略最擔心**：Jeff Desjardins, "The Jeff Bezos Empire in One Giant Chart," Visual Capitalist, January 11, 2019.

270 **然後亞馬遜認為**：Pascal-Emmanuel Gobry, "How Amazon Makes Money from the Kindle," *Business Insider*, October 18, 2011.

270 **經過幾年的虧損和幾次錯誤的起頭**：Mike Shatzkin, "A Changing Book Business: It All Seems to Be Flowing Downhill to Amazon," The Idea Logical Company, January 22, 2018.

273 **事實上亞馬遜下定決心**：Corey McNair, "Global Ad Spending Update," eMarketer, November 20, 2019.

273 **但在價值一千兩百九十億美元**："US Digital Ad Spending Will Surpass Traditional in 2019," eMarketer, February 19, 2019; Taylor Sopor, "Report: Amazon Takes More Digital Advertising Market Share from Google-Facebook Duopoly," GeekWire, February 20, 2019.

273 **二〇一九年，朱尼普研究公司（Juniper Research）**："Digital Ad Spend to Reach $520 Billion by 2023, as Amazon Disrupts Google & Facebook Duopoly," Juniper Research, June 24, 2019.

273 **摩根士丹利在二〇一九年估算**：Karen Weise, "Amazon Knows What You Buy. And It's Building a Big Ad Business from It," *New York Times*, January 20, 2019.

274 **因此，有一半以上的購物者**：Suzanne Vranica, "Amazon's Rise in Ad Searches Dents Google's Dominance," *Wall Street Journal*, April 4, 2019.

274 **有一家廣告商發現**：Weise, "Amazon Knows What You Buy."

275 **根據研究機構電子行銷人的資料**："In China, Alibaba Dominates Digital Ad Landscape," eMarketer, March 20, 2018.

275 **被問到保健業被亞馬遜入侵**：杜爾說有「一億兩千萬名尊榮會員」，但亞馬遜證實有一億五千萬人。

276 **二〇一八年，反應數據研究公司（Reaction Data）**："Healthcare Disruption: The Future of the Healthcare Market," Reaction Data, 2018.

276 **同份調查發現，百分之二十九**：Meg Bryant, "Healthcare Execs Worried About Business Model Disruption, Survey Shows," HealthcareDive, March 18, 2019.

276 **除了在二〇一八年收購**：亞馬遜二〇一八年年報，52。

277 **亞馬遜這幾年已經在四十七州**：Natalie Walters, "4 Ways Amazon Is Moving into Healthcare," The Motley Fool, July 19, 2018.

277 **亞馬遜計議長遠**：Eugene Kim and Christina Farr, "Inside Amazon's Grand Challenge—a Secretive Lab Working on Cancer Research and Other Ventures," CNBC, June 5, 2018.

277 **一九九〇年代晚期，亞馬遜**：Christina Farr, "Amazon Is Hiring People to Break into the Multibillion-Dollar Pharmacy Market," CNBC, May 16, 2017.

278 **X實驗室的員工招募公告上**：Kim and Farr, "Inside Amazon's Grand Challenge"，亞馬遜說這是卡爾・薩根的話，外界也經常如此認為，但這句話顯然出自八〇年代晚期，一位《新聞週刊》（*Newsweek*）記者為卡爾・薩根撰寫的簡介。

278 **舉例來說，他們用AI整理**：同前注。

279 **二〇一七年五月，亞馬遜組成團隊**：Christina Farr, "Amazon Continues Its Push into the Pharmacy

Business, and Has Appointed a 14-Year Vet to Run It," CNBC, February 27, 2019.

282 **臥騰的訴狀裡寫著**：Reed Abelson, "Clash of Giants: UnitedHealth Takes On Amazon, Berkshire Hathaway and JPMorgan Chase," *New York Times*, February 1, 2019.

282 **這位營運長補充**：Angelica LaVito, "New Court Documents Give Insight into Ambitions of Joint Health-Care Venture Between Amazon, JP Morgan, Berkshire Hathaway," CNBC, February 21, 2019.

283 **這間聯合公司**：Reed Abelson, "CVS Health and Aetna $69 Billion Merger Is Approved with Conditions," *New York Times*, October 10, 2018.

283 **舉例來說，CVS 連鎖藥局**："CVS Reports First Quarter 2019 Results," CVSHealth, https://www.cvshealth.com/newsroom/press-releases/cvs-health-reports-first-quarter-results-2019.

284 **目前為止有六間公司**：Rachel Jiang, "Introducing New Alexa Healthcare Skills," Amazon.com, https://developer.amazon.com/blogs/alexa/post/ff33dbc7-6cf5-4db8-b203-99144a251a21/introducing-new-alexa-healthcare-skills.

285 **亞馬遜已經為 Alexa**：亞馬遜提出專利申請：http://patft.uspto.gov/netacgi/nph-Parser?Sect1=PTO2&Sect2=HITOFF&u=%2Fnetahtml%2FPTO%2Fsearch-adv.htm&r=1&p=1&f=G&l=50&d=PTXT&S1=10,096,319&OS=10,096,319&RS=10,096,319。

286 **民福基金會（Commonwealth Fund）調查發現**：Robinson Osborn et al., "Older Americans Were Sicker and Faced More Financial Barriers to Health Care than Counterparts in Other Countries," Health Af-

fairs, December 2017, https://www.commonwealthfund.org/sites/default/files/documents/___media_files_news_news_releases_2017_nov_embargoed_20171048_osborn_embargoed.pdf.

287 **花了近六個月**：*AMAZON.COM, INC., Plaintiff-Appellee, v. BARNESANDNOBLE.COM, INC., and Barnesandnoble.Com, LLC, Defendants-Appellants*, No. 00-1109, 裁決：February14, 2001, United States Court of Appeals, Federal Circuit; George Anders and Rebecca Quick "Amazon.com Files Suit over Patent on 1-Click Against Barnesandnoble.com," *Wall Street Journal*, October 25, 1999.

288 **訴訟案後來在庭外和解**："Amazon.com and Barnes & Noble.Com Settle 1-Click Patent Lawsuit," Out-law.com, March 7, 2002, https://www.out-law.com/page-2424.

289 **亞馬遜市集副總裁皮尤許·納哈（Peeyush Nahar）表示**："Amazon Loaned $1 Billion to Merchants to Boost Sales on Its Marketplace," Reuters, June 8, 2017.

289 **「小型企業在我們的DNA裡」**："Amazon Loans More Than $3 Billion to Over 20,000 Small Businesses," *BusinessWire*, June 8, 2017.

290 **二〇一八年十月CB洞見的報告指出**："What the Largest Global Fintech Can Teach Us About What's Next in Financial Services," CB Insights, October 4, 2018.

291 **亞馬遜只在美國**：Rimma Kats, "The Mobile Payments Series: US," eMarketer, November 9, 2018; "About PayPal: Top Competitors of PayPal in the Datanyze Universe," Datanyze.com, https://www.datanyze.com/market-share/payment-processing/paypal-market-share.

291 **埃森哲顧問公司（Accenture）調查發現**：“Seven out of 10 Consumers Globally Welcome Robo-Advice for Banking, Insurance and Retirement Services, According to Accenture”，埃森哲新聞稿，二〇一七年一月十一日。

291 **同份調查指出**：“Alexa, Move My Bank Account to Amazon”，貝恩公司新聞稿，二〇一八年三月六日，https://www.bain.com/about/media-center/press-releases/2018/alexa-move-my-bank-account-to-amazon/。

291 **二〇一八年三月**：Emily Glazer, Liz Hoffman, and Laura Stevens, “Next Up for Amazon: Checking Accounts,” *Wall Street Journal*, March 5, 2018.

292 **根據貝恩公司在二〇一八年的報告〈銀行業的亞馬遜時刻〉（Banking's Amazon Moment）**：Gerard du Toit and Aaron Cheris, “Banking's Amazon Moment,” Bain, March 5, 2018.

293 **英國和德國的亞馬遜**：Georg Szalai, “Olympics: Discovery Reports 386M Viewers, 4.5B Videos Watched Across Europe,” *The Hollywood Reporter*, February 26, 2018.

294 **時序進入二〇一九年，亞馬遜用七億美元投資**：Kris Holt, “Amazon Invests in Truck-Maker Rivian,” *Engadget*, February 15, 2019.

294 **大約與里維安投資案同一時期**：Alan Boyle, “Amazon to Offer Broadband Access from Orbit with 3,236-Satellite ‘Project Kuiper’ Constellation,” GeekWire, April 4, 2019.

第14章 對貝佐斯的抨擊

298 **法案要求亞馬遜這類大公司**：Abha Bhattarai, "Bernie Sanders Introduces 'Stop BEZOS Act' in the Senate," *Washington Post*, September 5, 2018.

298 **籠子也許能保護員工**：Matt Day and Benjamin Romano, "Amazon Has Patented a System That Would Put Workers in a Cage, on Top of a Robot," *Seattle Times*, September 7, 2018.

298 **二〇一七年美國文化與信仰組織（American Culture and Faith Institute）進行調查**：Dave Namo, "Socialism's Rising Popularity Threatens America's Future," *National Review*, March 18, 2017.

298 **二〇一六年哈佛大學**：Harvard, Institute of Politics, "Clinton in Commanding Lead over Trump among Young Voters, Harvard Youth Poll Finds," Harvard Institute of Politics, The Kennedy School, April 25, 2016.

299 **想一想，二〇一九年初**：Tami Luhby, "Jeff Bezos, Microsoft's Bill Gates, Berkshire Hathaway's Warren Buffett and Facebook's Mark Zuckerberg, Together Were Worth $357 Billion," CNN Business, January 21, 2019.

299 **桑德斯說的所得不均**：Michael Corkery, "A Macy's Goes from Mall Mainstay to Homeless Shelter," *New York Times*, June 13, 2018.

300 **二〇一八年全球最有錢**：Tami Luhby, "The Top 26 Billionaires Own$1.4 Trillion—as Much as 3.8 Billion Other People," CNN Business, January 21, 2019.

302 「任何替世界富豪工作的人」：Tami Luhby, “Amazon Defends Itself from Bernie Sanders’ Attacks,” CNN Business, August 31, 2018.

302 一名在亞馬遜工作：Ryan Bourne, “In Bernie Sanders vs. Amazon’s Jeff Bezos, Only Workers Lose,” *USA Today*, September 16, 2018.

302 假如這個家庭有醫療開支：“Policy Basics: Introduction to Medicaid,” Center on Budget and Policy Priorities, https://www.cbpp.org/research/health/policy-basics-introduction-to-medicaid.

303 可以想見，單親媽媽：Ryan Bourne, “In Bernie Sanders vs. Amazon’s Jeff Bezos, only workers lose,” Opinion contributor, USA Today, September 16, 2018.

305 隨著薪資調漲，亞馬遜要取消：Thomas Barrabi, “Bernie Sanders Reacts to Amazon Slashing Stock, Incentive Bonuses for Hourly Workers,” Fox Business, October 4, 2018.

306 舉例來說，西雅圖和紐約市：Laura Stevens, “Amazon to Raise Its Minimum U.S. Wage to $15 an Hour,” *Wall Street Journal*, October 2, 2018.

307 儘管如此，他的確偶爾會仔細思索：Scott Galloway, “Amazon Takes Over the World,” *Wall Street Journal*, September 22, 2017.

309 曾在柯林頓政府擔任勞工部長：Robert B. Reich, “What If the Government Gave Everyone a Paycheck?,” *New York Times*, July 9, 2018.

311 如萊許所言：同前注。

312 **他在二〇一七年六月的推特貼文**：Catherine Clifford, "Jeff Bezos Teased Plans to Give Away Some of His $140 Billion in Wealth," CNBC, June 15, 2018.

312 **在二〇一八年九月公布慈善行動的那則推文裡**："Amazon Chief Jeff Bezos Gives $2bn to Help the Homeless," BBC News, September 13, 2018.

313 **卡尼在那通電話裡**：Bill de Blasio, "The Path Amazon Rejected," *New York Times*, February 16, 2019.

313 **積極爭取亞馬遜設立總部的白思豪**：Chris Mills Rodrigo, "De Blasio Responds to Amazon Cancelation: 'Have to Be Tough to Make It in New York City,'" *The Hill*, February 14, 2019.

314 **一向強力反對亞馬遜的喬尼爾斯**：Berkely Lovelace Jr., "Amazon Ruins the Communities It Takes Over, Says NY State Senator Who Opposed NYC Deal," CNBC, February 15, 2019.

第15章 反托拉斯風潮興起

317 **相隔僅一年多，財政部長史蒂芬·梅努欽（Steven Mnuchin）**：Maggie Fitzgerald, "Amazon Has 'Destroyed the Retail Industry' So US Should Look into Its Practices, Mnuchin Says," CNBC, July 24, 2019.

318 **「選一種生意來做吧」**：James Langford, "Amazon Needs a Glass-Steagall Act, Elizabeth Warren Suggests," *Washington Examiner*, September 13, 2018.

318 **委員會主席傑羅德·納德勒（Jerrold Nadler）指出**：Ryan Tracy, "House Committee Requests Tech

Executives' Emails in Antitrust Probe," *Wall Street Journal*, September 13, 2019.

319 **卡恩任職於華盛頓特區的自由派智庫**：Meyer Robinson, "How to Fight Amazon (Before You Turn 29)," *The Atlantic*, July/August 2018.

319 **她在二〇一八年告訴《大西洋雜誌》**：同前注。

320 **這樣的思維源自一九七〇年代晚期**：Richard A. Posner, *Antitrust Law*, 2nd. ed. (Chicago: University of Chicago Press, 2001).

322 **「沃爾瑪想出改善」**："FTC Hearing #1: Competition and Consumer Protection in the 21st Century, September 13, 2018," https://www.ftc.gov/system/files/documents/videos/ftc-hearing-1-competition-consumer-protection-21st-century-welcome-session-1/ftc_hearings_21st_century_session_1_transcript_segment_1.pdf.

323 **「問題在資料」**：David Meyer, "Why the EU's New Amazon Antitrust Investigation Could Get the Retailer into a Heap of Trouble," *Fortune*, September 20, 2018, http://fortune.com/2018/09/20/amazon-antitrust-eu-vestager/.

323 **亞馬遜發言人告訴市場脈動**：Juozas Kaziukenas, "Amazon Private Label Brands," Marketplace Pulse, 2019, https://www.marketplacepulse.com/amazon-private-label-brands.

324 **貝佐斯注意到，有愈來愈多政治人物**：Jeff Bezos，亞馬遜年度股東信，二〇一九年四月。

326 **二十世紀初，J．D．洛克斐勒**：Edmund Morris, *Theodore Rex* (New York: Random House, 2001), 28.

326 **安德魯・卡內基（Andrew Carnegie）將鋼鐵公司**：同前注，29。

326 **當時《科利爾週刊》(*Collier's Weekly*）指出**：同前注，65。

327 **他在一九〇一年寫下**：同前注，30。

327 **一九〇三年，羅斯福說服國會**：同前注，206。

327 **Facebook 和字母公司共掌握近百分之六十**：Molla Rani,"Google's and Facebook's Share of the U.S. Ad Market Could Decline for the First Time, Thanks to Amazon and Snapchat," Recode, March 19, 2018.

327 **Netflix 在影音串流服務擁有百分之七十五的家庭訂閱戶**：Sarah Perez, "Netflix Reaches 75% of US Streaming Service Viewers, But YouTube Is Catching Up," TechCrunch, April 4, 2017, https://techcrunch.com/2017/04/10/netflix-reaches-75-of-u-s-streaming-service-viewers-but-youtube-is-catching-up/.

327 **蘋果掌控約百分之四十**："US Smartphone Market Share: By Quarter," Counterpoint Research, August 27, 2019, https://www.counterpointresearch.com/us-market-smartphone-share/.

第16章　從雙翼機到猛禽戰鬥機

333 **在 5G 網路裡**：Chris Hoffman, "What Is 5G, and How Fast Will It Be?," How-To Geek, March 15, 2019.

國家圖書館出版品預行編目(CIP)資料

貝佐斯經濟學：徹底翻新我們的工作及生活方式，全世界都要適應／布萊恩．杜曼（Brian Dumaine）著；趙盛慈譯. -- 初版. -- 臺北市：大塊文化, 2020.07
384 面；14.8 x 20 公分. -- (touch ; 70)
譯自：Bezonomics : how amazon is changing our lives and what the world's best companies are learning from it.
ISBN 978-986-5406-91-2(平裝)

1.貝佐斯(Bezos, Jeffrey)　2.亞馬遜網路書店(Amazon.com)　3.電子商務　4.企業經營

490.29　　109008166

LOCUS

LOCUS